谐振陀螺仪与系统技术

赵小明　蒋效雄　魏艳勇　等著

国防工业出版社

·北京·

内 容 简 介

本书所指的谐振陀螺仪(又称为固体波动陀螺仪)是基于轴对称结构弹性波惯性原理的谐振陀螺仪。本书主要围绕半球谐振陀螺仪和金属筒形谐振陀螺仪这两大类陀螺仪展开论述。

谐振陀螺仪具有工作寿命长、精度高、随机误差小、抗恶劣环境稳定性高(如高低温、超载、振动、γ 辐射方面的稳定性),以及体积、重量和功耗相对较小,并且在短时断电时保存惯性信息的特点,被国际惯性技术界认为是 21 世纪能够广泛应用的最理想的惯性元件。谐振陀螺仪惯性导航系统具有高精度、高可靠、免标定等特点,具有非常优越的特性和广阔的应用前景。

本书系统地论述了谐振陀螺仪的原理、结构设计、核心谐振子加工、调平、装配、电子线路及测试技术,同时介绍了谐振陀螺惯性导航系统原理、误差方程、机械编排、自校准技术等。

本书可供从事谐振陀螺仪及谐振陀螺仪惯性导航系统研究、设计的工程技术人员及相关院校师生阅读。

图书在版编目(CIP)数据

谐振陀螺仪与系统技术/赵小明等著.—北京:
国防工业出版社,2021.5
ISBN 978-7-118-12287-9

Ⅰ.①谐… Ⅱ.①赵… Ⅲ.①航向陀螺仪—研究

Ⅳ.①TN965

中国版本图书馆 CIP 数据核字(2021)第 063299 号

※

国防工业出版社出版发行
(北京市海淀区紫竹院南路 23 号 邮政编码 100048)
天津嘉恒印务有限公司印刷
新华书店经售

*

开本 710×1000 1/16 印张 14¾ 字数 258 千字
2021 年 5 月第 1 版第 1 次印刷 印数 1—2000 册 定价 98.00 元

(本书如有印装错误,我社负责调换)

国防书店:(010)88540777　　　　书店传真:(010)88540776
发行业务:(010)88540717　　　　发行传真:(010)88540762

序

惯性仪表作为载体角运动和线运动参数测量的工具,具有自主、隐蔽、全天候、抗电磁干扰、实时、连续测量等优点,在航空、航天、航海、陆地导航、大地测量、机器人等领域得到广泛应用。

近年来,以半球谐振陀螺仪为代表的谐振陀螺仪以其出众的精度和 SWaP(尺寸、质量和功耗)性能,被认为是一种颠覆性的技术突破,在工程应用方面具有广泛的前景,谐振陀螺仪及系统目前已成为惯性技术领域的又一个研究热点。

我国对谐振陀螺仪的研究经历了从无到有,从落后到先进的发展历程,经历了创业、发展、创新三个阶段,取得了长足的进步,但与国际领先水平相比还有一定的差距,尤其是在全角模式半球谐振陀螺仪方面的理论基础薄弱,关键技术欠缺,尚不能完全满足国防和国民经济建设对惯性技术的需求。

《谐振陀螺仪与系统技术》一书凝聚了作者多年从事惯性导航系统及核心元件的研制经验,注重理论研究与工程实践相结合,全面系统地论述了谐振陀螺仪的基本原理和设计思想,分析讨论了谐振陀螺仪核心元件半球谐振子的超精密制造和调平关键技术,研究了半球谐振陀螺仪的装配、控制回路技术,最后总结分析了谐振陀螺仪的测试技术及导航系统技术。《谐振陀螺仪与系统技术》一书的出版恰逢其时,特别适合我国的科研生产现状,可用于具体指导谐振陀螺仪的研制和生产;可对从事谐振陀螺研究的技术人员、管理人员及院校师生提供实质性的指导与帮助;同时促进国内谐振陀螺仪技术的提升,推动我国惯性技术的快速发展。

2020.10.13

前　言

陀螺技术的历史可以追溯到 L. 傅科所做的一系列著名实验。1852 年,他根据框架上快速旋转的转子实验证明了地球的自转,从而有了陀螺仪(gyroscope)的命名,希腊文"gyro"表示"转动","scope"表示"观察"。

20 世纪,随着航空、航天、船舶、车辆等领域的发展,机械转子类陀螺仪开始迅猛发展,精密的液浮陀螺仪和动调陀螺仪的制造技术逐渐完备,在定向、稳定和导航系统中获得广泛使用。随着技术的发展,大多数应用领域对陀螺仪的要求不断提高,不但要求能在复杂使用条件下保证工作精度、可靠性、启动时间和寿命,而且要不断减小体积,降低系统成本,传统的机械转子类陀螺仪开始逐渐失去原有地位,让位于诸如光学陀螺仪、谐振陀螺仪等新型陀螺仪。

在航空、航天领域中,谐振陀螺仪因其固有特性,可为在太空中连续工作15~20 年的近地和星际探测器提供信息保障;在航海领域中,谐振陀螺仪的高精度代表——半球谐振陀螺仪又具备自校正等抑制精度发散的特点,具备长航时,甚至免标定的优势。业界已普遍认为,谐振陀螺仪是最具前景的陀螺仪之一。

现在,谐振陀螺仪技术正处在新技术创新不断涌现,飞速发展的时期,本书总结了作者在谐振陀螺仪领域多年的研制经验,旨在为工程研发人员提供实质性的指导与帮助。

谐振陀螺仪的制造必须采用一整套专用的工艺技术,包括石英玻璃的机械加工和化学处理,精密装配和真空处理技术,以及谐振陀螺仪特性指标的特有检测方法等。同时,还需要专门研发电子线路、控制算法及信号处理方法。在探讨这一系列问题时,作者力图向读者提供解决上述问题的清晰途径。

全书分为 9 章。第 1 章介绍了谐振陀螺仪及其发展概况,由赵小明编写;第2 章介绍了谐振陀螺仪的工作原理、工作模式、数学模型以及误差源分析,由赵小明、蒋效雄、李世杨编写;第 3 章讨论了谐振陀螺仪设计技术,包括金属谐振陀螺仪设计技术和半球谐振陀螺仪设计技术,由赵小明、魏艳勇、蒋效雄、龙春国编写;第 4 章阐述了谐振陀螺仪的核心零件——谐振子的超精密制造技术,其中包括精密磨削、抛光、化学处理、低损耗镀膜等分项技术,由姜丽丽、王妍妍、韦路锋编写;第 5 章讨论了谐振陀螺仪调平技术,由于得川、王妍妍、崔云涛编写;第 6 章介绍了谐振陀螺仪装配技术,由刘仁龙、崔云涛编写;第 7 章讨论了谐振陀螺仪电子线路技术,由丛正、张悦、来琦、史炯、王泽涛、李世杨编写;第 8 章介绍了谐振陀螺仪的测试技术,由齐国华、蒋效雄编写;第 9 章论述了谐振陀螺仪惯性导航系统,由杨松普、陈刚、张海峰编写。全书由赵小明、蒋效雄和魏艳勇统稿,另外韩鹏宇、周雨竹参与了本书部分内容的校对工作,在此对各位同事的支持与帮助深表感谢。

衷心感谢向本书提供技术信息、提出宝贵意见和建议的各位专家。

作者
2020 年 12 月

目　　录

第1章
绪论

1.1　谐振陀螺仪概述

陀螺仪是一种测量角度和角速度的重要惯性器件,自问世以来,引起人们极大的关注,在航天、航空、航海、兵器等领域中有着广泛应用。即便是在科学技术突飞猛进的今天,与陀螺仪相关的技术,仍然是人们关注的焦点之一[1-2]。

目前,人们发现大约有一百多种物理现象可以用来感测运动体相对于惯性空间的旋转,并在此基础上,研究了许多不同类型的陀螺仪。经典的机械转子类陀螺仪依据质量体/刚体在高速旋转时具有的定轴性和进动性的原理制成。但是这种类型的陀螺仪由于在构造上存在转子和框架支撑,旋转中转子的质心位置变化及输出轴上支撑的摩擦力会对陀螺仪的精度产生多种附加的误差。为了尽可能避免活动部件以及机械摩擦带来的影响,相关研究人员一直致力于研究不需要高速转子和支撑的新型陀螺仪,1913 年,Sagnac 论证了运用无运动部件的光学系统同样能够检测相对惯性空间的旋转;1962 年,Rosenthal 提出采用环形激光腔增强灵敏度;1967 年,Pircher 和 Hepner 发明了光纤陀螺仪。目前,光纤陀螺仪和激光陀螺仪技术已基本成熟。1965 年,D. D. Lynch 团队研制出基于弹性波的惯性效应(布莱恩效应)的谐振陀螺仪,目前得到长足发展和广泛应用[3-4]。

谐振陀螺仪又称为固体波动陀螺仪,因其谐振子的结构特点分为筒形谐振陀螺仪、半球谐振陀螺仪、环形谐振陀螺仪、盘形谐振陀螺仪、抛物线面形谐振陀螺仪等,其中半球谐振陀螺仪(hemisphere resonator gyro,HRG)是目前精度最高的谐振陀螺仪。半球谐振陀螺仪以其独特的优点越来越受到人们的重视,其具有以下优点[5]:

(1)全固态结构,结构简单。谐振陀螺仪的核心工作零部件只有 1~3 件,并且工作时只有微米级的振动,没有宏观可动部件。

（2）不需预热和加速时间，启动时间短，可以在 1s 内达到满工作状态，具有很高的对准精度。

（3）带宽大，漂移噪声低，具有长期漂移稳定性。

（4）能承受大的机动过载，过载达到 $100g$（g 为重力加速度）时，精度不降，过载达到 $500g$ 时，仍能正常工作。

（5）抗辐照。靠机械振动的形式工作以及核心材料对辐照不敏感，辐照产生的损伤对陀螺仪精度的影响基本可以忽略。

（6）可经受短时间电源中断的影响。在电源发生故障的情况下，半球谐振陀螺仪仍可以正常工作 15min 以上。

（7）长寿命。如半球谐振陀螺仪，能够工作 15 年以上而不出故障的概率达到 99.7%，被公认为目前寿命最长的陀螺仪，能满足长寿命航天器的要求。

（8）适用范围广。谐振陀螺仪在低精度范围和高精度范围都有产品应用，以半球谐振陀螺仪为例，作为积分陀螺仪时，其随机漂移量级可达 10^{-4}（°）/h 量级。

1.2 谐振陀螺仪的发展概况

1890 年，G. H. Bryan 在理论上并经过实验证实了轴对称物体中弹性波的惯性效应，即当一个轴对称壳体（如酒杯）受激力产生驻波型振动状态时，此时若绕其中心轴旋转壳体，壳体上的驻波不再相对壳体静止，而是相对壳体成比例地进动，这就是著名的布莱恩效应。

追述谐振陀螺仪的历史，可以认为金属谐振陀螺仪与石英半球谐振陀螺仪同源产生。1965 年，美国得尔克（Delco）公司的 D. D. Lynch 带领团队成功研发出第一只实验型"声速"半球谐振陀螺仪（图 1-1），该型陀螺仪的谐振子是半球形，但材质是铝合金。

图 1-1 得尔克公司的"声速"半球谐振陀螺仪

半球谐振陀螺仪作为谐振陀螺仪中高精度的代表,其发展最为火热和引人注目,多个国家的众多单位都在进行半球谐振陀螺仪研制或开发,国外主要有美国、俄罗斯及法国,目前已成功应用于航海、航天、航空等领域,此外,英国、日本等国家也有多家公司在研制半球谐振陀螺仪[6-8]。

美国在半球谐振陀螺仪方面的研究水平一直处于世界领先地位,其采用力反馈模式的半球谐振陀螺仪,随机漂移达到 8×10^{-5}(°)/h,在性能和精度上都达到了很高的水平。20 世纪 90 年代末,美国生产出了目前最为成熟的 HRG130P型半球谐振陀螺仪(图 1-2),相比 HRG130Y 型半球谐振陀螺仪,HRG130P 型半球谐振陀螺仪在防气体泄漏及温度控制方面进行了改进,使陀螺仪具有更高的可靠性。1999—2004 年,德雷伯(Draper)实验室又为海军提供了一个完整的传感器鉴定结果,这次针对的是 HRG130P 型半球谐振陀螺仪,测试包括 100 天长期稳定性、比例系数线性度、战略导弹振动冲击环境下的稳定性、暴露及穿越辐射的性能(伽马射线及 X 射线)和磁场灵敏度。测试结果表明,HRG130P 型半球谐振陀螺仪达到甚至超出了三叉戟 Mk6LE 系统的所有要求。

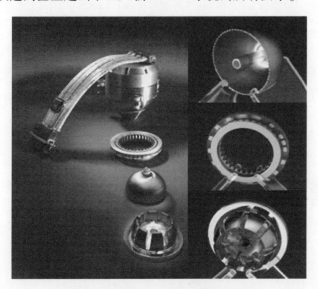

图 1-2　HRG130P 型半球谐振陀螺仪

目前,美国典型半球谐振陀螺仪技术指标如表 1-1 所列。

表 1-1　典型半球谐振陀螺仪技术指标

特性	HRG158	HRG130	HRG115
谐振频率/Hz	2700	5200	10000

（续）

特性	HRG158	HRG130	HRG115
衰减时间/s	1660	440	110
陀螺仪最大直径/mm	91.44	45.72	22.86
陀螺仪最大高度/mm	101.6	50.8	25.5
谐振子直径/mm	58	30	15
偏值重复性/((°)/h)	0.005	0.05	0.7

在美国，半球谐振陀螺仪在军用卫星、战略导弹、深空探测等领域有着广泛应用，另外还批量用于飞机制导、石油勘探、井下作业等领域。其中，在深空探测任务中所取得的成绩最为令人瞩目，特别是半球谐振陀螺仪应用于美国航空航天局（national aeronautics and space administration，NASA）的数次深空探测任务中。

在1997年10月发射的Cassini宇宙飞船上，美国喷气推进实验室（JPL）利用4个半球谐振陀螺仪构成惯性冗余单元（IRU），在该飞船上安装了2个IRU（即SIRU-dunal string）。喷气推进实验室在确定IRU方案时，同时考虑了转子陀螺仪、环形激光陀螺仪（RLG）、半球谐振陀螺仪等几种方案，通过权衡成本、技术性能等，最终选择了半球谐振陀螺仪，足见其在空间应用领域中的竞争能力。在美国洛克希德·马丁公司开发的A2100系列宇宙飞船中，采用了美国利顿工业公司生产的标准超级惯性冗余单元（SIRU），能在辐射条件下工作，且有容错能力，可连续工作15年，质量轻，体积小，能在宇宙飞船轨道转移和运行中提供姿态参考和精密定向。在美国航空航天局的支持下，利顿工业公司进一步改进了半球谐振陀螺仪的性能，提高分辨率并降低了噪声，在HS-601和HS-702哈勃太空望远镜的姿态控制和精密定向使用中发挥了极其重要的作用。

现阶段，美国年生产半球谐振陀螺仪捷联惯导系统500余套，产值上亿美元。这些产品已成功应用于多种飞机的捷联导航系统、运载工具的精确导航系统、洲际导弹精确捷联导航系统，并于1999年由军方投资390万美元将其推广到中远程导弹中使用。

俄罗斯凭借扎实的力学理论基础，对半球谐振陀螺仪动力学特性。研究得非常深入，早在1985年就有В.Ф.茹拉夫廖夫和Д.M.克里莫夫出版的基础性专著——《固态波陀螺仪》，1998年马特维耶夫重新完善了该书，该书是我国科研工作者研究半球谐振陀螺仪的重要参考书。俄罗斯还开发了独特的谐振子等离子束调平技术（目前我国的谐振子调平技术主要来源于俄罗斯），有别于美式的齿槽形谐振子的激光调平技术。在谐振子振幅稳定、参数激励频率稳定、刚性轴控制等方面,俄罗斯的技术已经相当成熟,已发明了直径为 $100\sim25\text{mm}$ 的半球谐振陀螺仪,该陀螺仪性能已经达到或高于惯性级。

2002 年底,俄罗斯拉明斯基设计局(为俄罗斯苏霍伊飞机制造公司设计制造惯性导航单元的单位)研制的半球谐振陀螺仪已完成项目的全部论证,通过了俄罗斯政府的最后论证,下一步就开始装备。据俄罗斯拉明斯基设计局的副总裁称,从 2003 年起,所有苏霍伊设计局生产的苏系飞机,惯性系统将全部换装为由半球谐振陀螺仪构成的惯性导航单元。如图 1-3 为俄罗斯研制的半球谐振陀螺仪。

图 1-3 俄罗斯研制的半球谐振陀螺仪

法国赛峰(Safran)公司 2002 年开始进行半球谐振陀螺仪的研制,初期利用的是俄罗斯的人员和技术,但经过多年的不懈努力,取得了空前的成功[9-15]。其所研制的半球谐振陀螺仪(图 1-4)采用全角模式,谐振子直径为 20mm,零偏稳定性优于 $0.01(°)/\text{h}$,随机游走 $0.0001(°)/\text{h}^{1/2}$,标度因数稳定在 10^{-6}。该型半球谐振陀螺仪最具特点之处是采用了平面电极技术,大大降低了装配要求和难度,同时也减少了部件数量。赛峰公司研制的半球谐振陀螺仪相关产品已经全面应用于航空、航天、航海、兵器等各个领域(图 1-5);2017 年赛峰公司半球谐振陀螺仪的生产能力可达到 25000 件/年,成本已大大降低。

图 1-4 赛峰公司的半球谐振陀螺仪

(a)　　　　　　　　　　(b)　　　　　　　　　　(c)

图 1-5　赛峰公司的惯导系统系列产品

(a)BlueNaute™船用系统;(b)Epsilon20 战术陆地系统;(c)SkyNaute 航空系统。

赛峰公司研发的船用半球谐振陀螺仪惯导系统为 BlueNaute™ 系统;该系统主打超高可靠性及免维护(终身免标定),尺寸为 208mm×275mm×136mm,质量为 4.5kg,平均故障间隔时间 MTBF>100000h。BlueNaute™系统属于货架产品,目前已应用于美国、挪威、澳大利亚等国的海岸警备队,指标为:航向 0.1°secφ (RMS,φ 为当地纬度)及 1n mile/h,纵摇横摇 0.05°(RMS)。

2017 年,赛峰公司为海军胜利级战略导弹潜艇开发新的全球导航系统。新系统将不再需要使用静电陀螺仪(ESG)。2018 年,赛峰公司公布了半球谐振陀螺仪系统水下测试结果,系统性能达到静电陀螺仪级水平,陀螺仪等效零偏稳定性达到 0.0001(°)/h,推出了面向水面、水下应用的新一代惯性导航系统 Argonyx、Black-Onyx 和 Black-Onyx Dual Core 系列,全面替代基于环形激光陀螺仪的上一代 SIGMA40 系列产品。

金属谐振陀螺仪方面,英国通用电气航空电子设备有限公司 1987 年研制了名为 START 的金属谐振陀螺仪[16],为直筒形结构,筒沿外圆面布置有 8 个压电陶瓷用于驱动和信号检测,如图 1-6 所示。该型陀螺仪最高精度为 0.01(°)/s,已于 1995 年开始大批量生产,用于海上采油平台、武器瞄准与稳定平台、各种战术制导武器、高空机载照相机稳定系统、汽车导航系统等。

美国的沃森(Watson)公司从 20 世纪 80 年代开始研究振动陀螺仪,先后开发了金属圆筒陀螺仪和压电陶瓷圆筒陀螺仪,其中金属筒型谐振陀螺仪的激励和检测通过金属圆筒谐振子周向均匀分布的压电换能器来实现,而陶瓷筒型谐振陀螺仪的振动则依赖于压电陶瓷自身的压电特性。图 1-7 所示为该公司的 PRO-132-3A 圆筒型陀螺仪。该陀螺仪的谐振子体积小,能够实现器件级真空封装。该陀螺仪在其全工作温度范围内的零偏稳定性达到小于 100(°)/h 的水

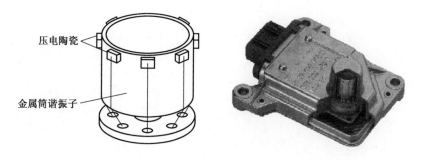

图 1-6 通用电气航空电子设备公司的筒形谐振陀螺仪

平,满量程线性度小于 0.03%,可抗 10000g 的冲击。由于该陀螺仪加工简单,便于批量化生产,成本较低,目前已成功用于稳定摄像平台、机器人和短时导航系统。

图 1-7 沃森公司 PRO-132-3A 圆筒型陀螺仪

此外,沃森公司在提高谐振陀螺仪性能方面做了大量的研究。该公司制造的一种以压电陶瓷材料为基体的谐振陀螺仪,将电极镀于谐振子的杯壁表面,通过对压电电极的分离式设计,可以实现大约 3° 的谐振子振型矫正。但是谐振子杯壁表面的电极降低了谐振子的 Q 值,影响了其精度,因此设计人员采用了一种通过有序去除谐振子边缘质量的办法,达到提高精度的目的。2010 年,沃森公司为了提高陀螺仪性能,研制了一款以金属-压电陶瓷为材料的混合结构筒形谐振陀螺仪[17]。这种陀螺仪的谐振子结构如图 1-8 所示。其测控系统数字化之后,陀螺仪的温度特性及零偏稳定性都得到很大提高。

爱尔兰 Innalabs 公司从事金属谐振陀螺仪研究较早,其初期开发的金属谐振陀螺仪产品包括 CVG17、CVG25、CVG43,对应谐振子尺寸不同,但均为阶梯筒形结构;近期广泛推广的产品 GI-CVG-N2100A/U2200A 所用陀螺仪表头均为CVG-SE(谐振子直径为 25mm),谐振子同样为阶梯筒形结构,支撑方式改为内

图 1-8　沃森公司金属-压电陶瓷混合结构筒形谐振陀螺仪

柱支撑,其金属谐振子结构和表头如图 1-9 所示。陀螺仪精度为 0.03～0.2(°)/h(室温),小于 10(°)/h(-40~80℃全温温巡)。Innalabs 公司所生产的金属谐振陀螺仪产品性价比较高,在陆地交通、石油勘探、稳定平台、运载火箭和战术导弹等领域均有应用。

图 1-9　Innalabs 公司生产的 CVG-SE 型金属谐振陀螺仪

目前,我国在谐振陀螺仪的理论研究和工程技术方面都取得了相当大的进步,但由于我国开展谐振陀螺仪领域的研究工作相对较晚,在系统上的应用处于初步探索阶段,较国外还有较大的差距。在这种情况下,有必要对现阶段研制成果进行全面的分析,本书对谐振陀螺仪的基本原理、设计、谐振子超精密制造、调平、装配、电子线路、测试等技术进行了相关的介绍。

参考文献

[1] 吕志清. 半球谐振陀螺仪研究现状及发展趋势[C]//惯性技术发展动态发展方向研讨会论文集. 宜昌,2003:103-105.

[2] 吕志清. 半球谐振陀螺仪在宇宙飞船中的应用[J]. 压电与声光,1999,21(5):349-353.

［3］ Bryan G H. On the beats in the vibrations of a revolving cylinder or bell［C］//Proceeding of the Cambridge Philosophical Society. London,1982:101－111.

［4］ Loper E J,Lynch D D. Hemispherical Resonator Gyro:Status Report and Results［C］//Proceedings of the National Technical Meeting of the Institute of Navigation. San Diego,1984:105－107.

［5］ 高胜利. 半球谐振陀螺的分析与研究［D］. 哈尔滨:哈尔滨工程大学,2008.

［6］ 潘瑶,曲天良,杨开勇,等. 半球谐振陀螺研究现状与发展趋势［J］. 导航定位与授时,2017,4(2):9－13.

［7］ 方针,余波,彭慧,等. 半球谐振陀螺技术发展概述［J］. 导航与控制,2015,14(3):2－7.

［8］ 帅鹏,魏学宝,邓亮. 半球谐振陀螺发展综述［J］. 导航定位与授时,2018,5(6):17－24.

［9］ Mathews A,Bauer D A. The hemispherical resonator gyro for precision pointing applications［J］. Space Guidance,Control,and Tracking II,1995,4:128－139.

［10］ Delhaye F. HRG by Safran,the game-changing technology［C］. 5th International Symposium on Inertial Sensors & System,Lake Como,2018:1－4.

［11］ Deleaux B,Lenoir Y. The world smallest,most accurate and reliable pure inertial module:ONYX^{TM}［C］. 2018 DGON Inertial Sensors and System,Braunschweig,2018:1－24.

［12］ Meyer A D,Rozelle D M. Milli-HRG inertial navigation system［J］. Journal of Gyroscopy and Navigation,2012,3(4):227－234.

［13］ Jeanroy A,Bouvet A,Remillieux G. HRG and marine applications［J］. Journal of Gyroscopy and Navigation,2014,5(2):67－74.

［14］ Lenoble A,Rouilleault T. PRIMUS:SWaP-oriented IMUs for multiple applications［C］. DGON Inertial Sensors and Systems(ISS),Karlsruhe,2016:1－16.

［15］ Negri C,Labarre E,Lignon C,et al. A new generation of IRS with innovative architecture based on HRG for satellite launch vehicle［C］. International Conference on Integrated Navigation Systems,Saint Petersburg,2015:223－230.

［16］ Anders J,Pearson R. Applications of the 'START' vibratory gyroscope［J］. GEC Review,1994(9):168－175.

［17］ William S. Watson. Vibratory gyro skewed pick-off and driver geometry［J］. Journal of Micro Machines,2010,4(10):171－179.

第2章

谐振陀螺仪的基本原理

2.1　谐振陀螺仪的工作原理

　　传统的转子陀螺仪的物理原理是质量体/刚体在高速旋转时,展现出来定轴性和进动性,而谐振陀螺仪的物理原理是弹性波的惯性特性。

　　在谐振陀螺仪的谐振子上,通过激励振动可以产生驻波振型,当谐振子旋转时,因科里奥利效应(Coriolis effect)而引起驻波进动来实现对转角或转速的测量。通常,驻波为四波腹振型,即为陀螺仪的二阶振动模态,仿真如图2-1所示。二阶振动模态可分为驱动模态及敏感模态,也称为主振动模态和辅振动模态,两模态间隔为45°。由于谐振子为轴对称结构,因此理论上两模态振动频率相等。图2-2示意了驻波进动的过程,图中两个椭圆长轴的4个端点为波腹点,所在的轴向称为波腹轴,两个椭圆的交点为波节点,所在的轴向称为波节轴[1-2]。

　　　　　　(a)　　　　　　　　　　　　　　　(b)

图2-1　谐振子驱动模态和敏感模态仿真

(a)驱动模态;(b)敏感模态。

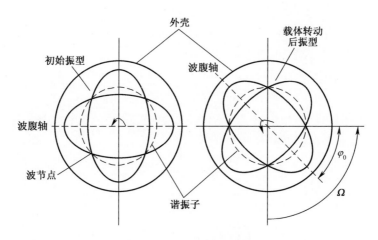

图 2-2　工作模态原理图

当外界壳体绕中心轴以角速率 Ω 旋转时,驻波不再相对于壳体静止,波腹的方位角的变化规律为

$$\varphi(t) = \varphi_0 - \frac{2}{k^2 + 1}\int_0^t \Omega(\tau)\,\mathrm{d}\tau \tag{2-1}$$

式中:$\varphi(t)$ 为驻波振型角实时位置。$k = 2$ 代表谐振子的二阶振动模态,在谐振子中,同时可能存在 $k = 0, 1, 2, \cdots$ 几种形式的弹性振动,其中二次振型($k = 2$)是半球谐振子呈现驻波振型的最低阶固有振型,一般用于工作振型。不同的阶次对应不同的振型,如零阶振型($k = 0$)对应谐振子的拉压振动,如图 2-3(a)所示,一阶振型($k = 1$)代表谐振子的位移变化,如图 2-3(b)所示。由式(2-1)得出,驻波在空间的旋转角小于陀螺仪外壳转动的角度,当 $\varphi_0 = 0$ 时,$\varphi(t)$ 满足:

$$\varphi(t) = -\frac{2}{k^2 + 1}\int_0^t \Omega(\tau)\,\mathrm{d}\tau \tag{2-2}$$

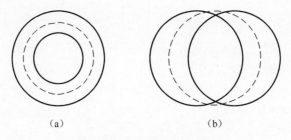

(a)　　　　　　　　　　　　　　(b)

图 2-3　不同阶次振型图

(a)零阶振型拉压振动;(b)一阶振型位移变化。

测量出振型角 $\varphi(t)$ 的变化之后,通过换算即可得到陀螺仪转过的角度。图 2-4 说明了进动产生的机理。驻波的波腹位于 A、B、C、D 点。当载体旋转对谐振子产生输入角速率时,波腹点进行复杂运动:由角速率 Ω 引起的牵连运动和速度 V_A、V_B、V_C、V_D 引起的相对运动。以 4 个波腹点为例,每个质量单元产生的科里奥利加速度分别用 W_{KA}、W_{KB}、W_{KC}、W_{KD} 表示。加于 A、C 和 B、D 上的科里奥利惯性力 P_{KA}、P_{KB}、P_{KC}、P_{KD} 方向相反,形成力偶。力偶 P_{KA}、P_{KB}、P_{KC}、P_{KD} 方向相反,其和等于科里奥利惯性力的力偶。力偶的模与外界载体旋转的角速率大小成正比,此时力偶造成(驻波的)波场相对谐振子在惯性空间进动。

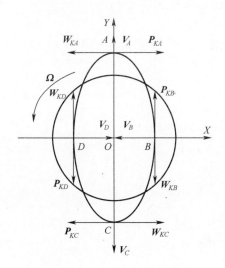

图 2-4　进动形成的机理图

2.2　谐振陀螺仪的工作模式

谐振陀螺仪根据应用场合要求能够以两种不同的模式进行工作。

(1)力反馈模式,也称为闭环检测模式。当陀螺仪载体旋转时,谐振子上的驻波相对外界壳体开始进动,此时,通过力反馈控制回路对谐振子施加反馈力进行激励,使驻波克服科里奥利力效应与壳体实时保持一致,维持一种非进动状态,根据施加的反馈力的大小可以计算出载体的理论旋转角速度。在这种工作模式下,谐振陀螺仪是一种角速率陀螺仪,其动态范围相对较小,测量精度较高。

(2)全角模式。1997 年,利顿工业公司的技术报告中首次表明该模式的应用,在这种工作模式下,谐振陀螺仪可以作为速率积分陀螺仪来使用。当外界载体发生旋转时,在互成45°的电容检测极板上实时地检测出驻波位置,通过进动理论计算得到陀螺仪外部载体的旋转角度。

由以上可知,全角模式与力反馈模式本质的区别是,驻波是自由进动还是保持与基座位置不变。力反馈模式更适合在转速较低的场合,且精度更高。

2.3　谐振陀螺仪振动数学模型

◢2.3.1　基于基希霍夫-李雅夫假设的半球谐振子动力学模型

俄罗斯的学者基希霍夫最开始建立了谐振子振动的数学模型[3-5],其中包括半球谐振子和环形谐振子的数学模型。薄壁半球壳的数学模型建立在基希霍夫-李雅夫假设的基础上,根据这个假设可以分析半球谐振子的振动变化。此假设包括:

(1) 变形前任何垂直于壳体中间表面的直线在变形后依然垂直于这一表面。

(2) 沿壳体厚度的法线段的长度在变形过程中保持常值不变。

(3) 在相邻的平行于中间表面的薄壳层表面间产生的法向应力与应力张量与其他分量相比都是小量,可以忽略不计。

如图 2-5 所示,在笛卡儿坐标系对谐振子的振动进行分析,图中 ϕ_0 和 ϕ_F 分别代表谐振子的约束端和自由端与 x 轴的夹角,其中,ϕ_0 为谐振子的底端角,其大小取决于谐振子支撑杆的半径,ϕ_F 为谐振子的顶端角。为理想半球时,$\phi_0 = 0°$,$\phi_F = 90°$。

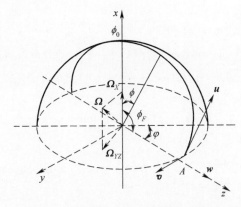

图 2-5　笛卡儿坐标系下谐振子示意图

假设谐振子的壁厚均匀不变,只有沿对称轴 x 有输入角速度,即 $\boldsymbol{\Omega}_{yz}=0$,且谐振子处于自由振动状态,其运动方程为

$$
\begin{cases}
\left(H+\dfrac{D}{R^2}\right)\dfrac{\partial^2 \boldsymbol{u}}{\partial \varphi^2}+\left(H_1+\dfrac{D_1}{R^2}\right)\dfrac{\partial^2 \boldsymbol{u}}{\partial \varphi^2}+\left(\boldsymbol{v}H+H_1+\dfrac{\boldsymbol{v}D+D_1}{R^2}\right)\dfrac{\partial^2 \boldsymbol{v}}{\partial \phi \partial \varphi}\\
\quad +H(1+\boldsymbol{v})\dfrac{\partial \boldsymbol{w}}{\partial \phi}-\dfrac{\partial}{\partial \varphi}\left(\dfrac{\partial^2 \boldsymbol{w}}{\partial \varphi^2}+\dfrac{\partial^2 \boldsymbol{w}}{\partial \phi^2}\right)\dfrac{D}{R^2}-\rho R^2 h\dfrac{\partial^2 \boldsymbol{u}}{\partial t^2}=0\\
\left(H_1+\dfrac{D_1}{R^2}\right)\dfrac{\partial^2 \boldsymbol{u}}{\partial \phi \partial \varphi}+\left(H+\dfrac{D}{R^2}\right)\dfrac{\partial^2 \boldsymbol{v}}{\partial \varphi^2}+\left(H_1+\dfrac{D_1}{R^2}\right)\dfrac{\partial^2 \boldsymbol{v}}{\partial \phi^2}+H(1+\boldsymbol{v})\dfrac{\partial \boldsymbol{w}}{\partial \varphi}\\
\quad -\dfrac{D}{R^2}\dfrac{\partial}{\partial \varphi}\left(\dfrac{\partial^2 \boldsymbol{w}}{\partial \varphi^2}+\dfrac{\partial^2 \boldsymbol{w}}{\partial \phi^2}\right)-\rho R^2 h\dfrac{\partial^2 \boldsymbol{v}}{\partial t^2}-2\rho R^2 h\boldsymbol{\Omega}\dfrac{\partial \boldsymbol{w}}{\partial t}=0\\
-H(1+\boldsymbol{v})\dfrac{\partial \boldsymbol{u}}{\partial \phi}+\dfrac{D}{R^2}\dfrac{\partial}{\partial \phi}\left(\dfrac{\partial^2 \boldsymbol{u}}{\partial \varphi^2}+\dfrac{\partial^2 \boldsymbol{u}}{\partial \phi^2}\right)-H(1+\boldsymbol{v})\dfrac{\partial \boldsymbol{v}}{\partial \varphi}+\dfrac{D}{R^2}\dfrac{\partial}{\partial \varphi}\left(\dfrac{\partial^2 \boldsymbol{v}}{\partial \varphi^2}+\dfrac{\partial^2 \boldsymbol{v}}{\partial \phi^2}\right)\\
\quad -2H(1+\boldsymbol{v})\boldsymbol{w}-\dfrac{D}{R^2}\left(\dfrac{\partial^4 \boldsymbol{w}}{\partial \phi^4}+2\dfrac{\partial^4 \boldsymbol{w}}{\partial \varphi^2 \partial \phi^2}\dfrac{\partial^4 \boldsymbol{w}}{\partial \varphi^4}\right)-\rho R^2 h\dfrac{\partial^2 \boldsymbol{w}}{\partial t^2}+2\rho R^2 h\boldsymbol{\Omega}\dfrac{\partial \boldsymbol{v}}{\partial t}=0
\end{cases}
$$

$$(2-3)$$

式中:$H=\dfrac{Eh}{1-\boldsymbol{v}^2}$;$H_1=\dfrac{Eh}{2(1+\boldsymbol{v})}$;$D=\dfrac{Eh^3}{12(1-\boldsymbol{v}^2)}$;$D_1=\dfrac{Eh^3}{24(1+\boldsymbol{v})}$;$E$ 为弹性模量;v 为材料的泊松比;h 为谐振环的高;R 为谐振环的半径;$\boldsymbol{\Omega}$ 为载体旋转角速度;$\boldsymbol{u}$、$\boldsymbol{v}$、$\boldsymbol{w}$ 分别为 A 点在笛卡儿坐标系 $\{x,y,z\}$ 中分别沿 x、y、z 轴的位移,即法向位移、切向位移、径向位移。式(2-3)表示载体沿对称轴有输入角速度 $\boldsymbol{\Omega}$ 时,半球壳上任意点的运动方程。

将谐振子各点的位移按不可拉伸薄壳的固有振型展开,得到方程(2-3)的解:

$$
\begin{bmatrix}\boldsymbol{u}\\\boldsymbol{v}\\\boldsymbol{w}\end{bmatrix}=\begin{bmatrix}U(\phi)\cos(n\varphi)\\V(\phi)\sin(n\varphi)\\W(\phi)\cos(n\varphi)\end{bmatrix}p(t)+\begin{bmatrix}U(\phi)\sin(n\varphi)\\-V(\phi)\cos(n\varphi)\\W(\phi)\sin(n\varphi)\end{bmatrix}q(t)\qquad(2-4)
$$

式中:

$$
\begin{cases}U(\phi)=V(\phi)=\sin\phi\tan^n(\phi/2)\\W(\phi)=(n+\cos\phi)\tan^n(\phi/2)\end{cases}\qquad(2-5)
$$

其中,n 为谐振子振型的环向波数,$U(\phi)$、$V(\phi)$、$W(\phi)$ 称为瑞利函数。

将式(2-4)展开,得

$$\begin{cases} u(\phi,\varphi,t) = U(\phi)\left[p(t)\cos(n\varphi) + q(t)\sin(n\varphi)\right] \\ v(\phi,\varphi,t) = V(\phi)\left[p(t)\sin(n\varphi) - q(t)\cos(n\varphi)\right] \\ w(\phi,\varphi,t) = W(\phi)\left[p(t)\cos(n\varphi) + q(t)\sin(n\varphi)\right] \end{cases} \tag{2-6}$$

式中：$p(t)$、$q(t)$ 为半球壳上某点位移在 $L^n\left[\cos(n\varphi),\sin(n\varphi)\right]$ 空间的正交分解。

将式(2-6)代入式(2-5)中,利用布波诺夫-加廖尔金法构成关于函数 $p(t)$ 和 $q(t)$ 的微分方程,进而得到理想半球谐振子的二阶固有振型动力学方程：

$$\begin{cases} m_0\ddot{p}(t) - 2\varOmega b\dot{q}(t) + c_0 p(t) = 0 \\ m_0\ddot{q}(t) + 2\varOmega b\dot{p}(t) + c_0 q(t) = 0 \end{cases} \tag{2-7}$$

式中：$m_0 = -\rho h R^2 \int_0^{\pi/2}(U^2 + V^2 + W^2)\sin\phi\mathrm{d}\phi$；$b = 2\rho h R^2 \int_0^{\pi/2} VW\sin\phi\mathrm{d}\phi$；

$$c_0 = \int_0^{\pi/2}\left\{\left(H + \frac{D}{R^2}\right)\left[-n^2 U^2 + nV^{(1)}U\boldsymbol{v} - n^2 V^2\right] + \left(H_1 + \frac{D_1}{R^2}\right)\left[-n^2 U^2 + nU^{(1)}V\boldsymbol{v}\right.\right.$$

$$-nU^{(1)}V - n^2 V^2\right] + H(1 + \boldsymbol{v})\left[W^{(1)}U - U^{(1)}W - 2nWV - 2W^2\right] + \frac{D}{R^2}\left[n^2 W^{(1)}U\right.$$

$$- UW^{(3)} + n^3 WV - nW^{(2)}V + U^{(3)}W - n^2 U^{(1)}W - n^3 W^2 + nW^2 W - n^4 W^2$$

$$\left.\left.+ 2n^2 W^{(2)}W - W^{(4)}W\right]\right\}\sin\phi\mathrm{d}\phi$$

方程(2-7)的标准形式为

$$\begin{cases} \ddot{p}(t) - 2\alpha\varOmega\dot{q}(t) + \omega_n^2 p(t) = 0 \\ \ddot{q}(t) + 2\alpha\varOmega\dot{p}(t) + \omega_n^2 q(t) = 0 \end{cases} \tag{2-8}$$

式中：$\alpha = \dfrac{b}{m_0}$；$\omega_n = \sqrt{\dfrac{c_0}{m_0}}$，为谐振子的谐振频率。方程(2-8)描述了一个典型的二阶弹性系统,这里认为弹性系统完全对称,且忽略外力和系统阻尼的存在。其中,方程中系数的大小反映了载体输入角速度和陀螺仪输出之间的关系。

为了分析谐振子的进动特性,引入复变函数 $z(t) = p(t) + \mathrm{i}q(t)$,将方程(2-8)的第二个等式乘上 i,并同第一式相加得

$$\ddot{z}(t) + 2\mathrm{i}\varOmega\alpha\dot{z}(t) + \omega_n^2 z(t) = 0 \tag{2-9}$$

方程(2-9)的通解为

$$z(t) = \mathrm{e}^{-\mathrm{i}\alpha\varOmega t}(C_1\mathrm{e}^{\mathrm{i}\omega_n t} + C_2\mathrm{e}^{-\mathrm{i}\omega_n t}) \tag{2-10}$$

根据初始条件,可确定 C_1 和 C_2,且有 $C_1 = a_1 + \mathrm{i}b_1$,$C_2 = a_2 + \mathrm{i}b_2$。方程(2-10)表明,复平面上 z 点的向量半径是以大小为 $|\alpha\varOmega|$ 的角速度相对谐

振子旋转方向而反向进动。谐振子边缘的径向振动为

$$w(\varphi,t) = W(\pi/2)[p(t)\cos(n\varphi) + q(t)\sin(n\varphi)] \quad (2-11)$$

设初始条件 $z(t)\vert_{t=0} = 0, C_1 = -C_2$，由式子可以得到 $a_1 + ib_1 = -(a_2 + ib_2)$，根据式(2-10)和式(2-11)，得

$$p(t) = a\cos(\alpha\Omega t)\sin(\omega_n t) - b\sin(\alpha\Omega t)\sin(\omega_n t) \quad (2-12)$$

$$q(t) = -a\sin(\alpha\Omega t)\sin(\omega_n t) - b\cos(\alpha\Omega t)\sin(\omega_n t) \quad (2-13)$$

其中，$a = a_1 - a_2, b = b_2 - b_1$，因此，谐振子边缘的径向振动可以表示为

$$w(\varphi,t) = W(\pi/2)\sqrt{a^2 + b^2}\cos[n(\varphi + K\Omega t + \varphi_0)]\sin(\omega_n t) \quad (2-14)$$

式中：$\varphi_0 = \dfrac{1}{n}\arctan(a/b)$，为波腹轴的初始角位置；$K = \dfrac{\alpha}{n}$，为谐振子振型的进动因子。

由谐振子动力学方程中的系数表达式得到进动因子为

$$K = \frac{b}{nm_0} = -\frac{2}{n}\frac{\displaystyle\int_0^{\pi/2} VW\sin\phi d\phi}{\displaystyle\int_0^{\pi/2}(U^2 + V^2 + W^2)\sin\phi d\phi} \quad (2-15)$$

由式(2-15)，当载体输入角速度 $\Omega = 0$ 时，振动振型相对谐振子静止，处于非进动状态；当 $\Omega \neq 0$ 时，振型以 $K\Omega$ 的速度相对于谐振子进动。当谐振子的驻波环向波数 $n = 2$ 时，进动因子为

$$K = \frac{b}{2m_0} = -\frac{\displaystyle\int_0^{\pi/2} VW\sin\phi d\phi}{\displaystyle\int_0^{\pi/2}(U^2 + V^2 + W^2)\sin\phi d\phi} \quad (2-16)$$

显然，对于谐振子的二阶固有振型，其进动因子 K 只与谐振子的结构参数有关。当谐振子材料为熔融石英玻璃材料时具有很好的稳定性，因此，可以利用驻波的进动信息来获取外界载体的旋转角速度。

▲ 2.3.2 半球谐振陀螺仪二阶振动等效模型

半球谐振陀螺仪的二阶模态在振动过程中其幅值变化满足一个二阶、线性且与外界输入角速率有耦合项的微分方程[5]。其二阶模态振动可等效为一个质量块在二维空间做简谐振动，如图2-6所示，其振动方程为

$$\begin{cases} \ddot{C} + c\Omega\dot{S} + \omega^2 C = 0 \\ \ddot{S} - c\Omega\dot{C} + \omega^2 S = 0 \end{cases} \quad (2-17)$$

式中:(C,S) 为谐振子的广义坐标,对应质量块在二维空间中的广义位移;ω 为支点的振动频率;c 为进动因子。质量块 m 按照椭圆轨迹以周期 $T = 2\pi/\omega$ 在二维空间中运动。载体旋转角速度 $\boldsymbol{\Omega}$ 的中心轴垂直于 (C,S) 平面,当 $\boldsymbol{\Omega} \neq 0$ 时,椭圆的长轴方位角以 $c\boldsymbol{\Omega}/2$ 的速率相对惯性空间进动。

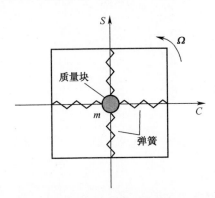

图 2-6   质量块的简谐振动

对于半球谐振陀螺仪来说,(C,S) 表示谐振子上互成 45° 电极轴上的振动信息,如 C、S 分别对应 0° 电极轴和 45° 电极轴上的振动状态,其合振动在空间中形成的李沙育图呈椭圆形状,当陀螺仪的敏感轴相对惯性空间以角速率 $\boldsymbol{\Omega}$ 旋转时,椭圆以 $c\boldsymbol{\Omega}/2$ 的角速率进动。

由于 0° 电极轴和 45° 电极轴上的振动正交,则可以沿 45° 角对这两个振动进行正交分解与合成,这也正是在陀螺仪信号检测系统采用离散电极检测的原因。由于离散电极无法直接检测敏感波腹变化,因此采用离散电极直接检测两个正交信号,再进行合成,实现对波腹振动的追踪。

通过对谐振子二阶模态的振动方程进行分析,可知其与经典的质量-弹簧-阻尼器系统和 RLC 电路也等效,如图 2-7 所示。图中,R、L、C 分别为 RLC 电路中的电阻、电感和电容,$r(t)$ 为电流源,k、ζ、m 分别为质量-弹簧-阻尼器系统中的弹簧的弹性系数、阻尼和等效质量,$x(t)$ 为等效质量的位移变化。质量-弹簧-阻尼器系统与 RLC 电路被称为相似系统,其具有相同动力学方程和时间稳态响应解。通过对相似系统的分析可以更清楚地了解半球谐振子的振动变化。

根据相似系统理论,式(2-17)中,$c\boldsymbol{\Omega}\dot{S}$ 和 $-c\boldsymbol{\Omega}\dot{S}$ 为科里奥利力耦合项。当外界没有输入角速率时,即 $\boldsymbol{\Omega} = 0$ 时,方程(2-17)为

$$\begin{cases} \ddot{C} + \omega^2 C = 0 \\ \ddot{S} + \omega^2 S = 0 \end{cases} \tag{2-18}$$

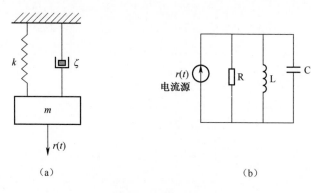

图 2-7　相似系统
(a)质量-弹簧-阻尼系统;(b)RLC 电路系统。

其解为

$$\begin{cases} C = a\cos\theta\cos\gamma - q\sin\theta\sin\gamma \\ S = a\sin\theta\cos\gamma + q\cos\theta\sin\gamma \\ \dot{C} = -\omega(a\cos\theta\sin\gamma + q\sin\theta\sin\gamma) \\ \dot{S} = -\omega(a\sin\theta\sin\gamma - q\cos\theta\cos\gamma) \end{cases} \tag{2-19}$$

式(2-18)清楚地说明点 (C,S) 的轨迹为二维平面内的一个椭圆轨迹,如图 2-8 所示。式(2-19)中 a 为椭圆的长半轴,q 为椭圆的短半轴,θ 为椭圆长轴的方位角。而椭圆的这些参数对应了半球谐振陀螺仪信号处理中的各物理量,其中 a 为主波波腹点振动也称为同向信号,q 为正交波波腹点振动也称为正交信号,θ 为主波波腹振动的相位变量,ω 为谐振子的振动角频率。式(2-19)中,$\gamma = \omega t + \psi$,是射线 OB 与 OA 形成的夹角,ψ 是点 (C,S) 的初始方位角。图 2-8 中,B 点是过点 (C,S) 作平行于椭圆短轴的直线与椭圆外切圆形成的交点,只是为了方便地表示点 (C,S) 运动轨迹的角速率 ω 而假设存在的点,此分析方法与文献[5]中的分析方法类似。

当外界载体的输入角速率不为零时,即 $\Omega \neq 0$ 时,且在 $\Omega \leqslant \omega$ 的条件下,点 (C,S) 的椭圆运动轨迹不再处于静止状态,而是绕 O 点缓缓进动。由于 $\Omega \leqslant \omega$,点 (C,S) 的周期仍可近似表示为 $T = 2\pi/\omega$。在 Ω 输入的条件下,参数 γ 变化非常迅速,故称其为"快变量"。但在超精密加工及控制力的作用下,点 (C,S) 的椭圆轨迹处于扁平状态,基本接近于一条直线,其参数 a、q 以及 θ 变化极其缓慢,故称其为"慢变量",且能够表示载体的旋转角速率大小。当椭圆产生进动时,a、q 以及 θ 变为时间的函数。方程(2-17)的椭圆方程参数解为

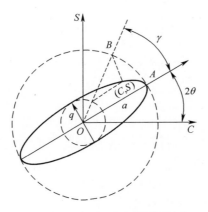

图 2-8　点 (C,S) 的椭圆轨迹图

$$\begin{cases} \dot{a} = -\left[c\Omega q\sin(2\gamma) \right]/2 \\ \dot{q} = \left[c\Omega q\sin(2\gamma) \right]/2 \\ \dot{\theta} = \dfrac{c\Omega(q^2\cos^2\gamma - a^2\sin^2\gamma)}{(a^2 - q^2)} \\ \dot{\gamma} = -\dfrac{c\Omega aq\cos(2\gamma)}{a^2 - q^2} + \omega \end{cases} \quad (2-20)$$

式(2-20)表明外界输入角速度 Ω 决定椭圆的参数变化。半球谐振陀螺仪在正常工作模式下, $\Omega \ll \omega$,且通常会在控制系统中采用正交控制回路来抑制正交波波腹的振动,使椭圆基本处于一条直线的状态。因此, γ 可以写为

$$\begin{cases} \dot{\gamma}(t) \approx \omega \\ \gamma(t) \approx \omega t + \gamma_0 \end{cases} \quad (2-21)$$

接下来对方程(2-19)中的"慢变量"进行求解。由于在谐振子的一个振荡周期 T 中,这些"慢变量"参数变化非常小,因此可认为在一个振动周期中这些参数保持不变,则

$$\begin{cases} a(t + T) \approx a(t) - \dfrac{c\Omega q(t)}{2}\displaystyle\int_t^{t+T} \sin(2\gamma)\,\mathrm{d}t \\ q(t + T) \approx q(t) + \dfrac{c\Omega a(t)}{2}\displaystyle\int_t^{t+T} \sin(2\gamma)\,\mathrm{d}t \\ \theta(t + T) \approx \theta(t) - \dfrac{c\Omega}{a^2(t) - q^2(t)}\displaystyle\int_t^{t+T} (q^2\cos^2\gamma - a^2\sin^2\gamma)\,\mathrm{d}t \end{cases} \quad (2-22)$$

一个积分周期满足:

$$\begin{cases} \int_t^{t+T} \sin(2\gamma)\,\mathrm{d}t = 0 \\ \int_t^{t+T} \sin^2\gamma\,\mathrm{d}t = \int_t^{t+T} \cos^2\gamma\,\mathrm{d}t = \dfrac{1}{2}T \end{cases} \tag{2-23}$$

式(2-22)可以表示为

$$\begin{cases} a(t+T) \approx a(t) \\ q(t+T) \approx q(t) \\ \theta(t+T) \approx \theta(t) - \dfrac{c\Omega}{2}T \end{cases} \tag{2-24}$$

由此,得到方程(2-19)式的解为

$$\begin{cases} \dot{a} = 0 \\ \dot{q} = 0 \\ \dot{\theta} = -\dfrac{c\Omega}{2} \\ \dot{\gamma} = \omega \end{cases} \tag{2-25}$$

从式(2-25)中可以得到决定椭圆形状和参数的特征,其中椭圆的长半轴参数 a 和短半轴参数 q 保持恒定,椭圆的方位角沿着输入角速度相反方向进动。

2.4　谐振陀螺仪的误差源分析

以半球谐振陀螺仪为例,可以简要分析陀螺仪误差所包含的因素。

半球谐振陀螺仪的误差包括材料误差、谐振子膜层损耗误差、半球谐振子的机械加工误差、电极基座产生的误差等多方面内容。在分析误差源的基础上,深入开展各误差源研究,针对不同误差源,开展性能指标分配,提出对各环节的技术要求,为提升陀螺仪的精度提供依据[3-4,6-10]。

1. 材料损耗

半球谐振陀螺仪的谐振子、激励罩(两件结构激励罩功能被读出基座替代)和读出基座都采用熔融石英玻璃加工而成。石英晶体与熔融石英玻璃都是二氧化硅,但内部结构具有较大的差别,两者结构如图 2-9 所示。

熔融石英玻璃的损耗分为两类:一类是材料本身的因素,随着交变应变石英玻璃内摩擦随之产生,内摩擦的大小取决于氧原子绕硅氧键的运动;另一类是与外部的附加因素如气体摩擦、固定处的损耗等固体结构缺陷相关。

石英玻璃的损耗与制造工艺密切相关,直接影响半球谐振陀螺仪的 Q 值这

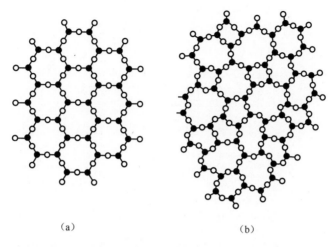

（a）　　　　　　　　　　　（b）

图 2-9　石英晶体与熔融石英玻璃结构（〇＝Si，●＝O）

一核心指标。需要综合性能特性、价格、后续加工、生产工艺等要求，选择合适的石英玻璃材料作为制作半球谐振陀螺仪的材料，同时研究选择合理的退火工艺，减小甚至消除材料内部损耗误差。石英玻璃中若含有气泡、固体杂质会降低玻璃强度，引起额外的损耗。另外，外部环境也会对石英玻璃的强度造成较大的影响。石英玻璃若长时间与水或者含水物质接触，水分或者含水的物质将对其产生一定的影响，除了能降低其强度外，还会与之发生水解反应，使其表面的微裂纹进一步加大，进而使得谐振子的表面能量损耗进一步增大。

2. 谐振子的膜层损耗

为了保证谐振子电导通和接地，形成有效工作的电容极板和静电激励器，需要在谐振子的内外表面以及支撑杆上镀上一层金属薄膜。由于所镀金属材料和石英玻璃基体的物理参数的匹配性并不完美，并且金属膜层的内阻尼偏高，会导致谐振子品质因数急剧下降，甚至只有初始值的十分之一二。

控制电路与膜层厚度决定的阻值不匹配也会给谐振陀螺仪带来误差。谐振子和外围电路的布局示意图如图 2-10 所示，激励电极与谐振子形成的电容转换会给谐振子带来额外的能量衰减。

因此，薄膜太厚或者太薄都会影响谐振子的性能，其金属膜层的厚度需找到一个稳定平衡点，使测试电极造成的额外损失平衡、稳定。

3. 谐振子不均匀

对谐振子驻波稳定性（可以直接表征陀螺仪精度）影响最为严重的是由于密度、弹性模量、壳体厚度等一些参数的不均匀性造成的傅里叶展开式的四次

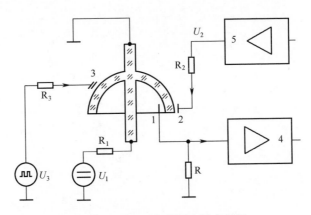

图 2-10　谐振子与外围电路布局图

谐波。

假设谐振子材料密度 ρ 的不均匀性随圆周角 φ 分布：

$$\rho = \rho(\varphi) \tag{2-26}$$

假设密度可以分解为傅里叶级数：

$$\rho = \rho_0 \left\{ 1 + \sum_{m=1}^{M} \left\{ \varepsilon_m \cos\left[m(\varphi - \theta_m) \right] \right\} \right\} \tag{2-27}$$

式中：ρ_0 为密度常值；ε_m、θ_m 为第 m 次谐波对应的密度缺陷的相对值和方位角；M 为谐波次数。

特别是四次谐波缺陷的存在会导致谐振子中出现相互呈 45° 的双固有轴系，这样，谐振子沿其中每个轴的固有振动频率都可达到极大值和极小值（图 2-11）。固有振动频率较小的本征轴称为"重"轴（刚度较小轴）；固有频率较大的本征轴称为"轻"轴（刚度较大轴）。

最开始激励起的驻波受到了破坏：

$$w(\varphi, t) = A\cos\left[2(\varphi - \varphi_0) \right] \cos(\omega_2 t) \tag{2-28}$$

式中：A 为驻波振动振幅。

而且该振动过程表现为两个不同频率 ω_{21}、ω_{22} 的谐波振动的和：

$$w(\varphi, t) = A\left[\cos(2\varphi_0)\cos(2\varphi)\cos(\omega_{21} t) + \sin(2\varphi_0)\sin(2\varphi)\cos(\omega_{22} t) \right] \tag{2-29}$$

角度 φ_0 决定驻波相对于"重"轴的方位。

沿谐振子边缘存在密度分布的四次谐波导致产生与该缺陷成比例的频率裂解，有

$$\Delta_4 = \omega_{22} - \omega_{21} \approx \frac{1}{2}\varepsilon_4\omega_2 \tag{2-30}$$

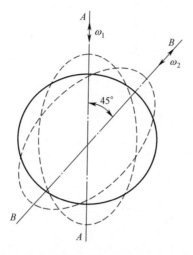

图 2-11　振动本征轴的"重"轴和"轻"轴

式中: Δ_4 为由于四次谐波对应的密度缺陷引起的四次谐波误差; ε_4 为密度缺陷四次谐波的相对值。

驻波相对于谐振子的进动速度可表示为

$$\dot{\vartheta} = -\frac{1}{8} t \Delta_4^2 \sin(8\varphi_0) \tag{2-31}$$

$\dot{\vartheta}$ 也是谐振陀螺仪的漂移速率,是由谐振子质量分布不均匀的四次谐波导致的频率裂解 Δ_4 所引起的。为了减小漂移速率必须平衡掉谐振子的四次谐波缺陷,使 Δ_4 达到最小值。

密度缺陷的二次谐波产生的固有频率裂解导致密度的变化为

$$\rho = \rho_0 [1 + \varepsilon_2 \cos(2\varphi)] \tag{2-32}$$

由于二次谐波对应的密度缺陷引起的二次谐波误差 Δ_2 与缺陷值的平方成比例:

$$\Delta_2 \sim O(\varepsilon_2^2) \tag{2-33}$$

由一次谐波和三次谐波引起的频率裂解也正比于相应缺陷值的平方。因此,在调平谐振子时,主要应该注重缺陷的四次谐波,这是因为它引起的频率裂解要比其他谐波高一个数量级。

假设密度函数的傅里叶级数展开式(2-27)中第 m 次谐波的缺陷是主要因素(假设缺陷的方位角为 $\theta_m = 0$):

$$\rho(\varphi) = \rho_0 [1 + \varepsilon_m \cos(m\varphi)] \tag{2-34}$$

材料密度和参数 κ^2 呈反比例关系。很容易确定的是,精度优于 $O(\varepsilon_m^2)$ 时, κ^2 的表达式可以表示成如下形式:

$$\kappa^2(\varphi) = \kappa_0^2[1 - \varepsilon_m \cos(m\varphi)] \tag{2-35}$$

式中:

$$\kappa_0^2 = \frac{EJ}{\rho_0 SR^4} \tag{2-36}$$

$m = 4$ 时,有

$$\kappa^2(\varphi) = \kappa_0^2[1 - \varepsilon_4 \cos(4\varphi)] \tag{2-37}$$

在谐振情况下,频率裂解值如下:

$$\omega_{21} = \sqrt{\omega_2\left(1 - \frac{\varepsilon_4}{2}\right)}, \quad \omega_{22} = \sqrt{\omega_2\left(1 + \frac{\varepsilon_4}{2}\right)} \tag{2-38}$$

由此得到式(2-30)。

从式(2-38)可得:当 $0 \leqslant \varepsilon_4 \leqslant 2$ 时,陀螺仪中可能会出现双频率周期性过程。

举例:研究对象为石英环形谐振子,其物理参数如下: $R = 2.5 \times 10^{-2}\mathrm{m}$; $S = lh$, $l = h = 1 \times 10^{-3}\mathrm{m}$; $\rho_0 = 2.5 \times 10^3\mathrm{kg/m^3}$; $I = lh^3/12$; $E = 7 \times 10^{10}\mathrm{N/m^2}$ 。理想谐振子的二阶主振型振动频率 $\omega_2 = 6.56 \times 10^3\mathrm{rad/s}$ 。现在来求由密度缺陷的四次谐波引起的频率裂解: $\rho = \rho_0\{1 + \varepsilon_4\cos[4(\varphi - \theta_4)]\}$,这时 $\varepsilon_4 = 0,1,\theta_4 = 0$ 。

运用上面阐述的方法和三角函数展开式,通过数值实验最终得到以下振动频率: $\omega_{21} = 6.39 \times 10^3$, $\omega_{22} = 6.72 \times 10^3$ 。四次谐波的频率裂解 $\Delta_4 = \omega_{22} - \omega_{21} = 328.0$,它非常接近式(2-30)的结果: $\Delta_4 \approx 327.9$ 。

4. 基座振动

当谐振子存在质量分布沿圆周方向的一次、二次及三次谐波时,如果发生纵向振动或横向振动,波图会存在寄生分量,它会使有用信号失真。这是因为,除了主振型以外,在谐振子中还会激发一系列次要振型,引起仪表误差。现在来研究基座纵向振动和横向振动对不旋转的谐振子的影响。

1) 纵向振动

假设谐振子沿对称轴按图 2-12(a)所示规律运动,可得

$$z = z_0\cos(\lambda t) \tag{2-39}$$

式中: z_0 、 λ 分别为振幅和频率。

质量分布的不均匀性可以表达为

$$\rho = \rho_0\{1 + \varepsilon_1\cos(\varphi - \varphi_1) + \varepsilon_2\cos[2(\varphi - \varphi_2)] + \varepsilon_3\cos[3(\varphi - \varphi_3)]\} \tag{2-40}$$

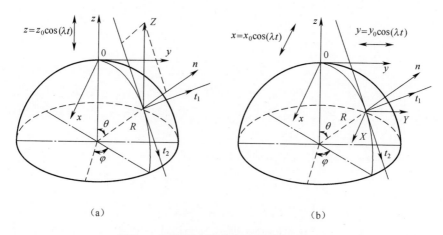

（a）　　　　　　　　　　　　　　（b）

图 2-12　谐振子的纵向振动和横向振动

(a)纵向振动;(b)横向振动。

于是,在共振情况下($\lambda = \omega_2$)驻波的方位角 ϑ 可由下式求出:

$$\tan(2\vartheta) = \tan(2\varphi_2) \tag{2-41}$$

即驻波"拴"在缺陷的二次谐波方位上,纵向振动的作用等效于沿着二次谐波缺陷轴的某一位置激励。

2）横向运动

这种情况下,谐振子的运动方式如图 2-12(b)所示:

$$x = x_0\cos(\lambda t)，\quad y = y_0\cos(\lambda t) \tag{2-42}$$

共振情况下驻波波腹的方位角 ϑ 由下式计算:

$$\tan\vartheta = \frac{(A + B + C)\varepsilon_1\sin\varphi_1 + (A - B + C)\varepsilon_3\sin(3\varphi_3)}{(A + B + C)\varepsilon_1\cos\varphi_1 + (A - B + C)\varepsilon_3\cos(3\varphi_3)} \tag{2-43}$$

式中: A 、B 、C 为谐振子三个方向的振幅, $A = \int_0^{\frac{\pi}{2}} U\sin\theta\sin\theta\mathrm{d}\theta, B = \int_0^{\frac{\pi}{2}} V\sin\theta\mathrm{d}\theta, C = \int_0^{\frac{\pi}{2}} W\sin^2\theta\mathrm{d}\theta$ 。

显然,存在密度缺陷的一次和三次谐波时,驻波的方位由角 φ_1 、φ_3 决定,即横向振动将驻波"拴"在了质量缺陷的一次和三次谐波上。

还存在相反的效应:谐振子的二阶振型振动可以引起质心振动,这些振动会传递给支点,导致额外的振动能量耗散(与波图的方位有关)。

5. 谐振子品质因数不均匀

在沿半球谐振陀螺仪谐振子圆周的耗散一致的条件下,谐振子中的能量耗散会导致振幅衰减。若谐振子的品质因数与圆周角相关,则会产生驻波偏移速率。

运用开尔文-福格特模型描述弹性物体的衰减振动:

$$\sigma = E(\varepsilon + \xi\dot{\varepsilon}) \tag{2-44}$$

如果 ξ 是常数,那么谐振子的振动按指数规律衰减,这时振动性质不变。由于 ξ 值与圆周角相关,从而时间常数(品质因数)与波图的方位相关,这种现象称为谐振子沿圆周的品质因数不均匀性。

用傅里叶级数表示 $\xi(\varphi)$ 值的不均匀性:

$$\xi(\varphi) = \xi_0\left\{1 + \sum_k \{\xi_k\cos[k(\varphi - \varphi_k)]\}\right\} \tag{2-45}$$

式中: ξ_0 为额定值; ξ_k、φ_k 分别为密度缺陷的相对值和方位角。

式(2-45)展开式中缺陷的四次谐波对谐振子动力学的影响最明显。驻波进动(漂移)速度的表达式为

$$\dot{\vartheta} = -BF\Omega + \frac{1}{4}\omega_0^2\xi_0\xi_4\sin[4(\vartheta - \varphi_4)] \tag{2-46}$$

式中:BF 为进动系数。

如果输入角速率 $\boldsymbol{\Omega}$ 满足下面条件:

$$|\boldsymbol{\Omega}| < \Omega^* = \frac{1}{4BF}\omega_0^2\xi_0\xi_4 \tag{2-47}$$

那么,陀螺仪不存在积分效应。如果满足下面条件:

$$|\boldsymbol{\Omega}| > \Omega^* \tag{2-48}$$

那么,积分效应被保留下来,并带有某一系统误差。从 0 到 Ω^* 的区域称为驻波"捕获"区域(图2-13)。

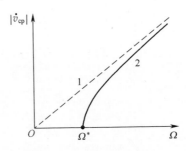

图2-13　平均速率图

1—直线 $|\dot{v}_{cp}| = BF\Omega$;2—偏离线。

耗散缺陷的四次谐波会导致在谐振子中出现呈45°的两个轴系(称为黏性

本征轴,图 2-14)。

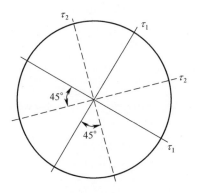

图 2-14 黏性本征轴 $\tau_2 > \tau_1$

这两个轴中每一个轴的振动时间常数都会达到最大值和最小值。通常用算法补偿品质因数不均匀性引起的波图漂移。

由于品质因数(或时间常数)与很多参数相关,补偿这种漂移很复杂。品质因数与谐振子导电层中各种扩散过程和化学过程引起的内摩擦的变化相关,还与仪表中的残余气压相关,有微粒随机掉落到表面上时品质因数可能会改变,等等。

6. 环形电极供电电压不稳定

如果电极是离散的,单个电极的激励电压来自不同的电源,那么会产生沿圆周的电势不均匀性。假设电极供电电压的幅值沿圆周有四次谐波为

$$V = \left[V_0 + v\cos(4\varphi) \right]\cos(\omega_0 t) \tag{2-49}$$

并且 $v \ll V_0$,那么驻波的漂移速度可表达为

$$\dot{\vartheta} = - \mathrm{B}F\Omega - \frac{1}{40}\frac{\varepsilon_0 V_0 v L}{\omega_0 \rho S d_0^3}\sin(4\vartheta) \tag{2-50}$$

式中: $\varepsilon_0 = 8.85 \times 10^{-12} \mathrm{F/m}$ 为介电常数; L 为电极高度; d_0 为电极和谐振子之间的间隙。

没有积分效应的捕获区域大小为

$$\Omega^* = \frac{1}{16}\frac{\varepsilon_0 V_0 v L}{\omega_0 \rho S d_0^3} \tag{2-51}$$

或通过品质因数 Q 表示为

$$\Omega^* = \frac{5}{16}\frac{\omega_0 v}{Q V_0} \tag{2-52}$$

7. 电极间隙不均匀性的四次谐波

假设电极与谐振子之间的间隙沿圆周有四次谐波：

$$d = d_0 + e\cos(4\varphi) + w(\varphi,t) \qquad (2-53)$$

式中：e 为偏心距。

驻波漂移速度的表达式为

$$\dot{\vartheta} = -\mathrm{BF}\Omega + \frac{3\varepsilon_0 V_0^2 eL}{40\omega_0 \rho d_0^4 S}\sin(4\vartheta) \qquad (2-54)$$

捕获区域为

$$\Omega^* = \frac{15}{16}\frac{\omega_0}{Q}\frac{e}{d_0} \qquad (2-55)$$

除了上述研究的这些类型的缺陷外，可能还存在其他的误差源：各种缺陷的组合、角速率读取电极的安装误差、谐振子的轴与固定平面不垂直、非线性形变等。

参考文献

[1] 李世杨. 半球谐振陀螺信号处理及控制系统研究[D]. 北京：中国舰船研究院，2020.

[2] Fried B, Hutton M F. Theory and error analysis of vibrating-member gyroscope[J]. IEEE Transactions on Automatic Control, 1978, 23(4): 545-556.

[3] 马特维耶夫 B A, 利帕特尼科夫 B И, 阿廖欣 A B, 等. 固体波动陀螺[M]. 杨亚非, 赵辉, 译. 北京：国防工业出版社，2009.

[4] 卢宁 Б С, 马特维耶夫 B A, 巴萨拉布 M A. 固体波动陀螺理论与技术[M]. 张群, 齐国华, 赵小明, 译. 北京：国防工业出版社，2020.

[5] 史炯. 金属桶形谐振陀螺谐振型校正及测控系统研究[D]. 北京：中国舰船研究院，2019.

[6] 任顺清, 赵洪波. 半球谐振子密度分布不均匀对输出精度的影响[J]. 中国惯性技术学报，2011, 19(3): 364-368.

[7] 高胜利, 吴简彤. 半球谐振陀螺的漂移机理及其控制[J]. 弹箭与制导学报，2008, 28(3): 61-64.

[8] Lynch D D, Savaya R R, Campanile J J. Hemispherical resonator gyro control: US7318347B2[P]. 2008-1-15.

[9] Lynch D D. Vibratory Gyro Analysis by the Method of Averaging[C]//Proceedings of the 2nd International Conference on Gyroscopic Technology and Navigation. St. Petersburg, 1995: 26-34.

[10] 祁家毅, 任顺清, 冯世伟, 等. 半球谐振陀螺仪随机误差分析[J]. 中国惯性技术学报，2009, 17(1): 98-101.

第3章
谐振陀螺仪设计技术

3.1　金属谐振陀螺仪设计技术

在圆周对称结构特征的谐振陀螺仪类中,金属谐振陀螺仪是有较大应用前景的一类陀螺仪。顾名思义,该类陀螺仪的谐振子由金属或者金属合金材料制成,加工手段可以是传统方法,如车、铣,因此成本容易控制。该类陀螺仪又兼具谐振陀螺仪的其他优点,如精度体积比较大、可靠性高、全固态抗冲击等。可以说,金属谐振陀螺仪是石英半球谐振陀螺仪技术在低成本方向的产品延伸。

◢ 3.1.1　金属谐振陀螺仪材料

对于任何陀螺仪设计,选择合适的材料是最先需要考虑的问题。材料性能不仅是实现陀螺仪各种性能指标的基础,同样关乎成本、体积等指标要求。理论上讲,谐振陀螺仪理想的材料要求 Q 值高、频率温度系数低、材料均匀并且稳定。可以分析各种原因如下:

对于所有基于轴对称驻波进动原理类型的陀螺仪, Q 值及谐振频率(工作频率)直接决定了陀螺仪的精度以及分辨率极限。陀螺仪漂移公式为

$$\dot{\theta} = \frac{\pi f}{4}\left(\frac{1}{Q_1} - \frac{1}{Q_2}\right) \tag{3-1}$$

式中:$\dot{\theta}$ 为驻波漂移速率;f 为振动频率;Q_1、Q_2 分别为激励和检测轴的 Q 值。

很显然,高 Q 值可以使得陀螺仪漂移(可以认为是驻波漂移)$\dot{\theta}$ 很小。如 HRG 的 Q 值可以达到 10^7,而金属谐振陀螺仪的 Q 值通常只有 10^4 量级,这是由材料的属性差异决定的。

谐振子的 Q 值由诸多因素综合决定:

$$\frac{1}{Q} = \frac{1}{Q_{fri}} + \frac{1}{Q_{ther}} + \frac{1}{Q_{sur}} + \frac{1}{Q_{gas}} + \frac{1}{Q_{sup}} + \frac{1}{Q_{other}} \tag{3-2}$$

只针对材料内摩擦引起的能力衰减 $\frac{1}{Q_{fri}}$，不考虑结构引起的热弹性 $\frac{1}{Q_{other}}$、

外部摩擦 $\frac{1}{Q_{sur}}$、$\frac{1}{Q_{gas}}$ 及声耗 $\frac{1}{Q_{other}}$，通常可以认为材料内部晶格变形、缺陷、合金晶界变形与摩擦等因素决定材料 Q 值，表现出金属体内部出现振幅时振动衰减特性。通常与 Q 值直接相关的参数包括损耗系数、黏滞阻尼系数。对于多数材料，不同的振动形式，往往表现出不同的 Q 值特性，参见表 3-1 所列一些金属材料的损耗系数。

表 3-1　不同材料的标准条件下动态参数（20℃）[1]

材料	在杆中纵波波速/(m/s)	在杆中弯曲波波速/(m/s)	纵向损耗系数	弯曲损耗系数
铝	5200	3100	$0.3 \times 10^{-5} \sim 10 \times 10^{-5}$	约 10^{-4}
纯铅	1250	730	$5 \times 10^{-2} \sim 30 \times 10^{-2}$	约 2×10^{-2}
含锑铅			$1 \times 10^{-3} \sim 4 \times 10^{-3}$	
铁	5050	3100	$1 \times 10^{-4} \sim 4 \times 10^{-4}$	$2 \times 10^{-4} \sim 6 \times 10^{-4}$
钢	5100	3100	$0.2 \times 10^{-4} \sim 3 \times 10^{-4}$	
金	2000	1200	约 3×10^{-4}	
多晶铜	3700	2300	约 2×10^{-3}	约 2×10^{-3}
单晶铜			$2 \times 10^{-4} \sim 7 \times 10^{-4}$	
黄铜	3200	2100	$0.2 \times 10^{-3} \sim 1 \times 10^{-3}$	$< 10^{-3}$
镁	5000	3100		约 10^{-4}
镍	4800	2900		$< 10^{-3}$
银	2700	1600	约 4×10^{-4}	$< 2 \times 10^{-3}$
铋	580	360		约 8×10^{-4}
锌	1350	850		约 3×10^{-4}
锡	780	470		约 20×10^{-4}

注：一些损耗系数难以获得；损耗系数 η 与黏滞阻尼系数 ξ 的关系是 $\eta = 2\xi$。

对于薄壁件结构的振子，除了材料内摩擦导致的 Q 值损失 $\frac{1}{Q_{fri}}$，主要能量耗散还与热弹性损耗 $\frac{1}{Q_{other}}$ 直接相关，表现为振子变形时外壁拉伸则内壁压缩，局部温度势必不同，根据热力学定律，热量必然会从高温区向低温区传导，从而导

致机械能向热能产生不可逆的转化,其影响程度与材料的导热率正相关。因此,为了减小热弹性损失,可以使用线胀系数低的材料。

除了 Q 值参数,材料的频率温度系数同样需要重点考虑。

对于工作在力反馈模式的陀螺仪,工作频率 f 还与标度因数直接相关:

$$SF = 4k\pi fa \tag{3-3}$$

式中:SF 为陀螺仪标度因数;k 为布莱恩进动系数;a 为驻波振幅。

用户(或者系统)对陀螺仪的标度因数稳定性或者标度因数温度系数通常有较严格的要求,因此工作频率 f 应该受温度影响尽量小、尽量稳定,即要求材料的频率温度系数应该尽量小。

综合 Q 值和频率温度系数因素,会发现有些金属材料虽然 Q 值潜力较高,如铝和铝合金,但材料的线胀系数较大,业界对材料的频率温度系数的研究也不充分。在各种合金中,恒弹性合金材料具有高机械品质因数和低热膨胀系数,是谐振子的较佳选择对象。

Fe-Ni-Cr 埃瓦林合金是恒弹性合金的一类,这类合金弹性模量温度系数和频率温度系数小,弹性和强度高,Q 值相对较高,热膨胀系数低,弹性后效较小,耐腐蚀性较好。尤其值得指出的是,这类合金塑性良好,易于加工成各种结构复杂的弹性元件。根据各种用途的特点,可通过调节合金材料成分和热处理工艺来实现弹性模量温度系数和频率温度系数的要求。常见的高性能金属间化合物强化型恒弹性合金有国产的 3J53、3J58、3J59、3J71 以及美国 Ni-Span-C 公司的 Alloy 902 合金,其主要性能如表 3-2 所列。

表 3-2 典型恒弹性合金的主要性能

合金	工作温度范围/℃	线性热膨胀系数/(10^{-6}/℃)	机械品质因数	频率温度系数/(10^{-6}/℃)	主要特点
3J53	$-40 \sim 80$	8.3	$\geqslant 10000$	$0 \sim 20$	工作范围大,热膨胀系数与频率温度系数低。缺点是对成分变化较敏感
3J58	$-40 \sim 120$	8.3	$\geqslant 10000$	$-5 \sim 5$	
3J59	$-40 \sim 120$	8.3	$\geqslant 18000$	$-2 \sim 2$	
3J71	$-55 \sim 115$	8.0	$\geqslant 15000$	$-5 \sim 5$	
Ni-Span-C Alloy 902	$-45 \sim 70$	7.6	$\geqslant 20000$	$-5 \sim 5$	

3.1.2 谐振子结构设计

理论上,轴对称结构可以设计成很多结构形式,如大钟、花瓶、碗等。典型的结构形状如图 3-1 所示。通常确定谐振子的结构形式,需要重点考虑下面几种因素：
（1）应用目标,预期精度和成本。
（2）激励和检测方案。
（3）加工的精度要求及成本。
（4）谐振子固定与封装方案。

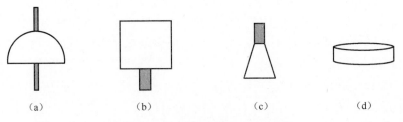

图 3-1　几种谐振陀螺仪结构示例
(a)半球形；(b)筒形；(c)锥形；(d)体波形。

　　首要考虑的因素当然是应用目标或市场,预期的精度和成本。因为不同的应用对象,对陀螺仪的抗振动、抗冲击性能要求不同,而谐振子结构方案直接决定了陀螺仪的抗振动性能。例如,体波形结构,也可称为盘式结构,一般用于 MEMS 谐振陀螺仪。这种结构无明显结构应力集中,抗振动、抗冲击性能通常较高。但盘式结构通常谐振频率过高,并且支撑损耗过大,限制了陀螺仪的精度。对于 MEMS 量级的谐振陀螺仪,其设计与制造技术属于特殊的技术领域,主要针对硅类材料加工。金属谐振陀螺仪通常为 10~50mm 尺寸量级,精度处于战术级应用范围(0.01~100(°)/h),谐振结构多数是薄壳型结构。因为随着壁厚的增加,谐振频率会急剧增大,陀螺仪精度也会急剧降低。

　　其次要考虑的采用何种方案激励谐振工作和检测陀螺仪输出。激励方面,可以利用的技术主要有压电陶瓷激励、静电激励、电磁激励。与之相对应,检测方面主要有压电陶瓷检测、电容检测、电磁检测。可以组合的方式包括静电激励+电容检测、压电陶瓷激励和检测、电磁激励+电容检测。

　　静电激励技术在半球谐振陀螺仪技术中已广泛使用,是一种理想的无接触式激励方案,对谐振子 Q 值影响较小。但静电激励相对效率较低,即使是用在高 Q 值的半球谐振陀螺仪中,通常也需要用到稳定的直流高压电源;控制策略也相对复杂,使得控制线路部分体积增加,对于 Q 值相对较低的金属谐振陀螺仪,情况会更加苛刻。所以,在金属谐振陀螺仪技术中,由于成本及体积的限制,业界设计人员通常不采用静电激励方案(当然,如果研究人员想尝试金属谐振的静电激励方案,可以参看半球谐振陀螺仪技术的相关参考书籍或文献,通常会有详细的介绍）。

　　压电陶瓷激励和检测比较适合用于金属谐振陀螺仪，不但容易布置到谐振子上，激励和检测电路也可以方便设计。虽然压电陶瓷本身的 Q 值不高，但与金属谐振子本身 Q 值就相对较低来说，影响并不致命。采用压电陶瓷激励和检测的方案，通常对谐振子的结构兼容性不高（显然筒形谐振子较圆锥形谐振子更容易布置压电陶瓷）。

　　对于采用镍基弹性合金材料制成的谐振子，采用电磁激励方案+电容检测也具有可行性。该方案对谐振子的结构设计兼容性强，但电磁激励通常对磁芯要求较高，否则会引起涡流损耗过高。若采用磁性能好的铁氧体材料，其疏松的结构会对真空封装带来不利影响。

　　谐振子的可加工性能也是需要考虑的因素。金属谐振陀螺仪的一大优势是可以用传统的机加工手段，若谐振子结构设计合理，不但可以用高效高精度机加工提高加工效率和加工精度，同时可以保证较低的成本。

　　谐振子的固定和封装同样也与谐振子结构直接联系，并且谐振子用于固定的支撑柱设计关乎支撑损耗，影响 Q 值，还关乎抗振性能，甚至还关乎最终的表头体积。

　　综上原因，对于相对高精度的金属谐振陀螺仪，可以认为 Innalabs 公司的阶梯筒形谐振子结构较为成功。其结构设计上兼顾了陀螺仪精度、抗冲击性能、体积以及良好的可制造性，筒形结构也方便在筒底布置压电陶瓷；带导振环的结构可以使得谐振频率不至于过高且与支撑的耦合影响尽量较小。

　　若考虑高抗过载的应用，可以参考赛峰公司的 QUAPASON 谐振陀螺仪，其谐振子为双音叉结构（图 3-2）。这种结构虽然已经与对称结构的谐振子差距甚远，但工作在全角模式时陀螺仪的工作机理仍是近似的。

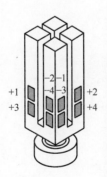

图 3-2　赛峰公司的 QUAPASON 双音叉结构谐振子

3.1.3　金属谐振陀螺仪的压电陶瓷激励与检测

压电陶瓷激励和检测技术适合用于金属谐振陀螺仪。利用压电陶瓷的逆压电效应,可以形成压电驱动器,即施加交流电压驱动压电陶瓷伸缩变形,当电压频率与谐振子的模态频率一致时,使得谐振子随驱动电压一起谐振振动。同时,可以利用压电陶瓷的压电效应,形成压电传感器,敏感谐振子振动引起的形变,检测驻波的幅值和方位角。

压电线性理论的基本耦合方程,以电场强度和应变为自变量,应力与电位移为因变量表示压电方程,具体形式如下:

$$\begin{cases} \boldsymbol{T} = \boldsymbol{CS} - \boldsymbol{e}^{\mathrm{T}}\boldsymbol{E} \\ \boldsymbol{D} = \boldsymbol{eS} + \boldsymbol{\varepsilon E} \end{cases} \tag{3-4}$$

式中:$\boldsymbol{S}$ 为应变张量矩阵;$\boldsymbol{T}$ 为应力张量矩阵;$\boldsymbol{D}$、$\boldsymbol{E}$ 分别为电荷密度矩阵和电场强度矩阵;$\boldsymbol{e}$ 为压电应力系数;$\boldsymbol{C}$ 为恒电场下的弹性刚度系数张量;$\boldsymbol{\varepsilon}$ 为介电系数矩阵;上标 T 为矩阵转置符号。

对于压电陶瓷材料,其弹性刚度系数 $\boldsymbol{C}$ 为对称矩阵,共包含 12 个非零分量,压电应力系数 e 包含 5 个非零分量:

$$\begin{bmatrix} T_1 \\ T_2 \\ T_3 \\ T_4 \\ T_5 \\ T_6 \end{bmatrix} = \begin{bmatrix} c_{11} & c_{12} & c_{13} & 0 & 0 & 0 \\ c_{12} & c_{11} & c_{13} & 0 & 0 & 0 \\ c_{13} & c_{13} & c_{33} & 0 & 0 & 0 \\ 0 & 0 & 0 & c_{44} & 0 & 0 \\ 0 & 0 & 0 & 0 & c_{44} & 0 \\ 0 & 0 & 0 & 0 & 0 & (c_{11}-c_{12})/2 \end{bmatrix} \begin{bmatrix} S_1 \\ S_2 \\ S_3 \\ S_4 \\ S_5 \\ S_6 \end{bmatrix} - \begin{bmatrix} 0 & 0 & e_{31} \\ 0 & 0 & e_{31} \\ 0 & 0 & e_{33} \\ 0 & e_{15} & 0 \\ e_{31} & 0 & 0 \\ 0 & 0 & 0 \end{bmatrix} \begin{bmatrix} E_1 \\ E_2 \\ E_3 \end{bmatrix}$$

$$\tag{3-5}$$

$$\begin{bmatrix} D_1 \\ D_2 \\ D_3 \end{bmatrix} = \begin{bmatrix} 0 & 0 & 0 & 0 & e_{15} & 0 \\ 0 & 0 & 0 & e_{15} & 0 & 0 \\ e_{31} & e_{31} & e_{31} & 0 & 0 & 0 \end{bmatrix} \begin{bmatrix} S_1 \\ S_2 \\ S_3 \\ S_4 \\ S_5 \\ S_6 \end{bmatrix} + \begin{bmatrix} \varepsilon_{11} & 0 & 0 \\ 0 & \varepsilon_{11} & 0 \\ 0 & 0 & \varepsilon_{33} \end{bmatrix} \begin{bmatrix} E_1 \\ E_2 \\ E_3 \end{bmatrix}$$

$$\tag{3-6}$$

1. 压电驱动

以 Innalabs 公司的阶梯筒形谐振子结构为例,其谐振子上的压电陶瓷为长条形,沿厚度方向极化。当在陶瓷极板上通交流电 V 时,其形变方向主要是沿长度方向,伴随着长度方向变化,宽度和厚度也会有一定的变化,如图 3-3 所示。

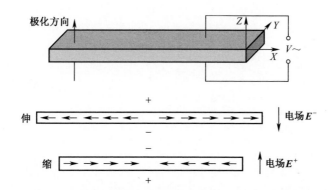

图 3-3　长条板压电陶瓷沿厚度方向极化时长度伸缩示意图

若将压电陶瓷固接于谐振子筒底时,形成复合结构,因为底面一侧有固定的约束,压电陶瓷不能自由形变,而会表现为弯曲变形的形式。在小变形的情况下,可以认为谐振子底部中线长度不变,压电陶瓷随在底部侧面或压缩或拉伸,构成弯曲压电驱动器的结构形式,如图 3-4 所示。

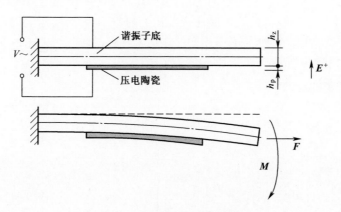

图 3-4　弯曲压电驱动器原理图

当对压电陶瓷施加交流电压 V。设某一刻压电陶瓷与谐振子底粘接面为负电势,压电陶瓷内部的电场与极化方向相同,此时压电陶瓷在其长度方向有缩短的趋势。压电陶瓷因与谐振子固连而长度和宽度方向产生约束,在厚度方向无约束,即有 z 方向电场 E 不产生 z 方向正应力和 xy 平面内的切应力,其约束条

35

件方程为

$$
\begin{cases}
T_3 = 0 \\
T_6 = 0 \\
S_4 = 0 \\
S_5 = 0
\end{cases}
\tag{3-7}
$$

根据压电方程式,压电陶瓷内部应力方程如下:

$$
\begin{cases}
T_1 = c_{11}S_1 + c_{12}S_2 + c_{13}S_3 - e_{31}E_3 \\
T_2 = c_{12}S_1 + c_{11}S_2 + c_{13}S_3 - e_{31}E_3 \\
T_3 = c_{31}S_1 + c_{13}S_2 + c_{33}S_3 - e_{33}E_3 \\
T_6 = (c_{11} - c_{12})S_6/2
\end{cases}
\tag{3-8}
$$

由于谐振子底部对压电陶瓷的约束作用,谐振子底的 y 向拉伸刚度和 x 向弯曲刚度较大,可忽略压电陶瓷的 y 向应变,解方程式可得

$$
\begin{cases}
S_3 = \dfrac{e_{33}}{c_{33}}E_3 - \dfrac{c_{13}}{c_{33}}S_1 \\[2mm]
T_1 = \left(\dfrac{c_{13}e_{33}}{c_{33}} - e_{31} \right)\dfrac{V}{h_p} + \left(c_{11} - \dfrac{c_{13}^2}{c_{33}} \right)S_1
\end{cases}
\tag{3-9}
$$

由式(3-9)可知,压电陶瓷内部 x 向正应力与压电陶瓷外加电场和 x 向应变有关。当压电陶瓷在驱动电压的作用下,其外部 x 向作用力需要由 x 向应力来平衡,由于压电陶瓷与谐振子底复合结构上的非不对称性,压电陶瓷的 x 向应力还会在复合结构的中性面上产生弯矩用以平衡外部弯矩。即压电陶瓷在驱动电压的作用下产生驱动力 F 和弯矩 M,如图3-4所示。

压电陶瓷的驱动力:

$$
F = \int_{\frac{h_z}{2}}^{h_p + \frac{h_z}{2}} T_1(z) b_p \mathrm{d}z = \left(\frac{c_{13}e_{33}}{c_{33}} - e_{31} \right)Vb_p + \left(c_{11} - \frac{c_{13}^2}{c_{33}} \right)S_1 b_p h_z
\tag{3-10}
$$

压电陶瓷的驱动力矩:

$$
\begin{aligned}
M &= \int_{\frac{h_z}{2}}^{h_p + \frac{h_z}{2}} T_1(z) b_p z \mathrm{d}z = \int_{\frac{h_z}{2}}^{h_p + \frac{h_z}{2}} \left[\left(\frac{c_{13}e_{33}}{c_{33}} - e_{31} \right)E_3 + \left(c_{11} - \frac{c_{13}^2}{c_{33}} \right)S_1(z) \right] b_p z \mathrm{d}z \\
&= \left(\frac{c_{13}e_{33}}{c_{33}} - e_{31} \right)Vb_p \frac{h_z + h_p}{2} + \left(c_{11} - \frac{c_{13}^2}{c_{33}} \right)S_1 b_p h_z \frac{3h_z^2 + 6h_z h_p + 4h_p^2}{6(h_z + h_p)}
\end{aligned}
\tag{3-11}
$$

式中:b_p 为压电陶瓷的宽度;h_p 为压电陶瓷的厚度;h_z 为谐振子底的厚度;S_1 为压电陶瓷中面的 x 向应变。由于压电陶瓷通常很薄,其内部 yz 截面 x 向应力梯度可以忽略不计,取压电陶瓷中面的 x 向应力 T_1 替代其内部 yz 截面的 x 向应力函

数 $T_1(z)$，则驱动力矩表达式可改写为如下形式：

$$M = \int_{\frac{h_z}{2}}^{h_p + \frac{h_z}{2}} T_1(z) b_p z \mathrm{d}z = \left(\frac{c_{13} e_{33}}{c_{33}} - e_{31} \right) V b_p \frac{h_z + h_p}{2} + \left(c_{11} - \frac{c_{13}^2}{c_{33}} \right) S_1 b_p h_z \frac{h_z + h_p}{2}$$

$$(3-12)$$

由式(3-10)和式(3-11)可知，由于压电陶瓷的驱动力和驱动力矩的作用，谐振子底既有伸缩又有弯曲的运动趋势。而实际上对于谐振子底而言其径向拉伸刚度 k_L 和弯曲刚度 k_M 差异较大：

$$\begin{cases} k_L = \dfrac{F}{\Delta l_x} = \dfrac{A_z E_z}{l_p} = \dfrac{h_z b_z E_z}{l_p} \\[3mm] k_M = \dfrac{M}{\Delta u_z} = \dfrac{2 l_z E_z}{l_p^2} = \dfrac{h_z^3 b_z E_z}{6 l_p^2} \end{cases} \qquad (3-13)$$

对于压电陶瓷的驱动力和驱动力矩的作用，谐振子底外缘的 x 向位移 Δl_x 和 z 向挠度 Δu_z 分别为

$$\begin{cases} \Delta l_x = \dfrac{F l_p}{h_z b_z E_z} \\[3mm] \Delta u_z = \dfrac{3 F l_p^2 (h_z + h_p)}{h_z^3 b_z E_z} \end{cases} \qquad (3-14)$$

显然，$\Delta u_z \gg \Delta l_x$，即谐振子底的拉伸变形相对于弯曲变形来讲可以忽略。由此可以知道，压电陶瓷与谐振子底组成了一个弯曲压电驱动器，在压电陶瓷电极上施加交流电压信号，即可驱动整个谐振子的振动。

2. 压电传感器原理

当陀螺仪正常工作时，金属谐振陀螺仪工作在驻波模态，谐振子的振动同样使得底杯有弯曲变形，压电陶瓷会随谐振子底做弯曲振动，在压电效应的作用下产生交流输出电压。

根据压电陶瓷的极化方向和束缚电荷的关系，当 z 向极化的压电陶瓷随谐振子变形时，会引起材料内部正负电荷中心发生相对位移而产生电极的极化，从而导致材料相对的两个电极表面上出现符号相反的束缚电荷，而且电荷密度与压电陶瓷的应变成正比，如图 3-5 所示。

压电传感器检测其压电陶瓷主平面的弯曲变形，结构形式与压电驱动器一致。如图 3-6 所示为压电传感器原理图，根据欧拉-伯努力梁理论，压电陶瓷随谐振子底产生挠度 u 后，压电陶瓷内部的应变以 x 向正应变为主，其中性面 x 向正应变与谐振子底的挠曲线有关，由于压电陶瓷通常很薄，其内部 yz 截面的 z 向应力梯度可以忽略不计，取压电陶瓷中面的 x 向应变 $S_1(x)$ 替代其内部 yz 截

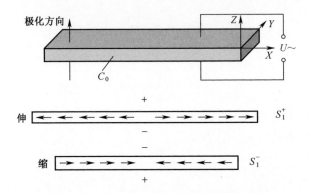

图 3-5　z 向极化压电陶瓷的压电效应示意图

面的 x 向应变在 z 向变化的函数 $S_1(x,z)$。根据压电陶瓷的压电方程式可知，在无外加电场的情况下，x 向应变 $S_1(x)$ 将在压电陶瓷 z 表面产生电位移的表达式如下：

$$D_3(x) = e_{31}S_1(x) \tag{3-15}$$

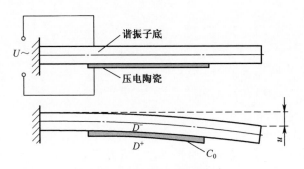

图 3-6　压电传感器原理图

压电陶瓷上下表面的检测电荷可表示为

$$Q_s = \int_0^{l_p} D_3(x)\,\mathrm{d}A = \int_0^{l_p} e_{31}S_1(x)b_p\,\mathrm{d}x \tag{3-16}$$

由于陀螺仪谐振时的振幅很小，相对压电陶瓷的尺寸而言可以忽略不计。因此，可近似认为压电陶瓷的 z 向电极面间的静电容 C_0 为平行极板电容：

$$C_0 = \varepsilon_{33}b_p l_p / h_p \tag{3-17}$$

综合式(3-16)和式(3-17)可得压电陶瓷的输出检测电压为

38

$$U = \frac{Q_s}{C_0} = \frac{e_{31} h_p s_1}{\varepsilon_{33}} = \frac{e_{31} h_p}{\varepsilon_{33} l_p} \int_0^{l_p} S_1(x) \, \mathrm{d}x \qquad (3-18)$$

从式(3-18)易知,压电陶瓷可以检测谐振子底的弯曲变形并输出检测电压。

3. 压电陶瓷类型选择及设计

压电陶瓷的性能参数指标区分项较多,如表 3-3 所列。有相互关联的参数,也有相对独立的参数。不同的压电陶瓷,性能参数相差较大,如 PZT-5H,具有较高的压电常数,但机械品质因数 Q_m 值不高;PZT-4 以及 PZT-8 具有较高的机械品质因数,但压电常数和压电电压常数相对较低。对于不同的应用,需要针对性考虑不同的参数性能。对于金属谐振陀螺仪,需要重点考虑如下参数:压电常数 d_{33} 和压电电压常数 g_{31}。有高的压电电压常数 g_{31} 表征着对微弱振动的检测能力,直接影响谐振陀螺仪的分辨率。而压电常数 d_{33} 表征压电陶瓷的驱动能量,高的压电常数表征着大的驱动能力,直接影响陀螺仪的量程。从陀螺仪试用角度分析,尽量选择高压电常数是有利的,但压电常数并不是越高越好,尤其是对于工作在力反馈模式的金属谐振陀螺仪,太高的压电常数,往往致使陀螺仪标度因数过低,可能导致陀螺仪分辨率和精度受影响。

表 3-3 常见压电材料的主要性能

参数		压电陶瓷材料编号									
		P41	P42	P43	P45	P81	P85	P51	PZT-5H	PZT-4	PZT-8
相对介电常数		1250	1400	1500	1650	1000	1700	2300	3130	1300	
介质损耗 $\tan\delta$		50×10^{-4}	40×10^{-4}	50×10^{-4}	50×10^{-4}	50×10^{-4}	50×10^{-4}	190×10^{-4}	50×10^{-4}	250×10^{-4}	250×10^{-4}
机电耦合系数	K_p	0.50	0.54	0.58	0.60	0.53	0.58	0.62	0.65	0.58	
	K_{31}	0.34	0.32	0.34	0.35	0.30	0.35	0.35	0.39	0.33	
	K_{33}	0.68	0.63	0.70	0.68	0.68	0.60	0.60	0.73	0.7	
	K_t	0.48	0.45	0.47	0.45	0.45	0.40	0.51	0.51	0.51	
压电应变常数	$d_{31}/(10^{-3}\,\mathrm{V\cdot m/N})$	100	120	130	140	90	180	185	-274	-123	-60
	$d_{33}/(10^{-3}\,\mathrm{V\cdot m/N})$	200	250	350	300	220	390	400	593	289	150

（续）

参数		压电陶瓷材料编号									
		P41	P42	P43	P45	P81	P85	P51	PZT-5H	PZT-4	PZT-8
压电电压常数	$g_{31}/(10^{-3}\,\mathrm{V\cdot m/N})$	11.5	10.5	10.5	10.5	11.2	11.2	10.0		−11.1	
	$g_{33}/(10^{-3}\,\mathrm{V\cdot m/N})$	24	24	25	24	24.8	23	24		26.1	
声速	$V_4/(\mathrm{Hz\cdot m})$	3500	3400	3400	3300	3500	3500	2450	2375	3100	2490
	$V_1/(\mathrm{Hz\cdot m})$	3300	3200	3200	3100	3400	3400	2900	1420	2950	1750
	$V_3/(\mathrm{Hz\cdot m})$	3900	3700	3700	3790	3900	4000	3600	4560	3650	4800
	$V_t/(\mathrm{Hz\cdot m})$		4200	4300	4100	4560	4500	3930	2000	4000	2100
弹性柔顺系数/$(10^{-12}\,\mathrm{m^2/N})$		12.0	12.0	11.5	13.0	11.1	12.0	13.5		15.4	
泊松比/σ		0.3	0.3	0.33	0.33	0.3	0.3	0.36		0.35	0.36
机械品质因数 Q_m		600	500	400	400	800	420	80	65	500	600
居里温度 $T_c/℃$		320	300	360	340	305	300	260	193	328	350
密度 $\rho/(10^3\,\mathrm{kg/m^3})$		7.45	7.45	7.5	7.5	7.5	7.5	7.6	7.5	7.5	7.6

此外,压电陶瓷的机械品质因数与谐振子相比较小,如压电陶瓷的机械品质因数通常不大于 2000,而金属谐振子的机械品质因数通常可达数万量级。如此对比,当压电陶瓷直接固连在谐振子上,会对谐振子 Q 值产生重大的影响,其影响量级计算可以参考下式:

$$\frac{1}{Q} = \frac{1}{Q_z} + \frac{1}{Q_p} \tag{3-19}$$

为保证谐振子的品质因数,通常要求压电陶瓷的机械品质因数 Q_m 尽可能高。

对于式(3-19),值得注意的是,首先压电陶瓷的体积与金属谐振子相比较小,其次是压电陶瓷所在位置的振幅较金属谐振子唇沿处振幅较小,因此不能按照压电陶瓷的基础 Q_m 代入式(3-19)定量计算,最好通过标定的方法进行确认。

在金属谐振陀螺仪的设计过程中,除了针对上述两项参数对压电陶瓷进行选择,设计本身主要对压电陶瓷的尺寸,设计合理的长、宽、厚(设计原理以上两个章节已经详细描述)。在激励和检测能力满足设计要求的前提下,考虑尽量减小压电陶瓷的尺寸,这样可以减小压电片对谐振子部件机械品质因数的影响。

3.1.4 电磁驱动的基本原理

如果设计方案采用因瓦合金或者其他铁镍基合金材料制造谐振子,可以考虑利用电磁驱动的方式施加驱动使谐振子振动。

假设材料自身电磁性能保持不变,电磁对谐振子吸引力 f 与气隙磁场强度 B_0、气隙截面面积 S_0 有关,电磁对谐振子吸引力的经验计算公式如下:

$$f = \frac{10^7}{8\pi} B_0^2 S_0 \tag{3-20}$$

对于普通线圈,不考虑通电对线圈阻值的影响,那么驱动电流的大小与驱动电压呈线性关系,因此电磁激励对于谐振子吸引力的大小取决于其到谐振子的距离及电磁铁驱动电压。通过向电磁铁施加交变的激励电压,即可在空间激励出交变的磁场强度,从而实现向谐振子施加交变吸引力,对谐振子进行激振。

3.1.5 模态频率设计

金属陀螺仪的模态频率设计是一项极为重要的工作,该项设计不但事关陀螺仪性能,还决定了陀螺仪的抗振动、冲击的环境适应性能。

从式(3-1)和式(3-3)中不难看出,如果想提高陀螺仪的分辨率和精度,可以选择设计较低的工作频率 f。但对于工作在力反馈模式的金属谐振陀螺仪,降低工作频率会对陀螺仪的标度因数产生影响。如果陀螺仪输出噪声没有对等性地降低,那么过低的标度因数将对陀螺仪性能造成不利的影响,并且过低的工作频率往往致使抗环境振动的性能较差;另外,降低工作频率,势必要把振子壁厚体积比降低,引起加工困难,加工精度难以保证。

考虑金属谐振陀螺仪可能的应用领域,实际上,为了提高金属谐振陀螺仪抗振动性能,不但要设计好谐振子的工作频率,还要正确设计与工作频率相近的其他模态频率,使工作频率与相邻接模态频率尽量有比较大的间隔。另外,如果认为环境的振动噪声通常小于 2000Hz,那么除了金属谐振子的工作模态要高于 2000Hz 外,如果工作模态不是谐振子结构的最低阶模态,推荐最低阶模态也要高于 2000Hz。以某设计的金属谐振子为例,可以用有限元方法进行模态仿真计算,结果如图 3-7 和表 3-4 所示。该型结构的谐振子的第四阶和第五阶模态为工作模态——四波幅驻波模态。第一阶和第二阶模态为摇摆模态,如果前两阶模态频率过低,某些环境如车载振动噪声频率如果接近,将会引起共振,轻则引起压电的输出噪声,引起控制振荡,重则引起金属谐振子的损坏。

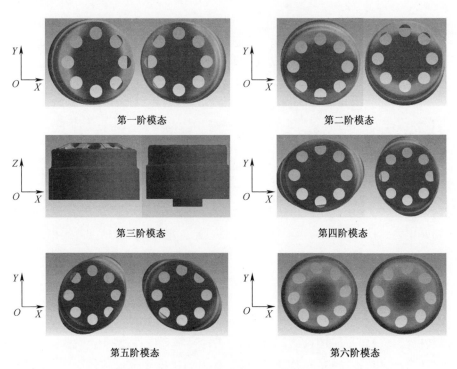

图 3-7　金属谐振子的前六阶振动模态图形

表 3-4　金属谐振子的前六阶模态说明

模态阶次	振 型 特 点
第一阶	谐振子壁沿 x 向摇摆振动
第二阶	谐振子壁沿 y 向摇摆振动
第三阶	谐振子壁沿 z 向上下拉伸振动,底部梁弯曲振动
第四阶	谐振子呈圆-椭圆状四波幅振动
第五阶	谐振子呈圆-椭圆状四波幅振动
第六阶	谐振子壁整体扭转振动

　　以阶梯筒形结构谐振子(图 3-8)为范例:该型振子振动敏感部分主要分为谐振环和导振环;筒底均匀分布有 8 个通孔;两孔中间梁上布置有压电陶瓷电极;撑柱在谐振子内侧。设计该型结构的重点是确定谐振子的直径 C(这里定义谐振子的直径为谐振子的最大外径)、谐振环厚度 D 和高度 A,导振环高度 B 和厚度 E,还有支撑柱 F 和谐振子底厚 G 等参数。各个参数对模态频率的影响推荐通过有限元方法进行仿真确定。

（1）谐振频率随着谐振子直径 C 的增加而降低。

（2）工作模态频率随着谐振环厚度 D 的增加而增加,而其他几阶模态(第一阶、第二阶、第三阶、第六阶模态)频率随着谐振环厚度 D 的增加而减小。

（3）谐振子底厚 G 对第一阶、第二阶、第三阶、第六阶模态影响较大,而对工作模态影响较小(谐振子高度 A+B),但均呈正相关关系。

（4）支柱直径 F 与第一阶至第六阶模态也是正相关关系,但对第一阶、第二阶、第三阶、第六阶模态影响较大,对工作模态影响较小。

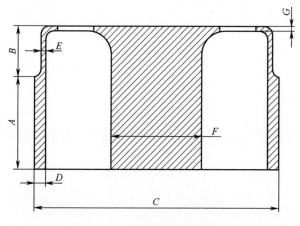

图 3-8　阶梯筒形结构谐振子

引用文献中的示例[2],可以直观说明谐振子直径 C 和谐振环厚度 D 对模态频率的影响,见图 3-9 和图 3-10。

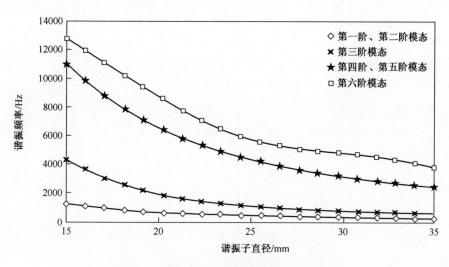

图 3-9　谐振直径对各级模态频率的影响

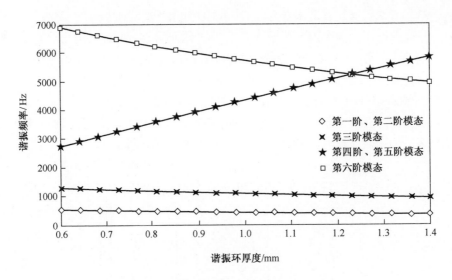

图 3-10　谐振环厚度对各级模态频率的影响

3.2　半球谐振陀螺仪设计技术

半球谐振陀螺仪是谐振陀螺仪中的一种采用静电激励、电容检测,具有惯导级性能的高精度陀螺仪,与其他可用技术相比具有一些固有优势。与传统光学陀螺仪(激光陀螺仪、光纤陀螺仪)和机械陀螺仪(液浮陀螺仪、静电陀螺仪)相比,半球谐振陀螺仪的构造简单、组件数量少并且没有机械磨损(没有等离子、高频振动电机、光源、高电压、轴承等)。不同于光学陀螺仪的角度随机游走(ARW)受到量子效应的限制,半球谐振陀螺仪虽受限于分子的布朗运动,但具有可以在相同尺寸、质量、功耗的情况下,使用低损耗谐振器实现若干数量级的性能优势。

本节主要介绍半球谐振陀螺仪尤其是其核心零件半球谐振子的结构、设计等内容。

3.2.1　半球谐振陀螺仪的结构

半球谐振陀螺仪的典型结构包含半球谐振子、激励罩与敏感基座等各个核心功能结构。其中,半球谐振陀螺仪最重要的零件为高度轴对称的半球谐振子。随着电路技术的发展,三件套球面电极技术向着两件套平面电极技术发展[3-5]。

1. 三件套结构

三件套结构如图 3-11 所示,半球谐振子位于激励罩和读出基座之间,存在一个很小的间隙(0.1~0.15mm),半球谐振子的芯轴与半球壳为一个整体,一体加工出来,谐振子的内外均镀覆金属膜层。谐振子通过焊接的方法安装固定在壳体中,是陀螺仪核心部件,产生工作模态。激励罩内表面制作激励电极(一般为 8 个或 16 个)和一个环形电极,与半球谐振子的外表面形成电容,工作时下激励电极上施加相应的直流/交流电压,利用静电力驱动半球谐振子产生驻波振动,在读出基座上制作 8 个电极,与谐振子内表面形成电容,利用电容的变化检测谐振子的振动位移,形成两个相互间呈 45°角的测量通道,得到计算驻波旋转角度的读出信号。该结构电极数量多、激励检测在物理上分开,可实现超高精度、超低噪声,可设计灵活的控制方式,使用差分方式提高信噪比。缺点是激励罩体积大,装配需进行两次球面对准,驱动检测分离导致附加零件相对较多,体积大、重量大、装配难度大、成本高。

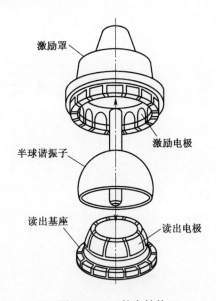

图 3-11 三件套结构

2. 两件套结构

两件套结构如图 3-12 所示,由半球谐振子和电极基座组成。电极基座将激励罩和读出基座合二为一,半球谐振子的内层镀覆金属膜层。谐振子通过焊接的方法安装固定在电极基座上。在电极基座上制作 8 个或 16 个电极,与谐振子内表面形成电容,分别用于激励和检测,工作时利用激励电极上施加相应的直流/交流电压,利用静电力驱动半球谐振子产生驻波振动,利用电容的变化检测谐振子的振动位移,形成两个相互间呈45°角的测量通道,得到计算驻波旋转角度的读出信号。该结构零件数量比三套件少,装配难度大大降低,易于批量化生产。但由于电极数量有限及激励检测耦合的影响,在电路上需进行特殊隔离设计和分时复用控制。

另一种两件套方案是平面电极方案。我们知道,半球谐振子振动时谐振子唇沿不只是在其垂直轴上有位移,在平行轴上也有位移。这种情况下,可以将所有的电极布置在一个平面电极组上,电极组与谐振子半球薄壳的端面平行。该方法的示意图如图3-13所示。在这个新结构方案中只在半球薄壳的端面镀金属膜,从而显著减小谐振子的内部摩擦,简化制造工艺。这种结构方式也更容易保证谐振子端表面与平面电极组之间间隙的一致性。

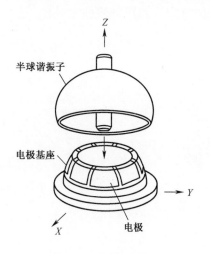

图 3-12　两件套结构

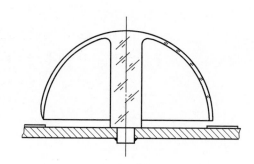

图 3-13　平板电极半球谐振陀螺仪示意图

3.2.2　半球谐振子结构设计

开展半球谐振陀螺仪谐振子设计时,首先进行总体结构设计,既要考虑陀螺仪的用途,又要考虑其生产工艺可行性。这个阶段确定谐振子的直径,支撑杆的结构(单端或者双端),以及有无调平齿,计划采用的调平技术。

1. 材料选择

从半球谐振陀螺仪的工作原理可以知道,高品质因数谐振子材料中可选的为蓝宝石和石英玻璃,由于蓝宝石晶体具有特殊的各向异性,加工复杂并且价格昂贵,因此高品质因数谐振子的材料几乎都是选用石英玻璃,其内摩擦值只比蓝宝石差。石英玻璃是一种非晶态二氧化硅(SiO_2),可以通过过度冷却相应的熔融物制得。生产石英玻璃可以使用天然石英和合成石英、方英石、非晶态二氧化硅熔制,也可以通过氢氧焰与挥发性化合物($SiCl_4$、$Si(OC_2H_5)_4$ 等)反应进行气相沉积等各种工艺制得。因制造方法不同,生产出来的石英玻璃特性也有差别。根据制造方法的不同,石英玻璃一般分成 4 类,表 3-5 列出了这 4 类石英玻璃的主要参数[6]。

表 3-5　4 类石英玻璃的主要参数

分类	熔制工艺	原料	产品特性
I	电熔工艺	水晶	羟基低、纯度低、气泡与杂点等缺陷多、光学均匀性差
II	气炼工艺	水晶	纯度低、羟基居中、气泡与杂点等缺陷多、光学均匀性差
III	化学气相沉积(快速)	$SiCl_4$	羟基高、纯度高、光学均匀性高
	化学气相沉积(慢速)	$SiCl_4$	结构致密、纯度高、光学均匀性高
IV	等离子气相沉积(PCVD)	$SiCl_4$	羟基低、纯度高、光谱透过率高

由于矿物质杂质的含量太高,前两类玻璃的品质因数都很低,不适于用来制造半球谐振陀螺仪的谐振子。后两类石英玻璃可用作半球谐振陀螺仪的谐振子材料。石英玻璃工业生产成块料、盘料、棒料和片料。产品的技术资料中规定的玻璃性能指标有吸收谱、杂质含量、光学均匀性、双光折射、条纹程度、结晶粒不均匀性、气泡等,但不包括品质因数。

当前对石英玻璃结构的认识很大程度上基于衍射法的研究数据,在由 SiO_4-四面体顶点连接起来的无序连续空间网格中进行研究。这时每个氧原子与两个硅原子结合,Si—O—Si 键角的平均值约为 140°,构成原子数量不同的平面环和空间环。当玻璃处于熔融平衡状态时,与温度相关的平衡常数决定了每种形式环的比例。缓慢冷却时,各种环的浓度比发生变化,但从某一时刻开始由于熔融物黏度的增加,结构的转化减缓,以至于过程不再平衡。

玻璃开始固化,它最终的结构与所谓的"结构"温度或"假想"温度时的平衡熔融物的结构一致。该约定温度为玻璃结构的宏观指标。由于不只是不同熔融块间的冷却条件各异,甚至在一个熔融块内也会不同,因此即使是一个牌号的不同石英玻璃块的性能也可能有差异。

石英玻璃结构对其内摩擦影响很大。温度低于 100℃ 时,石英玻璃中的内摩擦主要取决于氧原子绕 Si—O—Si 键的运动。与氧原子只有一个最小势能的结晶石英不同,石英玻璃中氧原子有几个平衡位置,氧原子处于其上的概率几乎相同。这种情形如图 3-14 所示。振动时介质的形变会改变势阱的对称性,引起氧原子在邻近的 1~5 个位置间的移动(迁移),从而导致内摩擦。

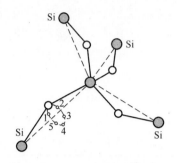

图 3-14　石英玻璃的微观结构

除了基本特性外，须对半球谐振子用熔融石英玻璃(以下简称石英玻璃)做出严格的限定。因为应用于半球谐振子的材料若存在密度一致性差异大、品质因数不稳定等问题将导致非加工性频率裂解，该频率裂解的存在将会导致陀螺仪驻波破坏或漂移，直接导致陀螺仪精度无法满足要求，所以，需要通过对石英玻璃内的气泡及杂质、金属杂质、羟基的控制，以及三维宏观应力双折射、弹性模量、密度的控制，将石英玻璃的性能限制在优良的范围内。

2. 结构设计

半球谐振子由半球壳和支撑杆组成，在陀螺仪工作时支撑杆一方面起到约束、支撑谐振子的作用，另一方面还可以起到传递电信号的作用。根据支撑杆结构的不同，可以把半球谐振子分为三种结构形式：Ψ 形、伞形和酒杯形[7-11]，如图 3-15 所示。

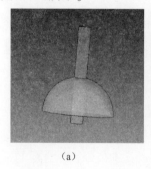 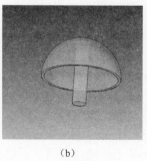 

　　(a)　　　　　　　　　　　(b)　　　　　　　　　　　(c)

图 3-15　半球谐振子的结构形式
(a) Ψ 形；(b) 伞形；(c) 酒杯形。

下一阶段结构设计包括选择谐振子主要的几何参数：壁厚和截面形状，调平齿的尺寸，以及支撑杆的直径和长度。

壁厚与谐振子的工作频率线性相关，因此选取这些参数时应注意一些具体条件。

半球谐振陀螺仪的系统性漂移与振动的衰减时间 τ 成反比,衰减时间与谐振子的振动频率 f 和品质因数 Q 相关:

$$\tau = \frac{Q}{\pi f} = \frac{2\pi W}{\Delta W} \cdot \frac{1}{\pi f} \qquad (3-21)$$

式中:W 为谐振子的振动能量;ΔW 为损耗能量。

根据式(3-21)得出,频率以及壁厚都应尽量选择小一些的,但要考虑的是谐振子的品质因数受到许多因素的影响:

$$Q^{-1} = \frac{1}{Q_m} + \frac{1}{Q_{sur}} + \frac{1}{Q_{coat}} + \frac{1}{Q_{fix}} + \cdots = \frac{\Delta W_m}{2\pi W} + \frac{\Delta W_{sur}}{2\pi W} + \frac{\Delta W_{coat}}{2\pi W} + \frac{\Delta W_{fix}}{2\pi W} + \cdots$$

$$(3-22)$$

式中:ΔW_m 为谐振子材料的损耗;ΔW_{sur} 为表面区域的损耗;ΔW_{coat} 为金属膜中的损耗;ΔW_{fix} 为固定部位处的损耗。

由于壁厚削薄时谐振子的振动能量 W 减小,金属膜和表面层形变时的损耗能量几乎不变,因此减小壁厚,损耗 ΔW_{sur} 和 ΔW_{coat} 则会相对增大。这时,若 $\Delta W_m > \Delta W_{sur} + \Delta W_{coat} + \Delta W_{fix}$,则谐振子的时间常数有实质性地增大,否则时间常数增大不明显,而且制造壁厚很薄的谐振子时还会伴随一些工艺问题。不可避免的薄壁壳体几何偏差会导致谐振子有很大的质量不平衡,这就要求调平精度也得相应提高。鉴于这些条件最小壁厚限制在 0.5~0.7mm 之间,相应的也就得出了谐振子的工作频率下限。

选择调平齿外形时,应确保其表面的材料形变很小,因为调平时就是从这些区域去除不平衡质量。如果调平齿在振动时发生形变,说明去除材料的过程不只是改变了质量分布,还减小了这个方向上的刚度。因此最好提高调平齿的结构刚度,例如采用图 3-16 所示的美国诺斯罗普·格鲁曼(Northrop Grumman)公司的半球谐振陀螺仪谐振子的调平齿结构。

调平齿结构中调平齿总数为 31 个,每个齿的角幅约为 7.5°。调平齿的横向截面增加,振动时形变很小,特别是端面的中心部位形变更小。因此,可以采用激光法从这个区域去除材料。

支撑杆的几何尺寸决定了它的固有频率谱。支撑杆的固有频率接近谐振子的振动工作频率会明显改变谐振子的特性。由于与固定支撑杆相关的振动的品质因数通常都不大,约为 10^2,因此必须在谐振子设计过程中通过选取支撑杆的相应长度、直径等几何参数,来保证这些振动偏离工作频率约为 1kHz。

对于谐振子的其他结构参数(例如,薄壳与支撑杆的共轭半径)也可以得出类似的关系式。利用这些关系式可以选择谐振子各个参数的最优几何尺寸及公

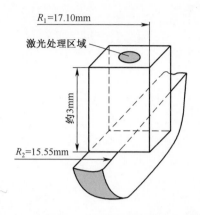

图 3-16　诺斯罗普·格鲁曼公司半球谐振陀螺仪谐振子的调平齿结构

差。而且,计算的精确度也足够。

3. 模态设计

谐振陀螺仪的振型和固有频率是其重要的参数指标,直接影响陀螺仪的电路设计及抗干扰能力。一方面要设计确定工作的谐振频率,另一方面要设计与工作频率相近的其他模态频率与工作频率有比较大的间隔。图 3-17 为利用有限元法对某谐振子进行模态仿真所得结果。

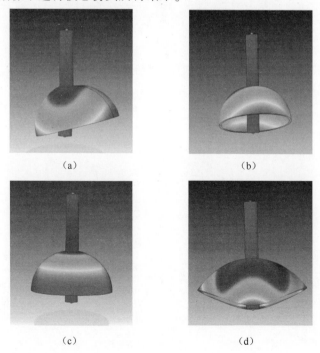

（a）　　　　　　　　　　　　　（b）

（c）　　　　　　　　　　　　　（d）

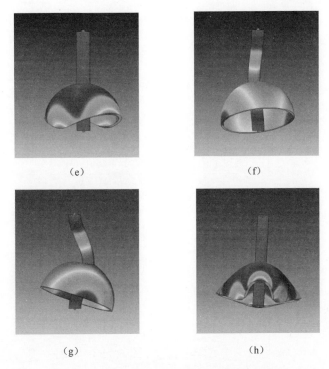

图 3-17　有限元法对某谐振子进行模态仿真

(a)第一阶模态(绕中心杆 x 向摆动);

(b)第二阶模态(绕中心杆 y 向摆动);(c)第三阶模态(绕中心杆转动);

(d)第四阶模态(四波幅振动);(e)第五阶模态(四波幅振动);

(f)第六阶模态(绕中心杆 x 向摆动,同时中心杆变形);

(g)第七阶模态;(h)第八阶模态(六波幅振动)。

文献[12]中给出了带内固定支撑杆的 30mm 石英玻璃半球谐振子一些固有频率变化的示例,如图 3-18 所示。图 3-18(a)为改变支撑杆直径时的固有频率变化,图 3-18(b)为改变壁厚时的固有频率变化。可以明显看出,当支撑杆直径为 7mm 或 10.3mm 时,薄壳和支撑杆的振动固有频率重合,薄壳壁厚选择不正确(0.85mm 或 0.97mm)时也会发生固有频率接近[13-16]。

▲3.2.3　金属镀层材料

为了保持半球谐振陀螺仪谐振子高稳定性振动和高精度检测,无疑采用非接触的静电驱动和电容检测为最佳方案,而石英玻璃为绝缘体,需要金属镀膜形成电极才能采取静电驱动和电容检测。谐振子镀膜需要作为重点专项研究,详细论述见第 4 章。

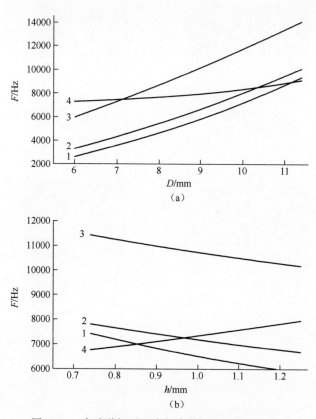

图 3-18　半球谐振子固有频率范围的有限元仿真
（a）改变支撑杆直径，薄壳壁厚 $h=1.25mm$；（b）改变壁厚，支撑杆直径 $D=8mm$。
1—支撑杆的扭转振动；2—支撑杆一阶振型弯曲振动；
3—薄壳绕支撑杆的振动；4—薄壳的二阶振型弯曲振动。

参考文献

[1] Irvine T. Damping properties of materials[J]. Magnesium Revision C,2004,5000(1):10-14.

[2] 席翔. 杯形波动陀螺的结构设计与精度分析[D]. 长沙:国防科技大学,2010.

[3] Lynch D D. HRG development at Delco,Litton,and Northrop Grumman[C]. The Anniversary Workshop,Yalta,2008:19-21.

[4] Lynch D D. Vibration-induced drift in the hemispherical resonator gyro[C]// Proc. Annual Meeting of the Institute of Navigation. Dayton,1987:26-34.

[5] Loper E J ,Lynch D D. Hemispherical resonator gyro status report and test results[C]. National Technical Meetings,Institute of Navigation. Graas,1984:105-107.

［6］王玉芬．石英玻璃［M］．北京:化学工业出版社,2007.

［7］李巍．半球谐振陀螺仪的误差机理分析与测试［D］．哈尔滨:哈尔滨工业大学,2013.

［8］徐泽远,伊国兴,魏振楠．一种半球谐振陀螺谐振子动力学建模方法［J］．航空学报,2018,39(3):
139-149.

［9］易康．半球谐振陀螺误差分析及滤波方法研究［D］．长沙:国防科技大学,2005.

［10］樊尚春,刘广玉．半球谐振陀螺振子耦合振动有限元分析［J］．仪器仪表学报,1995,16(3):282-
287.

［11］沈博昌,伊国兴,任顺清,等．半球谐振陀螺谐振子振动特性的有限元分析［J］．中国惯性技术学报,
2004,12(6):56-61.

［12］卢宁 Б C,马特维耶夫 B A,巴萨拉布 M A.固体波动陀螺理论与技术［M］.张群,齐国华,赵小明,译.
北京:国防工业出版社,2020.

［13］杨勇．半球谐振陀螺的结构与误差分析［D］．成都:电子科技大学,2014.

［14］余波,方针,蒋春桥．基于有限元法的半球谐振陀螺谐振子分析［J］．压电与声光,2015,37(4):
561-564.

［15］梁崑．半球陀螺仪谐振子振动特性及其结构研究［D］．长春:长春理工大学,2008.

［16］李子昂．半球谐振子的力学性能及振动特性［D］．哈尔滨:哈尔滨工业大学,2007.

第4章
谐振陀螺仪谐振子超精密制造技术

半球谐振陀螺仪研制的核心零件为半球谐振子,采用熔融石英材料制成,结构复杂,属于薄壁硬脆异形零件,因此基于石英材料的半球谐振子加工极为困难。半球谐振子的加工精度、表面粗糙度和亚表面损伤是影响半球谐振陀螺仪精度、使用寿命的关键,因此本章就半球谐振子的精密磨削、抛光及化学处理等技术进行介绍。另外,为保证电容式传感器和激励器有效工作,半球谐振子表面需镀金属薄膜,因此本章最后将对谐振子的低损耗镀膜技术进行介绍。

4.1 谐振陀螺仪谐振子精密磨削

为保证半球谐振陀螺仪的角速率/角位置的敏感精度,对谐振子的加工精度要求极为严格,要求其具有亚微米量级的同轴度、圆度,纳米量级的表面粗糙度。精密磨削是保证谐振子加工精度的重要工艺环节,本节将对谐振子的主要精密磨削手段进行介绍。

4.1.1 轨迹成型法

半球谐振陀螺仪谐振子的加工多采用加工中心、坐标磨床等精密加工设备配以多维运动夹具实现,其磨削加工原理如图4-1所示。

加工过程中谐振子在绕其轴线旋转的同时,砂轮也做回转运动,并且砂轮在加工中的轨迹是靠 XYZ 轴的移动和 β 轴的转动来实现的,加工轨迹如图4-2所示[1]。其中,为满足半球谐振子的加工,加工砂轮需使用电镀或固结磨料小球头金刚石砂轮,并且以点接触磨削形式加工半球谐振子的形面。

在磨削过程中,半球谐振子的加工精度受到多方面因素的影响,例如,加工机床本身具有的几何精度、刀具位置的控制精度、砂轮的形状精度和修锐效果等。为了保证谐振子的加工精度,需要选择高精度的超精密机床,优化刀具路

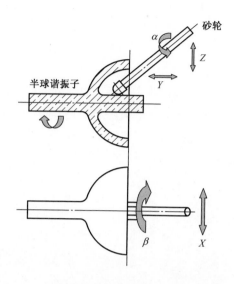

图 4-1　半球谐振陀螺仪谐振子磨削加工原理图

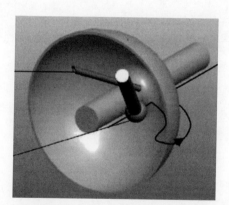

图 4-2　半球谐振陀螺仪谐振子磨削加工轨迹示意图

径,采用定点加工方式实现谐振子的超精密加工。其中,为了保证谐振子加工精度、减少裂纹等缺陷,通常采用微粉金刚石砂轮进行精密磨削加工。微粉金刚石砂轮粒度低、易堵塞,其关键是要解决好砂轮在位修整问题,包括砂轮的整形和修锐,以降低磨削力,提高谐振子加工精度和质量。此外,砂轮对刀、砂轮磨损补偿对半球谐振子的加工精度也有很大影响。

◢ 4.1.2　超声辅助磨削

近年来,超声振动辅助磨削加工技术已成为解决硬脆材料复杂结构精密加工难题的有效方法。超声振动辅助磨削加工是将超声振动施加于旋转的磨削工具上,在超声振动的高频侵蚀与空化的双重作用下,使加工区的材料得以弱化。该方法可有效抑制砂轮堵塞,显著减小磨削力和磨削温度,降低工件变形和表面损伤,实现高效率、高精度、低损伤的材料去除。与常规方法相比,超声振动辅助磨削加工的效率可提高 5~10 倍,加工表面质量提高 30%~50%,崩边、开裂等问题大幅减少。图 4-3 为磨削加工半球谐振子[2]。

（a）   （b）

图 4-3　磨削加工半球谐振子

（a）坐标磨床磨削加工;（b）超声振动辅助磨削加工。

◢4.1.3　范成球面展成法

对于内外支撑杆长度缩短的半球谐振子,还可采用范成球面展成法(简称为"范成法")进行球面铣磨加工,如图 4-4 所示。范成法球面铣磨加工能够在一次装夹的情况下,完成谐振子内外球面、内外支撑杆、端面等各关键部位的加工,用一般精度球面珩研机床就可实现亚微米级精度加工,易于保证半球谐振子对形位精度的要求。

范成法精密球面弹性展成原理如图 4-5 所示[3]。球面珩磨/研磨磨头端面与工件球面紧密贴合,轴线和压力指向球心,磨头端面垂直于球面法线,磨头与球面紧密磨合面为球面的一部分(圆弧环线 Ⅰ、Ⅱ)。磨头在弹性力 F 的作用下与球面紧密磨合,以球心为基准的两转一往复运动的耦合进行球面轨迹磨削,保证了谐振子的球面成型。

图 4-4　范成法球面铣磨加工

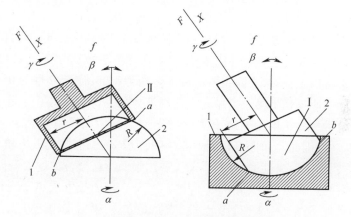

图 4-5　范成法精密球面弹性展成原理

1—待加工球面零件;2—磨头;R—球面零件半径;r—磨头半径;

Ⅰ、Ⅱ—圆弧环线;F—弹性力;α—球面零件转动角速度;

β、f—磨头围绕球面零件球心往复摆动的幅度和摆动频率;

γ—磨头沿球面法线 X 轴方向自身转动的自转角速度;a、b—磨头与球面接触点。

范成法的加工精度与珩研磨速度有关,为保证谐振子加工精度,必须降低珩研磨速度,因此为获得高质量半球谐振子,范成法的加工效率较低。半球谐振子不仅要求球面精度高,还要求内外球面与中心杆之间同轴度高(通常要求小于 $2\mu m$),而范成法很难保证内外球与中心杆的同轴度。另外,范成法属于传统加工方法,加工质量和加工精度依赖于操作者的经验。

4.2　谐振陀螺仪谐振子抛光

抛光作为谐振子加工的最终加工工序,其目的是降低谐振子的粗糙度及亚表面损伤。由于熔融石英玻璃属于硬脆材料,本节首先对现有抛光方法进行归纳总结,选取一种最适合谐振子加工的抛光方法,并对该抛光方法进行介绍。

4.2.1　谐振子抛光方法简介

传统的接触式抛光方法不仅不能去除熔融石英玻璃的亚表面损伤,还可能会引入新的亚表面损伤,因此选择合适的抛光方法至关重要。按抛光时材料去除原理不同,抛光方法可分为三类。第一类抛光方法靠摩擦力去除材料,材料去除效率与抛光粉施加在被加工表面之间的正压力有关[4]。典型的方法有传统的机械抛光,以及新兴的气囊抛光。由于抛光粉与被加工材料之间的正压力作用,这类抛光方法在抛光石英玻璃时效率较高,但缺点是会引入新的亚表面损伤。第二类抛光方法基于流变效应实现材料去除,最具代表性、国内技术成熟度最高的是磁流变抛光法[5]。利用磁流变液在梯度磁场作用下形成的柔性抛光膜对材料进行加工,材料去除主要由流体剪切力引起,属于塑性剪切去除,不会产生新的亚表面损伤。第三类抛光方法靠液体的碰撞冲蚀作用去除材料,最具代表性的技术有离子束抛光[6]和射流抛光[7]。其中离子束抛光法具有非常高的收敛稳定性,因此其面形修整能力非常强,但是离子束抛光效率较低、设备昂贵、对工件粗糙度改善能力有限,目前主要用于面形修整方面。射流抛光技术中液体束流容易受到扰动,去除函数不稳定,目前在国内技术成熟度较低。

针对谐振子抛光需求,对比上述三类抛光方法,第一类抛光方法去除效率最高,但由于会引入新的亚表面损伤,不能满足谐振子对亚表面完整性的加工需求。第三类加工方法能够去除谐振子的亚表面损伤,但加工效率最低。其中,离子束抛光在国内研究相对较多,已经具备一定工程化能力,但该方法不利于谐振子表面粗糙度的提高,且设备价格昂贵;射流抛光能够满足谐振子粗糙度加工要求,但在国内该技术的技术成熟度较低,目前只停留在高校实验室中,如哈尔滨工业大学、香港理工大学等。相对来说,磁流变抛光技术加工效率较高,不会产生新的亚表面损伤,加工精度能达到几十个纳米,表面粗糙度能达到纳米甚至亚纳米级别,被誉为光学制造界的"革命性"技术,非常符合谐振子的抛光要求,并且在国内的技术成熟度较高,已达到定制化样机阶段。

4.2.2　磁流变抛光基本原理

磁流变抛光技术主要利用磁流变抛光液的可控流变特性进行加工,即通过控制外加磁场的强度和分布来控制磨头的柔度和形状,精确控制抛光头的加工轨迹和驻留时间实现确定量加工[8]。磁流变抛光的材料去除机理如图 4-6 所示,抛光过程中,抛光颗粒受磁浮力、液体动压力对工件实施正压力,在流体流动下,抛光液对工件产生剪切应力。在流体动压力 F_n 及抛光液剪切应力 F_t 作用下,磁流变液中抛光颗粒对光学零件表面产生微小切入,由于颗粒刃口半径小,切入深,因此产生微小塑性去除[9]。

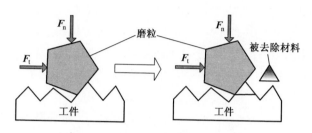

图 4-6　磁流变抛光材料去除机理

磁流变抛光技术作为当前一种先进光学制造技术,主要具有如下优点[10-12]:

(1) 具有较高的面形精度。通过计算机控制,磁流变抛光能够实现光学镜面材料的定量去除,因此能够达到很高的加工精度。

(2) 具有较高的表面完整性。不同于传统抛光方法的压力主导材料去除,磁流变抛光基于柔性剪切去除机理,能够实现微米、纳米量级的材料去除,获得纳米精度的超光滑、低缺陷表面,几乎不产生内部应力。

(3) 具有高效的非球面抛光功能。传统非球面抛光依赖于工人的经验,加工精度、效率特别低,磁流变抛光具备自动化的抛光工艺能力,减去了对人的依赖,在非球面抛光方面具有明显优势。

4.3　谐振陀螺仪谐振子化学处理

精密石英玻璃件的精细加工主要有[13]:①红外、紫外激光处理;②金刚石车床(磨床)加工处理;③磁流变技术处理;④反应等离子体处理;⑤氢氟酸(HF)处理。这几种方法都能取得不错的成果,但是都存在着一定的不足之处。激光处理在一定程度上可以消除裂缝与空洞等,但被激光辐照的区域存在巨大的残余应力[14]。金刚石车床对硬质、脆性材料的谐振子的加工有相当大的难度,且存在加工残留条纹。石英材料的硬度差异很大,磨削过程中很容易产生裂纹层,这种向玻璃内部交错延伸的裂纹会破坏玻璃表层的结构,使其强度降低。在散粒磨料研磨阶段,主要利用切向冲击力的作用和水渗入裂纹的水解作用,滚动磨料,进而微量地使石英玻璃破碎。尽管破坏层中的凹凸层会随着磨料粒度的递减被有效地去除,但裂纹层却不能被消除[15]。磁流变技术能够获得更优的表面平整度,能从根本上减少亚表面缺陷[16],但该工艺却引入大量 Fe 离子杂质。反应等离子体处理由于引入 CF_4 等含氟气体并进行化学反应,容易引入新的杂质并造成化学结构缺陷[17]。HF 处理能够有效地去除表面及亚表面缺陷,同时钝化划痕,大幅提高熔石英材料的抗损伤强度。但是,较长时间的 HF 腐蚀容易导致表面粗糙度与起伏增加[18],并且 HF 腐蚀对于较大物理结构缺陷(裂缝等)的去除效果较差。

因此,要想在获得好的表面质量的同时获得较好的谐振子性能,加工时就需要结合各种精细加工的优点。如,机械加工的谐振子,难免存在损伤影响谐振子性能,就需要通过化学处理的方法,释放加工应力。

4.3.1 熔融石英特性

1. 内部缺陷

已发现的最重要的缺陷之一——E′缺陷是由 Si—O 链断裂产生的,Si—O 链断裂和重新链合是动态变化的,E′缺陷的含量取决于 Si—O 链断裂和重新链合的平衡结果[19]。

2. 表面缺陷

当水与石英玻璃表面接触时,可能受到范德瓦耳斯力、极性键力、氢键力、静电引力等力的作用,而在水中水分子与水分子之间存在范德瓦耳斯力和氢键力作用,使水分子之间互相靠近。当石英表面与水分子的作用力大于水中水分子之间的作用力时,石英表面亲水,此时水分子会在石英表面形成水化膜。

熔石英亚表面缺陷是指在研磨、抛光等加工工序中产生的部分或者完全隐藏于抛光重沉积层下的微裂纹和划痕,这些损伤甚至深入到表面以下微米级的深度,这些缺陷和损伤用一般光学手段不能看到,但是通过 HF 腐蚀可以在原子力显微镜下清楚看到[20]。

根据美国安捷伦公司的研究,加工完成后的石英谐振子表层结构如图 4-7 所示。

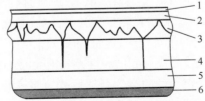

图 4-7 加工后石英材料的表层结构

1—吸附层;2—黏性区域;3—微观起伏;4—裂纹;5—形变区域;6—未受损材料。

如图 4-7 所示,吸附层是石英材料吸附环境中的粒子并与之相互作用产生;黏性区域是在对石英材料表面抛光时形成的硅酸水合物;微观起伏是由突起材料填充凹陷部分时形成的,厚度一般小于 1μm;加工过程会导致材料表面产生裂纹,厚度要比微观起伏大得多。

亚表面缺陷按照加工过程和缺陷形貌可分为 4 类[21]:①抛光点,即在抛光过程中形成的非常细小的分散凹点;②抛光划痕,通常是由较大的抛光粉颗粒在工件表面滚动而形成的"香蕉"形凹坑连接成的虚线,宽度为 1~3μm,长度不等;③研磨点,也称砂眼,是研磨过程中磨料剥落之后形成的凹点,且在抛光过程中没有完全去除,表现为研磨点,通常是几微米长的"香蕉"形裂缝;④Blanchard断裂,是一类非常严重的缺陷,表现为网状裂纹。

对于固定的化学腐蚀条件,材料去除情况很大程度上取决于石英谐振子的表面粗糙度,也就是谐振子最终的表面粗糙度取决于加工和腐蚀的过程。较为有效的测试及去除亚表面损伤深度的方法是 HF 刻蚀加逐层抛光法。

▲4.3.2　腐蚀溶液及腐蚀机理

HF 刻蚀是熔石英材料后期处理的主要方法之一,利用这一方法,能有效地去除材料表面的缺陷,钝化划痕。但是由于缺陷层的非均匀性,纯 HF 溶液对消除复杂表面缺陷层作用不大,且表面吸附的硅酸盐聚合物会妨碍腐蚀液进入新的表面,难以保证腐蚀的均匀性,因此一般需添加部分化学试剂(如正磷酸、硫酸等)与表面活性物混合配方进行化学处理。

Si—O—Si 平均键角大小是 I 类<Ⅲ类<Ⅱ类,而 Si—O—Si 平均键强 S 与键长 d 的关系为

$$S = (1.605/d)^4 \tag{4-1}$$

从式(4-1)可推出,石英玻璃中 Si—O 平均键长随 Si—O—Si 平均键角减小而增大,Si—O 键长增大则导致键强变弱,因此不同石英玻璃中 Si—O 平均键强大小是 I 类<Ⅲ类<Ⅱ类。键能小的则更易于与 HF 发生化学反应。

玻璃 SiO_2 与 HF 溶液的化学反应表达式一般为

$$SiO_2 + 6HF \longrightarrow SiF_6^{2-} + 2H_2O + 2H^+ \tag{4-2}$$

这个反应包含了一系列中间步骤,HF 为弱酸,与溶液中的 H^+ 和 F^- 之间存在以下平衡:

$$HF \longrightarrow H^+ + F^-, \quad ^{25}Ka = 6.7 \times 10^{-4} mol/L \tag{4-3}$$

式中:^{25}Ka 为 25℃时的平衡常数。

当溶液中存在未离解的 HF 分子时,一部分 F^- 能与 HF 分子以氢键结合,反

应产生氢氟化物阴离子（HF^{2-}），被认为是造成二氧化硅基质侵蚀的主要物质[22]：

$$HF + F^- \longrightarrow HF^{2-}, \quad ^{25}Ka = 3.96mol/L \tag{4-4}$$

同时，HF 分子间能通过氢键结合为（HF）$_2$：

$$2HF \longrightarrow (HF)_2, \quad ^{25}Ka = 2.7mol/L \tag{4-5}$$

HF 溶液所包含的不同组分中，H^+ 能吸附于 SiO_2 表面，催化 HF 与 SiO_2 的反应。

（HF）$_2$ 和 HF^{2-} 由于具有以氢键形式存在的 H—F 键，比 HF 分子中的 H—F 键更弱，与 SiO_2 反应时更易断裂，被认为是 HF 与 SiO_2 反应的主要活性成分。其速率方程为

$$r = a[(HF)_2] + b[(HF)_2]^2 + c[HF_2^-] + d[HF_2^-] \times \lg([H^+]/[HF_2^-]) \tag{4-6}$$

式中：a、b、c、d 均为常数。

HF^{2-} 与 SiO_2 的反应机理如图 4-8 所示。HF^{2-} 中的 H—F 键能与 Si 原子上的 O 以氢键形成配合体，而 HF^{2-} 中以氢键结合的 F^- 对 Si 原子进行亲核性攻击。同时，HF^{2-} 离子中的 F—H—F 键角比（HF）$_2$ 中的大，从而使 F^- 更容易接近 Si 原子，导致 HF^{2-} 的反应活性大于（HF）$_2$。

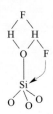

图 4-8 HF^{2-} 与 SiO_2 的反应机理示意图

石英玻璃与 HF 的反应速度由化学反应控制，其中 $\equiv$Si—O—Si$\equiv$ 网络中 Si—O 键的断裂决定反应速率。影响反应速率的主要因素包括反应温度、HF 溶液中活性成分与浓度以及石英玻璃的结构。

通常情况下，溶液温度越高，反应速率越快。反应过程中，HF 溶液中的活性成分（HF）$_2$ 或 HF^{2-} 吸附于石英玻璃表面，对 Si 原子产生亲核性侵蚀使 Si—O 键断裂。而 H^+ 对反应起催化作用，因此通过向 HF 溶液中添加 HNO_3 之类的强酸，H_3O^+ 还有助于溶解金属元素，稳定性与纯 HF 溶液相比有所增强，溶液中的污染物也得到了改善。因此也有研究中将 HF：HNO_3 = 8：2（体积比）的溶液用作刻蚀剂。

4.4　谐振陀螺仪谐振子低损耗镀膜

谐振子镀膜是石英半球谐振子制造技术中重要的工艺环节,是谐振子保持高 Q 值和低频差的关键性技术。膜层的厚度、应力、微观结构和均匀性决定着镀膜后谐振子的 Q 值和频差。镀膜所带来的残余应力将引起谐振子振动衰减常数急剧下降,使 Q 值下降到镀膜前的 20%~30%;膜层的不均匀性则引起振子质量沿周向的不对称,从而增大频差和损耗,使半球谐振陀螺仪的系统漂移增大。惯导级陀螺仪所要求的频差至少应达到 0.001Hz,因而半球谐振陀螺仪镀膜的关键即是尽量减小谐振子的频率裂解并保持高 Q 值。

4.4.1　半球谐振子镀膜方法

目前,半球谐振子镀膜方法主要分为真空蒸镀法、磁控溅射法、离子镀膜法和化学气相沉积法等。表 4-1 对比 4 种镀膜方法产生的薄膜性能,为了保证半球谐振子的镀膜质量,通常选用磁控溅射法和离子镀膜法。

表 4-1　对比 4 种镀膜方法产生的薄膜性能[23]

参数	真空蒸镀法	磁控溅射法	离子镀膜法	化学气相沉积法
粒子能量/eV	0.1~1	1~10	0.1~1	小于 0.1
沉积速率/(μm/min)	0.1~3	0.01~0.5	0.1~2	0.01~0.1
薄膜密度	低(低温条件)	高	高	低
薄膜孔隙率	高(低温条件)	低	低	高
膜层与基底界面	清晰	清晰	模糊	清晰
薄膜结合力	小	大	非常大	小
薄膜均匀性	一般	一般	一般	好

薄膜的热处理作为镀膜的后处理过程,是镀膜技术研究不可或缺的一部分,适当的热处理工艺往往能提高薄膜结合力,降低薄膜应力,增加原子扩散提高薄膜均匀性。

4.4.2　半球谐振子镀膜性能

1. 薄膜应力

薄膜应力在薄膜应用中是一个不容忽视的问题。它的存在不但会直接导致薄膜的色裂和脱落,还会使基体发生形变。因此研究薄膜的应力并设法控制其发展,是镀膜工艺中不可忽视的问题。薄膜应力是普遍存在的,并可能存在方向不一、分布不均匀等缺陷。目前还没有解释薄膜应力产生的统一理论,但大致存在如下原因:成膜时由于温度急剧变化导致的薄膜收缩;薄膜内部温度分布不均而产生的形变;薄膜生长过程的晶界运动。

薄膜中的应力按方向分有压应力和拉应力两种,按原理分有热应力和内应力的区别。内应力也与薄膜结构和材料有关。如图4-9所示,Cr膜内应力高达10^3MPa,Au膜的内应力相对小很多,而且随着膜厚的增加,应力方向发生变化,这可能是由于Au膜发生再结晶过程。

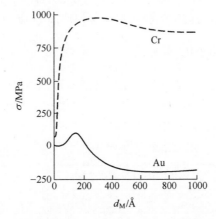

图4-9　不同薄膜材料产生的内应力 σ 与膜厚 d_M 的关系

薄膜应力还和镀膜速率有关。研究发现在石英玻璃上镀150pm的Pt膜时,镀膜沉积速率在 $0.1 \sim 0.7\mu m/s$ 变化时,镀层中的拉应力从230MPa增加到847MPa,几乎增加了4倍。此外,镀膜材料的纯度、镀膜过程中膜层氧化和热膨胀系数匹配程度等因素均会影响薄膜应力。

2. 薄膜的电学特性

谐振子镀膜的目的是通过施加电信号对谐振子进行激励和检测,因而其重要的电学性能指标——电阻率便成为关键参数。由于尺寸效应,膜厚很大程度上决定着薄膜的电学特性。图4-10显示了Au膜的电阻率与膜厚之间的关系,同样的Au膜厚度,不同的基底,电阻率不同。玻璃基底上Au膜电阻率随膜厚增加逐渐减小并趋于稳定,但是仍比纯金属电阻率高。当薄膜很薄时,属于由孤岛形成的不连续薄膜且存在散射效应,电阻率极大;随着膜厚增加,薄膜逐渐生长为连续薄膜,电阻率逐渐下降,但是因为薄膜存在很多缺陷,其电阻率仍比块体金属大。

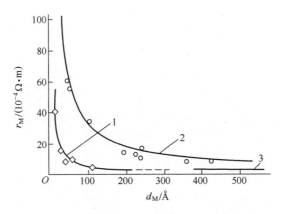

图 4-10　Au 膜电阻率 r_M 随膜厚 d_M 的变化规律

1—二氧化铋衬底；2—玻璃衬底；3—块体 Au。

4.4.3　半球谐振子镀膜工艺

石英半球谐振子镀膜存在多种工艺，主要有超薄 Cr 膜、Cr/Au 膜及金掺杂其他金属的二元复合膜工艺。

1. Cr 膜和 Cr/Au 膜

在超精密成型谐振子的光滑表面沉积几到几十纳米厚的 Cr 膜所带来的电阻值是有限的，同时因为膜层较薄，膜层内摩擦较小，引起 Q 值降低的幅度相对较小。但膜层太薄使得其表面粗糙，膜层表面积较大，在大气常温下易于吸附大量的水汽，增大谐振子的额外损耗，降低 Q 值。同时，Cr 膜化学性质相对活泼，极易氧化，膜层的氧化又会带来膜层电阻和内应力的变化，为谐振子保持高 Q 值的稳定引入更多不利因素。Au 在石英玻璃上的结合力差，但化学性质不活泼且稳定。在薄的 Cr 膜层上镀金，即不存在 Au 膜结合力差的问题，又可有效防止 Cr 氧化和大量水分子的吸附，能量损耗也不大，缺点是随 Au 膜层厚度的增加，谐振子 Q 值呈逐渐下降趋势（图 4-11），但是 Au 膜厚度在 50nm 范围以内时，Au 膜带来的内摩擦变化不是很大，因而 Cr/Au 复合膜成为一种较为常见的谐振子镀膜方案。但由于 Cr 与 Au 的互溶性好，界面相互扩散现象严重，长时间放置后膜层结构改变，易引起谐振子性能的不确定变化，不满足半球谐振陀螺仪长期应用的场合。

2. 金掺杂其他金属的二元复合膜

谐振子表面镀 Cr 膜和 Cr/Au 膜都不是理想的镀膜方案，如何在保持成型谐

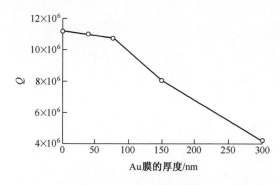

图 4-11　Cr 膜衬底上镀 Au 膜的厚度对 Q 值的影响

振子高 Q 值的前提下提高薄膜稳定性是谐振子镀膜研究的难点。四川压电与声光技术研究所在谐振子表面镀 Au 膜,其摒弃掉 Cr 或 Ti 等活性金属作为中间层提高 Au 膜结合力的方法,而是在 Au 靶材中预先有选择地掺杂某些金属,形成 Au 固溶体,这样能在基片表面形成有效的吸附中心提高 Au 膜结合力。Au 与掺杂金属的均匀混合也不会受磁控溅射的影响而改变,膜层性能也比较稳定(图 4-12)。截至目前,Au 与掺杂其他金属的二元复合膜溅射工艺是最好的一种镀膜方案。表 4-2 为谐振子金属化镀膜工艺前后对照表,膜层均匀性可控制在 3% 以内,对频差的影响可忽略,较好地保证了高 Q 值。

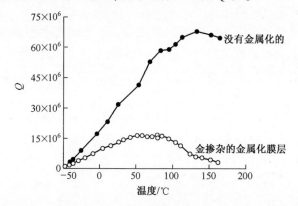

图 4-12　二元膜层工艺下的 Q 值与温度的影响关系曲线[24]

表 4-2　振子金属化镀膜工艺前后对照表

样品编号	镀膜前 Q	镀膜后 Q	膜厚均匀性/%	工艺去应力后 Q	Q 值维持状态/%
谐振子 1	0.9×10^7	0.26×10^7	2.4	0.69×10^7	76.7

（续）

样品编号	镀膜前 Q	镀膜后 Q	膜厚均匀性/%	工艺去应力后 Q	Q 值维持状态/%
谐振子 2	1.6×10^7	0.33×10^7	2.6	1.00×10^7	62.5
谐振子 3	1.2×10^7	0.32×10^7	2.4	0.90×10^7	75.0
谐振子 4	1.0×10^7	0.36×10^7	3.0	0.80×10^7	80.0

参考文献

[1] 张坤．半球陀螺加工用球头砂轮修整装置研制与修整工艺研究[D]．哈尔滨：哈尔滨工业大学，2008.

[2] 徐志强，刘建梅，王振，等．石英半球谐振子精密加工技术探讨[J]．导航与控制，2019，18(2)：69-76.

[3] 马志奎，赵宏宝，赵万良，等．石英半球谐振子精密成型技术[J]．导航与控制，2019，18(2)：77-83.

[4] 彭文强．基于材料弹性域去除的超光滑表面加工关键技术研究[D]．长沙：国防科学技术大学，2014.

[5] 彭小强，戴一帆，李圣怡．磁流变抛光的材料去除数学模型[J]．机械工程学报，2004(4)：67-70.

[6] 袁征．KDP 晶体离子束抛光理论与工艺研究[D]．长沙：国防科学技术大学，2013.

[7] 施春燕，袁家虎，伍凡，等．喷射距离对射流抛光去除函数的影响[J]．红外与激光工程，2011，40(4)：685-689.

[8] Zhang Y F, Wang Y, Wang Y J, et al. Dwell time algorithm based on the optimization theory for magnetorheological finishing[J]. Journal of Applied Optics, 2010, 31(4): 657-662.

[9] Shorey A B. Mechanisms of material removal in magnetorheological finishing (MRF) of glass[D]. Rochester: University of Rochester, 2000.

[10] 宋辞．离轴非球面光学零件磁流变抛光关键技术研究[D]．长沙：国防科学技术大学，2012.

[11] 张峰．磁流变抛光技术的研究[D]．长春：中国科学院长春光学精密机械与物理研究所，2000.

[12] 彭小强．确定性磁流变抛光的关键技术研究[D]．长沙：国防科学技术大学，2004.

[13] 张辰阳，王玉芬，向在奎，等．石英玻璃表面精密加工研究进展[C]// 2017 年全国玻璃科学技术年会论文集．秦皇岛，2017：191-199.

[14] Mendez E, Baker H J, Nowak K M, et al. Highly localized CO_2 laser cleaning and damage repair of silica optical surfaces[J]. SPIE Laser Damage, 2005, 5647: 165-176.

[15] 高尚，耿宗超，吴跃勤，等．石英玻璃超精密磨削加工的表面完整性研究[J]．机械工程学报，2019，55(005)：186-195.

[16] 李娜，蒋威，李亚国．石英玻璃抛光表面层性质探索[J]．激光杂志，2013(4)：38-39.

[17] 王锋，吴卫东，蒋晓东，等．反应等离子体修饰熔石英光学元件表面研究[J]．光学学报，2011，31(5)：199-204.

[18] Wong L, Suratwala T, Feit M D, et al. The effect of HF/NH_4F etching on the morphology of surface fractures

on fused silica[J]. Journal of Non-Crystalline Solids,2009,355(13):797-810.

[19] 张仓胜. 熔石英表面杂质粒子的吸附机制研究[D]. 北京:北京邮电大学,2017.

[20] 高尚,耿宗超,吴跃勤,等. 石英玻璃超精密磨削加工的表面完整性研究[J]. 机械工程学报,2019,55(5):186-195.

[21] 杜秀蓉,张晓强,王慧,等. 抛光石英玻璃亚表面缺陷研究[J]. 硅酸盐通报,2017,36(S1):47-49.

[22] 苏英,周永恒,黄武,等. 石英玻璃与 HF 酸反应动力学的研究[C]//中国硅酸盐学会 2003 年学术年会玻璃论文集. 北京,2003:154-161.

[23] 马特维耶夫 А В,利帕特尼科夫 В И,阿廖欣 А В,等. 固体波动陀螺[M]. 杨亚非,赵辉,译. 北京:国防工业出版社,2009.

[24] 张挺,徐思宇,冒继明,等. 半球陀螺谐振子的金属化镀膜工艺技术研究[J]. 压电与声光,2006,28(5):538-540.

第5章
谐振陀螺仪调平技术

5.1 谐振陀螺仪调平技术概述

　　理想情况下,由谐振陀螺仪谐振子的对称性可知,驱动模态与检测的固有频率是一致的,此时陀螺仪具有最优性能。虽然在加工过程中,采取了许多先进的加工技术,使得谐振子能够达到相当的形位精度,但从振动力学的角度分析,由于加工过程中不可避免地存在加工工艺误差,加工的精度还达不到高精度陀螺仪的要求,对于谐振陀螺仪影响最严重的是加工误差或材料不均匀等因素引起的1~4次谐波误差。考虑一个带有质量不平衡缺陷的非理想半球谐振子,其沿圆周角 φ 的相对质量不平衡分布为 $\partial M(\varphi)$,且有[1]

$$\partial M(\varphi) = \mathrm{d}M(\varphi)/\mathrm{d}\varphi \qquad (5-1)$$

式中: $\partial M(\varphi)$ 为单位角度上的质量分布,将其按傅里叶级数展开可以得到周向质量不均匀的各个谐波分布函数:

$$\partial M(\varphi) = \partial M_0 + \sum_{n=1}^{\infty} \left\{ \partial M_n \cos\left[n(\varphi - \theta_n) \right] \right\} \qquad (5-2)$$

式中: θ_n 为 n 次谐波不平衡质量的相位角。

　　如图5-1所示,当 $n=1,2,3,4$ 时对应的前4次谐波缺陷会对陀螺仪的性能造成影响,1~3次谐波缺陷会导致谐振子振动的不平衡,增大支撑损耗,降低谐振子的品质因数。而4次谐波缺陷会对谐振子的驻波特性产生最实质的影响,将严重影响陀螺仪的零偏漂移、灵敏度等性能。因此,应进行必要的调平以实现谐波误差的消除。

　　国外对于半球谐振陀螺仪的研究主要集中在美国、俄罗斯、法国三国。调平技术方面,19世纪80年代,美国得尔克(Delco)公司最早提出了半球谐振子的激光调平方案(图5-2),谐振子采用了带齿结构,通过在刻蚀齿上去重可克服

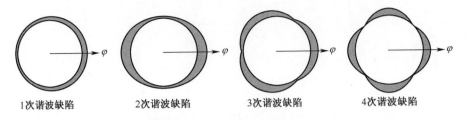

1次谐波缺陷   2次谐波缺陷   3次谐波缺陷   4次谐波缺陷

图 5-1   1~4 次谐波不平衡质量分布

激光去重引起的谐振子损伤,但增加了谐振子的制造难度。

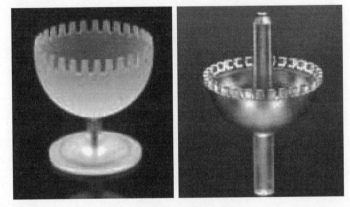

图 5-2   带修调齿的半球谐振子

俄罗斯凭借几十年的谐振陀螺研究基础,开发出独特的等离子调平技术,其性能可达惯性导航级。

在此之后,等离子刻蚀调平技术逐渐取代了美式激光调平,成为半球谐振子调平的主流方案。目前,美国的诺斯罗普·格鲁曼公司、法国的赛峰公司的半球谐振陀螺仪均已产品化,并研制出配套的等离子刻蚀调平生产装备,且禁止对我国出口。

国内相关文献提到,研究人员首先测量出谐振子加工缺陷的分布规律,计算出需要去除的质量大小,然后采取化学腐蚀,以及静态、动态离子束调平的方法去除质量,达到减小缺陷的目的,最后谐振子频率裂解可达到 $0.0007\mathrm{Hz}$[2-3]。

5.2   谐振陀螺仪调平原理

旋转对称结构的谐振陀螺仪调平的目标是通过在谐振子上增加扰动量来消

除由 1~4 次谐波所产生的误差。对于不同类型的谐振陀螺仪,调平的指标要求也不尽相同,这是由陀螺仪最终所能达到的精度决定的,如图 5-3 为不同类型谐振陀螺仪调平目标。

陀螺仪类型		频率裂解修调	1~3次谐波修调
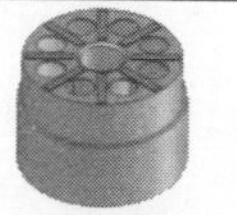	金属谐振陀螺仪	√	
	MEME谐振陀螺仪	√	
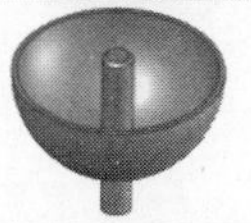	半球谐振陀螺仪	√	√

图 5-3　不同类型谐振陀螺仪调平目标

对于金属谐振陀螺仪和 MEMS 谐振陀螺仪,其所能达到精度为战术武器级,对该精度的谐振陀螺仪,前 3 次谐波对其影响可以忽略,调平主要针对 4 次谐波引起的频率裂解。

而石英半球谐振子因其材料特性极好,性能潜力极高,仅仅修调 4 次谐波不足以支撑起惯导级精度,为此需要进行 1~3 次谐波的修调。

目前对于 4 次谐波或频率裂解的调平理论技术研究较为成熟,本节将对其重点介绍。对于前 3 次谐波的高精度调平技术还在研究阶段,本章将对其原理做简要介绍。

▲5.2.1　四次谐波/频率裂解调平理论

对于工作在 $n=2$ 模态的旋转对称结构谐振子,其调平模型可近似等效为谐振环模型。图 5-4 为带两类扰动的谐振环模型。

现假设一个理想无误差谐振环的质量为 M_0,谐振频率为 ω_0。在谐振环上添加 N_m 个质量点,每个质量点的质量为 m_i,周向位置为 $\phi_i(i=1,2,\cdots,N_m)$,同时添加 N_k 个径向弹簧,每个弹簧刚度为 K_j,位置为 $\phi_j(j=1,2,\cdots,N_k)$。

那么质量及刚度分布不均将导致相差 45° 的两个振型,高频和低频刚性轴周向位置为 (ψ_1,ψ_2),且

$$\psi_1 = \psi_2 - \frac{\pi}{4} \qquad\qquad (5-3)$$

71

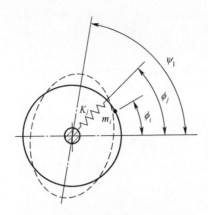

图 5-4　带两类扰动的谐振环模型

　　这里不妨定义刚性轴位置为 0°～90° 的波腹位置,根据诺丁汉大学的模型可知高频轴刚性轴位置满足[4-5]:

$$\tan(4\psi_1) = \frac{\lambda_k \sum_{j=1}^{N_k} \left[K_j \sin(4\phi_j) \right] - \lambda_m \sum_{i=1}^{N_m} \left[m_i \sin(4\phi_i) \right]}{\lambda_k \sum_{j=1}^{N_k} \left[K_j \cos(4\phi_j) \right] - \lambda_m \sum_{i=1}^{N_m} \left[m_i \cos(4\phi_i) \right]} \quad (5-4)$$

式中: $\lambda_k = \omega_0 \dfrac{\alpha_2^2}{4S_0}$; $\lambda_m = \dfrac{(1-\alpha_2^2)\omega_0}{(1+\alpha_2^2)M_0}$; α_2 为径向振幅与切向振幅的比值; S_0 为谐振子在 $n=2$ 模态的弹性势能。

　　并且频率极大值 ω_1 与频率极小值 ω_2 分别为

$$\omega_p^2 = \omega_0^2 \frac{1 + \dfrac{\alpha_2^2}{4S_0} \sum_{j=1}^{N_k} \{ K_j \{ 1 + \cos[4(\phi_j - \psi_p)] \} \}}{1 + \dfrac{1}{(1+\alpha_2^2)M_0} \sum_{i=1}^{N_m} \{ m_i \{ (1+\alpha_2^2) - (1-\alpha_2^2)\cos[4(\phi_i - \psi_p)] \} \}}, \quad p=1,2$$

$$(5-5)$$

　　由式(5-5)可解得两种扰动与频率裂解及刚性轴位置的关系,同时提供了两种修调频率裂解的思路:

　　(1) 在谐振子上添加或除去质量进行修调[6-7]。

　　(2) 增加或减小局部刚度进行修调[8-9]。

　　为了便于表述和理解,这里引入两个概念:扰动模型和修调模型。扰动模型研究的是完美谐振子添加定量扰动能引起多少频率裂解的情况;修调模型研究的是带误差谐振子在何处添加多少扰动能修掉频率裂解。扰动模型又称为正问题模型,修调模型又称为反问题模型。

1. 扰动模型

下面从质量扰动和刚度扰动两个方面分别推导环形谐振结构的扰动模型。

1) 只添加质量点的情形

如图 5-5 所示,在谐振环上添加 N_m 个质量点,每个质量点的质量为 m_i,周向位置为 ϕ_i。由式(5-5)可得加质量点后谐振子高频刚性轴位置满足:

$$\tan(4\psi_1) = \frac{-\sum_{i=1}^{N_m} \left[m_i \sin(4\phi_i) \right]}{-\sum_{i=1}^{N_m} \left[m_i \cos(4\phi_i) \right]} \tag{5-6}$$

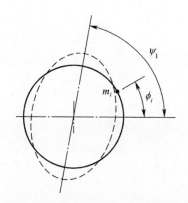

图 5-5　添加质量点的环形谐振子

由式(5-6)可得加质量点后频率极大值 ω_1 与频率极小值 ω_2 分别满足:

$$\begin{cases} \omega_1^2 = \omega_0^2 \dfrac{(1 + \alpha_2^2)M_0}{(1 + \alpha_2^2)M_0 - (1 - \alpha_2^2)\sum\limits_{i=1}^{N_m} \{m_k \cos[4(\phi_i - \psi_1)]\}} \\[4mm] \omega_2^2 = \omega_0^2 \dfrac{(1 + \alpha_2^2)M_0}{(1 + \alpha_2^2)M_0 + (1 - \alpha_2^2)\sum\limits_{i=1}^{N_m} \{m_k \cos[4(\phi_i - \psi_1)]\}} \end{cases} \tag{5-7}$$

式中:M 为添加 N_m 个质量点之后的总质量,即 $M = M_0 + \sum\limits_{k=1}^{N_m} m_k$。

现定义频率裂解为频率极大值与频率极小值的差值,即频率裂解大于等于

零。根据式(5-7)可得

$$\frac{\omega_0^2}{\omega_2^2} - \frac{\omega_0^2}{\omega_1^2} = \frac{2(1-\alpha_2^2)\sum\limits_{i=1}^{N_m}\{m_i\cos[4(\phi_i-\psi_1)]\}}{(1+\alpha_2^2)M_0}$$

$$= -\frac{2(1-\alpha_2^2)}{(1+\alpha_2^2)M_0}\left\{\sum\limits_{i=1}^{N_m}\{[m_i\cos(4\phi_i)]\cos(4\psi_1)\}\right.$$

$$\left. + \sum\limits_{i=1}^{N_m}\{[m_i\sin(4\phi_i)]\sin(4\psi_1)\}\right\} \qquad (5-8)$$

式(5-8)左边又可化为

$$\frac{\omega_0^2}{\omega_2^2} - \frac{\omega_0^2}{\omega_1^2} = \frac{(\omega_1+\omega_2)(\omega_1-\omega_2)\omega_0^2}{\omega_1^2\omega_2^2} \qquad (5-9)$$

假设添加质量误差很小,则质量误差引起频率裂解之后的谐振频率与原有谐振频率相差很小(对于一般加工技术制造的谐振子,修形前的固有频率与修形后的固有频率相差小于0.5%),因此式(5-9)可进一步化为

$$\frac{\omega_0^2}{\omega_2^2} - \frac{\omega_0^2}{\omega_1^2} = \frac{(\omega_1+\omega_2)(\omega_1-\omega_2)\omega_0^2}{\omega_1^2\omega_2^2} \approx 2(\omega_1-\omega_2)/\omega_0 \qquad (5-10)$$

那么将式(5-10)代入式(5-8),可得

$$\omega_1 - \omega_2 = -\lambda_m\sum\limits_{i=1}^{N_m}[\cos(4\phi_i)\cos(4\psi_1)] - \lambda_m\sum\limits_{i=1}^{N_m}[\sin(4\phi_i)\sin(4\psi_1)]$$

$$(5-11)$$

式中:$\lambda_m = (1-\alpha_2^2)\omega_0/[(1+\alpha_2^2)M_0]$。可将$\lambda_m$命名为"质量敏感系数",表示添加单位质量对频率裂解的影响程度,其值由谐振子的结构决定。对于环形谐振子,由对称性可知各个位置的λ_m都是相等的,在修调实验中,其值是通过实验标定的。

观察式(5-11)右边,暂且令:

$$a = -\lambda_m\sum\limits_{i=1}^{N_m}[m_i\cos(4\phi_i)], \quad b = -\lambda_m\sum\limits_{i=1}^{N_m}[m_i\sin(4\phi_i)] \qquad (5-12)$$

将式(5-12)代入式(5-11),可得

$$\omega_1 - \omega_2 = a\cos(4\psi_1) + b\sin(4\psi_1) \qquad (5-13)$$

由式(5-6)及式(5-12),可得

$$\tan(4\psi_1) = \frac{b}{a} \qquad (5-14)$$

综合式(5-12)~式(5-14),可得

$$\begin{cases} (\omega_1 - \omega_2)\cos(4\psi_1) = -\lambda_m \sum_{i=1}^{N_m} [\, m_i \cos(4\phi_i) \,] \\ (\omega_1 - \omega_2)\sin(4\psi_1) = -\lambda_m \sum_{i=1}^{N_m} [\, m_i \sin(4\phi_i) \,] \end{cases} \quad (5\text{-}15)$$

为了进一步描述频率裂解及刚性轴角度位置,现引入两个参数 σ_c、σ_s,称两者为"裂解因子",表示带误差谐振子频率裂解的严重程度。两者的定义式如下:

$$\begin{cases} \sigma_c = (\omega_1 - \omega_2)\cos(4\psi_1) \\ \sigma_s = (\omega_1 - \omega_2)\sin(4\psi_1) \end{cases} \quad (5\text{-}16)$$

即裂解因子可以通过测量频率裂解和刚性轴角度位置估算得到。根据式(5-15)和式(5-16)不难发现,频率裂解及刚性轴位置可用向量表示,(σ_c, σ_s) 为用坐标表示的频率裂解向量,即

$$\omega_1 - \omega_2 = \sqrt{\sigma_c^2 + \sigma_s^2} \xrightarrow{\text{记}} \Delta \quad (5\text{-}17)$$

$$\tan(4\psi_1) = \frac{\sigma_s}{\sigma_c} \quad (5\text{-}18)$$

显然,频率裂解向量的模即为频率裂解的大小(即两频率极值的差),向量的方向为高频刚性轴角度位置的 4 倍。那么,频率裂解向量更直观的形式是 $\Delta e^{j4\psi_1}$,即复数形式表示的频率裂解向量,其中 $j = \sqrt{-1}$。同样地,根据式(5-11)和式(5-12)中质量点及其位置与频率裂解的关系形式,也可将质量点用向量表示,向量的模即为质量点的质量 m_i,方向为其周向位置的 4 倍,对应向量的复数形式为 $m_i e^{j4\phi_i}$。则式(5-15)可表示成复数形式:

$$\Delta e^{j4\psi_1} = -\lambda_m \sum_{i=1}^{N_m} (m_i e^{j4\phi_i}) \xrightarrow{\text{记}} \lambda_m m_{sum} e^{j4\phi_{sum}} \quad (5\text{-}19)$$

其中

$$m_{sum} = \sqrt{\left\{ \sum_{i=1}^{N_m} [\, m_i \cos(4\phi_i) \,] \right\}^2 + \left\{ \sum_{i=1}^{N_m} [\, m_i \sin(4\phi_i) \,] \right\}^2}$$

$$\phi_{sum} = \frac{1}{4}\arctan\left\{ \frac{\sum_{i=1}^{N_m} [\, m_i \sin(4\phi_i) \,]}{\sum_{i=1}^{N_m} [\, m_i \cos(4\phi_i) \,]} \right\}$$

根据式(5-19)可推导出一些简单直观的推论。

推论1:质量点向量的和向量与其引起的频率裂解向量呈线性关系,即两者

方向相反,模的大小为 λ_m 倍关系。特别地,当 $N_m = 1$ 时,即只添加一个质量点时有

$$\Delta e^{j4\psi_1} = -\lambda_m m_1 e^{j4\phi_1} = \lambda_m m_1 e^{j4\phi_1 + \pi} \tag{5-20}$$

根据方程(5-20),可得

$$\Delta = \lambda_m m_1, \quad \psi_1 = \phi_1 + \frac{2k+1}{4}\pi, \quad k = 0, 1, 2, 3 \tag{5-21}$$

式(5-21)表明,在谐振环的 4 个相隔 90° 的位置加相同质量点,会引起同样的频率裂解和相同的刚性轴位置,如图 5-6 所示。实际上,由于圆形对称谐振子的工作模态具有 4 个对称的波腹,每个波腹占 90° 角,因此谐振子上相差 90° 的位置是等效的。

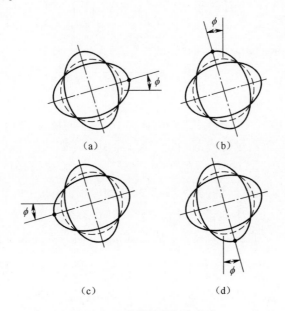

（a）　　　　　　　　（b）

（c）　　　　　　　　（d）

图 5-6　4 种等效的加点方式

推论 2：当添加质量改成去除质量时,即式(5-20)中 m_1 改成 $-m_1$,有

$$\Delta e^{j4\psi_1} = -\lambda_m m_1 e^{j4\phi_1 + \pi} = \lambda_m m_1 e^{j4\phi_1} \tag{5-22}$$

那么

$$\Delta = \lambda_m m_1, \quad \psi_1 = \phi_1 + \frac{k}{2}\pi, \quad k = 0, 1, 2, 3 \tag{5-23}$$

这意味着,当在同一或者等效位置添加质量点以及去除等量质量,所引起的频率裂解的大小是一样的,而高频刚性轴的位置会相差 45°。实际上,如图 5-7 所示,在完美谐振子某位置添加质量点后,谐振子低频轴的位置将与该点位置一

致,高频轴与之相差45°;反过来,在该位置去除质量后,高频轴的位置将与该点位置一致,低频轴与之相差45°。

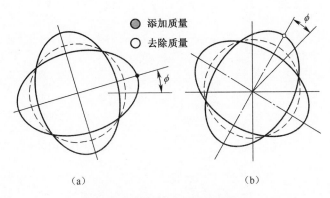

图 5-7　添加质量与去除质量对比

(a)低频振型;(b)高频振型。

2) 只添加径向弹簧的情形

只添加径向弹簧的情形与只添加质量点的情形极为相似,这里只做简要的推导。

如图 5-8 所示,在谐振环上添加 N_k 个沿径向方向的弹簧,每个弹簧刚度为 K_j,位置为 ϕ_j,刚度分布不均匀导致了相差45°的两个振型,高低频刚性轴周向位置为(ψ_1,ψ_2),且

$$\psi_1 = \psi_2 - \frac{\pi}{4} \tag{5-24}$$

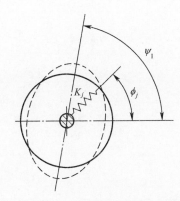

图 5-8　添加径向弹簧的环形谐振子

$$\tan(4\psi_1) = \frac{\sum\limits_{j=1}^{N_k}\left[K_j\sin(4\phi_j)\right]}{\sum\limits_{j=1}^{N_k}\left[K_j\cos(4\phi_j)\right]} \tag{5-25}$$

刚度分布不对称导致了相差 45°的两个振型,由式(5-5)可得加质量点后频率极大值 ω_1 与频率极小值 ω_2 分别满足:

$$\begin{cases} \omega_1^2 = \omega_0^2\left\{1 + \alpha^2\sum\limits_{j=1}^{N_k}\left\{\dfrac{K_j}{4S_0}\{1 + \cos[4(\phi_j - \psi_1)]\}\right\}\right\} \\[3mm] \omega_2^2 = \omega_0^2\left\{1 + \alpha^2\sum\limits_{j=1}^{N_k}\left\{\dfrac{K_j}{4S_0}\{1 - \cos[4(\phi_j - \psi_1)]\}\right\}\right\} \end{cases} \tag{5-26}$$

式中:S_0 为谐振子工作在 $n=2$ 模态时的势能。

由式(5-26)可得

$$\frac{\omega_1^2}{\omega_0^2} - \frac{\omega_2^2}{\omega_0^2} = \frac{(\omega_1 + \omega_2)(\omega_1 - \omega_2)}{\omega_0^2} = \frac{\alpha^2}{2S_0}\sum_{j=1}^{N_k}\{K_j\cos[4(\phi_j - \psi_1)]\} \tag{5-27}$$

同样假设刚度误差引起的频率裂解之后的谐振频率与原有谐振频率相差很小,因此

$$\frac{(\omega_1 + \omega_2)(\omega_1 - \omega_2)}{\omega_0^2} \approx \frac{2(\omega_1 - \omega_2)}{\omega_0} \tag{5-28}$$

那么,由刚度分布不均匀引起的频率裂解可表示为

$$\begin{aligned} \omega_1 - \omega_2 &= \omega_0\frac{\alpha^2}{4S_0}\sum_{j=1}^{N_k}\{K_j\cos[4(\phi_j - \psi_1)]\} \\ &= \omega_0\frac{\alpha^2}{4S_0}\left\{\sum_{j=1}^{N_k}\left[K_j\cos(4\phi_j)\cos(4\psi_1)\right] + \sum_{j=1}^{N_k}\left[K_j\sin(4\phi_j)\sin(4\psi_1)\right]\right\} \end{aligned} \tag{5-29}$$

不妨令

$$\lambda_k = \omega_0\frac{\alpha_2^2}{4S_0} \tag{5-30}$$

则式(5-29)可化为

$$\omega_1 - \omega_2 = \lambda_k\left\{\sum_{j=1}^{N_k}\{[K_j\cos(4\phi_j)]\cos(4\psi_1)\} + \sum_{j=1}^{N_k}\{[K_j\sin(4\phi_j)]\sin(4\psi_1)\}\right\} \tag{5-31}$$

同样地,将 λ_k 命名为"刚度敏感系数",表示添加单位刚度对频率裂解的影响程度。不难发现,由径向刚度扰动引起的频率裂解方程(5-31),与只添加质量的频率裂解方程(5-11)有着非常一致的形式。那么,同样可以推导出裂解因子的类似表达式:

$$\begin{cases} \sigma_c = (\omega_1 - \omega_2)\cos(4\psi_1) = \lambda_k \sum_{j=1}^{N_k} \left[K_j \cos(4\phi_i) \right] \\ \sigma_s = (\omega_1 - \omega_2)\sin(4\psi_1) = \lambda_k \sum_{j=1}^{N_k} \left[K_j \sin(4\phi_i) \right] \end{cases} \tag{5-32}$$

同样地,类比质量点向量,现引入径向刚度向量,向量的模为刚度的大小,方向为径向弹簧角度位置 ϕ_j 的 4 倍,则向量的复数形式为 $K_j \mathrm{e}^{\mathrm{j}4\phi_j}$。 那么,式(5-32)的复数向量形式为

$$\Delta \mathrm{e}^{\mathrm{j}4\psi_1} = \lambda_k \sum_{j=1}^{N_k} (K_j \mathrm{e}^{\mathrm{j}4\phi_j}) \xrightarrow{\text{记}} \lambda_k K_{\mathrm{sum}} \mathrm{e}^{\mathrm{j}4\phi_{\mathrm{sum}}} \tag{5-33}$$

其中

$$K_{\mathrm{sum}} = \sqrt{\left\{ \sum_{j=1}^{N_k} \left[K_j \cos(4\phi_j) \right] \right\}^2 + \left\{ \sum_{j=1}^{N_k} \left[K_j \sin(4\phi_j) \right] \right\}^2}$$

$$\phi_{\mathrm{sum}} = \frac{1}{4}\arctan\left\{ \frac{\sum\limits_{j=1}^{N_k} \left[K_j \sin(4\phi_j) \right]}{\sum\limits_{j=1}^{N_k} \left[K_j \cos(4\phi_j) \right]} \right\}$$

同样地,根据式(5-33)可推导出一些与添加质量点的情况一致的推论。

推论3:径向刚度向量的和向量与其引起的频率裂解向量呈线性关系,即两者方向一致,模的大小为 λ_k 倍关系。特别地,当 $N_k = 1$ 时,即只添加一个径向弹簧时有

$$\Delta \mathrm{e}^{\mathrm{j}4\psi_1} = \lambda_k K_1 \mathrm{e}^{\mathrm{j}4\phi_1} \tag{5-34}$$

根据方程(5-34)可得

$$\Delta = \lambda_k K_1, \quad \psi_1 = \phi_1 + \frac{k}{2}\pi, \quad k = 0,1,2,3 \tag{5-35}$$

式(5-35)表明,在谐振环的 4 个相隔90°的位置加相同刚度的径向弹簧,会引起同样的频率裂解和相同的刚性轴位置,如图 5-9 所示。

推论4:当添加的刚度为负值时,即式(5-34)中 K_1 改成 $-K_1$,有

$$\Delta \mathrm{e}^{\mathrm{j}4\psi_1} = -\lambda_k K_1 \mathrm{e}^{\mathrm{j}4\phi_1} = \lambda_k K_1 \mathrm{e}^{\mathrm{j}4\phi_1 + \pi} \tag{5-36}$$

那么

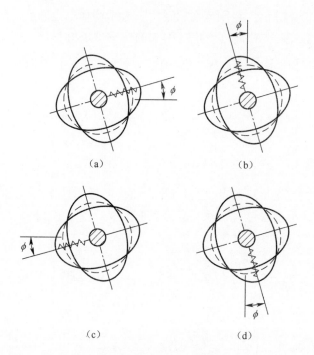

$$\Delta = \lambda_m m_1, \quad \psi_1 = \phi_1 + \frac{2k+1}{4}\pi, \quad k = 0,1,2,3 \qquad (5-37)$$

图 5-9　4 种等效的添加弹簧方式

　　这意味着,在同一或者等效位置添加正刚度径向弹簧以及等量的负刚度径向弹簧,所引起的频率裂解的大小是一样的,而高频刚性轴的位置会相差 45°。实际上,如图 5-10 所示,在完美谐振子某位置添加正刚度径向弹簧后,谐振子高频轴的位置将与该弹簧位置一致,低频轴与之相差 45°;反过来,在该位置加负刚度的弹簧后,低频轴的位置将与该弹簧位置一致,高频轴与之相差 45°。这里的负刚度的弹簧是一个抽象的概念,并不是真正意义上的弹簧,它可由其他的刚度形式等效而来,如静电等。

2. 修调模型

　　如前所述,修调模型即反问题考虑的是带误差的谐振子应该如何修调的问题。

　　1）带误差谐振子的理论建模

　　欲推导带误差谐振子的修调模型,首先应根据正问题模型建立带误差谐振子的模型。谐振子的频率裂解误差主要是由于谐振子的质量和刚度分布不均匀所导致,当然还可能有其他未考虑到的因素,总之谐振子的频率裂解可以看成是

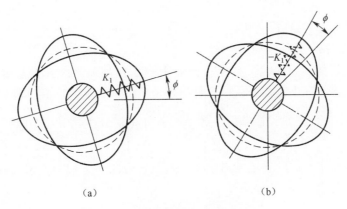

（a） （b）

图 5-10　添加正负刚度弹簧振型对比

（a）高频振型；（b）低频振型。

由质量点、径向刚度，以及其他因素等三类因素引起的。

现考虑一带误差谐振子，其初始频率裂解向量为 $\Delta_0 \mathrm{e}^{\mathrm{j}4\psi_{01}}$，对应的裂解因子为 $(\sigma_{0c}, \sigma_{0s})$。那么，可将该谐振子的误差等效为上述三类形式，即在完美谐振子上添加了 N_{0m} 个质量点，每个质量点的质量为 m_{0i}，位置为 $\phi_{0i}(i=1,2,\cdots,N_{0m})$，并且添加了 N_{0k} 个沿径向方向的弹簧，每个弹簧刚度为 K_{0j}，位置为 ϕ_j；并假设其他因素引起的频率裂解为 $\Delta_{\mathrm{else}}\mathrm{e}^{\mathrm{j}4\psi_1^{\mathrm{else}}}$，对应的裂解因子为 $(\sigma_{\mathrm{c}}^{\mathrm{else}}, \sigma_{\mathrm{s}}^{\mathrm{else}})$。根据式（5-4）、式（5-5）以及正问题模型，谐振子的频率裂解向量可以表达为

$$\Delta_0\mathrm{e}^{\mathrm{j}4\psi_{01}} = -\lambda_m\sum_{i=1}^{N_{0m}}(m_{0i}\mathrm{e}^{\mathrm{j}4\phi_{0i}}) + \lambda_k\sum_{j=1}^{N_{0k}}(K_{0j}\mathrm{e}^{\mathrm{j}4\phi_{0j}}) + \Delta_{\mathrm{else}}\mathrm{e}^{\mathrm{j}4\psi_1^{\mathrm{else}}} \quad (5-38)$$

对应的坐标形式为

$$\begin{cases} \sigma_{0c} = -\lambda_m\sum_{i=1}^{N_{0m}}\left[m_{0i}\cos(4\phi_{0i})\right] + \lambda_k\sum_{j=1}^{N_{0k}}\left[K_{0j}\cos(4\phi_{0j})\right] + \sigma_{\mathrm{c}}^{\mathrm{else}} \\ \sigma_{0s} = -\lambda_m\sum_{i=1}^{N_{0m}}\left[m_{0i}\sin(4\phi_{0i})\right] + \lambda_k\sum_{j=1}^{N_{0k}}\left[K_{0j}\sin(4\phi_{0j})\right] + \sigma_{\mathrm{s}}^{\mathrm{else}} \end{cases} \quad (5-39)$$

并且刚性轴位置满足：

$$\tan(4\psi_{01}) = \frac{-\lambda_m\sum\limits_{i=1}^{N_{0m}}\left[m_{0i}\sin(4\phi_{0i})\right] + \lambda_k\sum\limits_{j=1}^{N_{0k}}\left[K_{0j}\sin(4\phi_{0j})\right] + \sigma_{\mathrm{s}}^{\mathrm{else}}}{-\lambda_m\sum\limits_{i=1}^{N_{0m}}\left[m_{0i}\cos(4\phi_{0i})\right] + \lambda_k\sum\limits_{j=1}^{N_{0k}}\left[K_{0j}\cos(4\phi_{0j})\right] + \sigma_{\mathrm{c}}^{\mathrm{else}}}$$

$$(5-40)$$

式(5-38)~式(5-40)就是带误差谐振子的频率裂解模型,根据该模型,可以进行修调模型的推导。

2)质量修调模型

仍考虑前面推导的带误差谐振子的理论模型,现在该谐振子上加质量点进行修调。在谐振环上添加 N_m 个质量点,每个质量点的质量为 m_i,周向位置为 ϕ_i ($i=1,2,\cdots,N_m$),不妨设修调后的频率裂解向量为 $\hat{\Delta}\mathrm{e}^{\mathrm{j}4\hat{\psi}_1}$,对应的修调后的裂解因子为 $(\hat{\sigma}_\mathrm{c},\hat{\sigma}_\mathrm{s})$。不难理解,加质量点进行修调相当于改变原有 N_{0m} 等效质量点的个数。由于新加的质量点与原有质量点符合向量叠加的关系,因此修调后的频率裂解可表达为

$$\hat{\Delta}\mathrm{e}^{\mathrm{j}4\hat{\psi}_1} = -\Big[\lambda_m\sum_{i=1}^{N_{0m}}(m_{0i}\mathrm{e}^{\mathrm{j}4\phi_{0i}}) + \lambda_m\sum_{i=1}^{N_m}(m_i\mathrm{e}^{\mathrm{j}4\phi_i})\Big] + \lambda_k\sum_{j=1}^{N_{0k}}(K_{0j}\mathrm{e}^{\mathrm{j}4\phi_{0j}}) + \Delta_{\mathrm{else}}\mathrm{e}^{\mathrm{j}4\psi_1^{\mathrm{else}}}$$

$$(5-41)$$

式中:$\lambda_m\sum_{i=1}^{N_m}(m_i\mathrm{e}^{\mathrm{j}4\phi_i})$ 为新引入的修调项。用裂解因子表示的向量形式为

$$\begin{cases}\hat{\sigma}_\mathrm{c} = -\lambda_m\Big\{\sum_{i=1}^{N_{0m}}[m_{0i}\cos(4\phi_{0i})] + \sum_{i=1}^{N_m}[m_i\cos(4\phi_i)]\Big\} + \lambda_k\sum_{j=1}^{N_{0k}}[K_{0j}\cos(4\phi_{0j})] + \sigma_\mathrm{c}^{\mathrm{else}} \\ \hat{\sigma}_\mathrm{s} = -\lambda_m\Big\{\sum_{i=1}^{N_{0m}}[m_{0i}\sin(4\phi_{0i})] + \sum_{i=1}^{N_m}[m_i\sin(4\phi_i)]\Big\} + \lambda_k\sum_{j=1}^{N_{0k}}[K_{0j}\sin(4\phi_{0j})] + \sigma_\mathrm{s}^{\mathrm{else}}\end{cases}$$

$$(5-42)$$

修调后的刚性轴位置满足:

$$\tan(4\hat{\psi}_1) = \frac{-\lambda_m\Big\{\sum_{i=1}^{N_{0m}}[m_{0i}\cos(4\phi_{0i})] + \sum_{i=1}^{N_m}[m_i\cos(4\phi_i)]\Big\} + \lambda_k\sum_{j=1}^{N_{0k}}[K_{0j}\cos(4\phi_{0j})] + \sigma_\mathrm{c}^{\mathrm{else}}}{-\lambda_m\Big\{\sum_{i=1}^{N_{0m}}[m_{0i}\sin(4\phi_{0i})] + \sum_{i=1}^{N_m}[m_i\sin(4\phi_i)]\Big\} + \lambda_k\sum_{j=1}^{N_{0k}}[K_{0j}\sin(4\phi_{0j})] + \sigma_\mathrm{s}^{\mathrm{else}}}$$

$$(5-43)$$

即修调后的频率裂解向量为初始频率裂解向量与修调所引入的频率裂解向量的和向量。可简化为

$$\hat{\Delta}\mathrm{e}^{\mathrm{j}4\hat{\psi}_1} = \Delta_0\mathrm{e}^{\mathrm{j}4\psi_{01}} - \lambda_m\sum_{i=1}^{N_m}(m_i\mathrm{e}^{\mathrm{j}4\phi_i}) \tag{5-44}$$

修调后裂解因子所表示的向量简化为

$$\begin{cases} \hat{\sigma}_c = \sigma_{0c} - \lambda_m \sum_{i=1}^{N_m} \left[m_i \cos(4\phi_i) \right] \\ \hat{\sigma}_s = \sigma_{0s} - \lambda_m \sum_{i=1}^{N_m} \left[m_i \sin(4\phi_i) \right] \end{cases} \tag{5-45}$$

以及修调后的刚性轴位置满足的关系式简化为

$$\tan(4\hat{\psi}_1) = \frac{\sigma_{0s} - \lambda_m \sum_{i=1}^{N_m} \left[m_i \sin(4\phi_i) \right]}{\sigma_{0c} - \lambda_m \sum_{i=1}^{N_m} \left[m_i \cos(4\phi_i) \right]} \tag{5-46}$$

式(5-44)~式(5-46)即为带误差谐振子的质量修调模型。质量修调的目的是寻找合适的质量点及其位置,使得修调后的频率裂解为零,或者裂解因子全为零,即

$$\hat{\Delta} = 0 \text{ 或者 } \begin{cases} \hat{\sigma}_c = 0 \\ \hat{\sigma}_s = 0 \end{cases} \tag{5-47}$$

将这一修调目的式代入式(5-44)或者式(5-45),即可得到修调方程:

$$\Delta_0 e^{j4\psi_{01}} - \lambda_m \sum_{i=1}^{N_m} (m_i e^{j4\phi_i}) = 0 \tag{5-48}$$

或者

$$\begin{cases} \sigma_{0c} - \lambda_m \sum_{i=1}^{N_m} \left[m_i \cos(4\phi_i) \right] = 0 \\ \sigma_{0s} - \lambda_m \sum_{i=1}^{N_m} \left[m_i \sin(4\phi_i) \right] = 0 \end{cases} \tag{5-49}$$

通过求解修调方程(5-48)或者方程(5-49),即可求得质量修调的位置以及需要添加或者去除质量大小。然而,上述修调方程中,质量敏感系数 λ_m 是一个未知量,需要在修调实验中进行标定。

对于以上修调模型,考虑一些特殊情况可推导出一些简单的结论:

当 $N_m = 1$,即只添加一个大小为 m_1 的质量点进行修调,设其位置为 ϕ_1,代入方程(5-48)得

$$\Delta_0 e^{j4\psi_{01}} - \lambda_m m_1 e^{j4\phi_1} = 0 \tag{5-50}$$

求解以上方程可得两组解:

$$\begin{cases} m_1 = \dfrac{\Delta_0}{\lambda_m} \\ \phi_1 = \dfrac{4\psi_{01} + 2k\pi}{4} \end{cases} \tag{5-51}$$

此组解代表添加质量点修调的情况。

$$\begin{cases} m_1 = -\dfrac{\Delta_0}{\lambda_m} \\[3mm] \phi_1 = \dfrac{4\psi_{01} + (2k+1)\pi}{4} \end{cases} \tag{5-52}$$

此组解代表去除质量点修调的情况,其中 $k = 0,1,2,3$。显然这里 $(4\psi_{01} + 2k\pi)/4$ 代表的是修调前的修谐振子的 4 个高频刚性轴的位置,$[4\psi_{01} + (2k + 1)\pi]/4$ 代表的是 4 个低频刚性轴的位置。

以上两组解表明,质量修调既可以在高频振型的 4 个波腹位置添加质量,也可在低频振型的 4 个波腹位置去除质量,如图 5-11 所示。两种修调方式对频率裂解的影响是一致的,但对两个极值频率的影响却有所不同:添加质量修调,会使高频振型的频率减小,使之朝着接近低频振型的频率变化,进而达到修调目的;去除质量修调的机理正好与之相反。

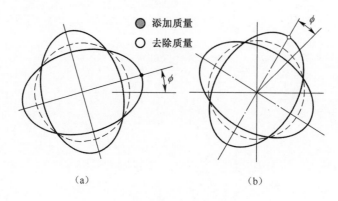

图 5-11　两种等效的质量修调方式

(a)高频振型;(b)低频振型。

3) 径向刚度修调模型

同样考虑以上推导的带误差谐振子的理论模型,现在该谐振子上加径向刚度进行修调。在谐振环上添加 N_k 个径向弹簧,每个径向弹簧的刚度为 K_j,周向位置为 $\phi_j, j = 1, 2, \cdots, N_k$,同样设修调后的频率裂解向量为 $\hat{\Delta} e^{j4\hat{\psi}_1}$,对应的修调后的裂解因子为 $(\hat{\sigma}_c, \hat{\sigma}_s)$。那么,加径向弹簧进行修调相当于改变模型式 (5-38)～式 (5-40) 中原有等效径向弹簧的个数 N_{0k},即增加修调项 $\lambda_k \sum\limits_{j=1}^{N_k} (K_j e^{j4\phi_j})$,因此刚度修调后的频率裂解可表达为

$$\hat{\Delta} e^{j4\hat{\psi}_1} = \Delta_0 e^{j4\psi_{01}} + \lambda_k \sum_{j=1}^{N_k} (K_j e^{j4\phi_j}) \tag{5-53}$$

修调后裂解因子所表示的向量为

$$\begin{cases} \hat{\sigma}_c = \sigma_{0c} + \lambda_k \sum_{j=1}^{N_k} \left[K_j \cos(4\phi_j) \right] \\ \hat{\sigma}_s = \sigma_{0s} + \lambda_k \sum_{j=1}^{N_k} \left[K_j \sin(4\phi_j) \right] \end{cases} \tag{5-54}$$

以及修调后的刚性轴位置满足:

$$\tan(4\hat{\psi}_1) = \frac{\sigma_{0s} + \lambda_k \sum\limits_{j=1}^{N_k} \left[K_j \sin(4\phi_j) \right]}{\sigma_{0c} + \lambda_k \sum\limits_{j=1}^{N_k} \left[K_j \cos(4\phi_j) \right]} \tag{5-55}$$

式(5-53)~式(5-55)即为带误差的谐振子的质量修调模型。刚度修调的目的是寻找合适刚度大小的径向弹簧及其位置,使得修调后的频率裂解为零,或者裂解因子全为零,即式(5-47)成立。同样,将式(5-47)代入式(5-53)或者式(5-54),即可得到修调方程:

$$\Delta_0 e^{j4\psi_{01}} + \lambda_k \sum_{j=1}^{N_k} (K_j e^{j4\phi_j}) = 0 \tag{5-56}$$

或者

$$\begin{cases} \sigma_{0c} + \lambda_k \sum_{j=1}^{N_k} \left[K_j \cos(4\phi_j) \right] = 0 \\ \sigma_{0s} + \lambda_k \sum_{j=1}^{N_k} \left[K_j \sin(4\phi_j) \right] = 0 \end{cases} \tag{5-57}$$

通过求解修调方程(5-56)或者方程(5-57),即可求得刚度修调的位置以及需要添加或者去除刚度的大小。同样,刚度敏感系数 λ_k 是一个未知量,需要在修调实验中进行标定。

同样,对于以上修调模型,考虑一些特殊情况可推导出一些简单的结论:

当 $N_k = 1$,即只添加一个刚度大小为 K_1 的径向弹簧进行修调,设其位置为 ϕ_1,代入方程(5-56)得

$$\Delta_0 e^{j4\psi_{01}} + \lambda_k K_1 e^{j4\phi_1} = 0 \tag{5-58}$$

求解以上方程可得两组解:

$$\begin{cases} K_1 = \dfrac{\Delta_0}{\lambda_k} \\[4mm] \phi_1 = \dfrac{4\psi_{01} + (2k + 1)\pi}{4} \end{cases} \tag{5-59}$$

此组解代表添加正刚度修调的情况。

$$\begin{cases} K_1 = -\dfrac{\Delta_0}{\lambda_k} \\[4mm] \phi_1 = \dfrac{4\psi_{01} + 2k\pi}{4} \end{cases} \tag{5-60}$$

此组解代表添加负刚度修调的情况,其中 $k=0,1,2,3$。同样,以上两组解表明,刚度修调既可以在高频振型的 4 个波腹位置去除刚度,也可在低频振型的 4 个波腹位置增加刚度,如图 5-12 所示。同样,在修调目的上,两者对频率裂解的影响是一致的,但两个极值频率的变化上:增加刚度修调,会使低频振型的频率增大,使之朝着接近高频振型的频率变化,进而达到修调目的;减小刚度修调的机理与之相反。

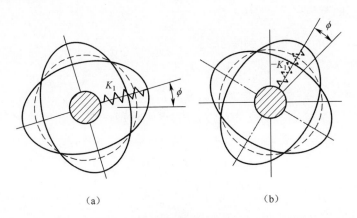

(a)   (b)

图 5-12 两种等效的刚度修调方式

(a)低频振型;(b)高频振型。

4) 质量刚度联合修调理论模型

同时在大误差谐振子上添加质量和径向刚度,那么相当于在模型式(5-40)的基础上同时加入两个修调项,即 $\lambda_m \sum\limits_{i=1}^{N_m} (m_i e^{j4\phi_i})$ 和 $\lambda_k \sum\limits_{j=1}^{N_k} (K_j e^{j4\phi_j})$。则修调后的频率裂解为

$$\hat{\Delta}e^{j4\hat{\psi}_1} = \Delta_0 e^{j4\psi_{01}} - \lambda_m \sum_{i=1}^{N_m}(m_i e^{j4\phi_i}) + \lambda_k \sum_{j=1}^{N_k}(K_j e^{j4\phi_j}) \tag{5-61}$$

那么修调后裂解因子为

$$\begin{cases} \hat{\sigma}_c = \sigma_{0c} - \lambda_m \sum_{i=1}^{N_m}[m_i \cos(4\phi_i)] + \lambda_k \sum_{j=1}^{N_k}[K_j \cos(4\phi_j)] \\ \hat{\sigma}_s = \sigma_{0s} - \lambda_m \sum_{i=1}^{N_m}[m_i \sin(4\phi_i)] + \lambda_k \sum_{j=1}^{N_k}[K_j \sin(4\phi_j)] \end{cases} \tag{5-62}$$

以及修调后的刚性轴位置满足:

$$\tan(4\hat{\psi}_1) = \frac{\sigma_{0s} - \lambda_m \sum_{i=1}^{N_m}[m_i \sin(4\phi_i)] + \lambda_k \sum_{j=1}^{N_k}[K_j \sin(4\phi_j)]}{\sigma_{0c} - \lambda_m \sum_{i=1}^{N_m}[m_i \cos(4\phi_i)] + \lambda_k \sum_{j=1}^{N_k}[K_j \cos(4\phi_j)]} \tag{5-63}$$

式(5-61)~式(5-63)代表了质量刚度联合修调理论模型。大部分修调实验中,一般都需首先进行质量修调,而修调质量难以量化,因此难以达到较高的修调精度,最终都需要静电修调刚度的方式进行刚度修调,以修调剩余的频率裂解,因此实际的修调模型,往往用到的是质量刚度联合修调理论模型。

5.2.2 前三次谐波调平原理

由于前三次谐波缺陷对于谐振子的四波腹振动属于不平衡的质量分布,质量不平衡引起其质心摆动,最终会在支撑点处产生交变力。当未调平的谐振子以幅值 a 和圆频率 ω 振动时,支撑点处的支座反力可以表示成如下形式:

$$\begin{cases} F_x = 0.25a\omega^2[3M_1\cos(2\theta - \varphi_1) + M_3\cos(2\theta - 3\varphi_3)]\sin(\omega t) \\ F_y = 0.25a\omega^2[3M_1\sin(2\theta - \varphi_1) - M_3\sin(2\theta - 3\varphi_3)]\sin(\omega t) \\ F_z = 0.5a\omega^2[M_2\cos(2\theta - 2\varphi_2)]\sin(\omega t) \end{cases} \tag{5-64}$$

式中:$M_{1\sim3}$ 和 $\varphi_{1\sim3}$ 为质量不平衡的参数;θ 为谐振子中驻波的方位。

可以通过测量驻波不同方位时支点处的反作用力求出质量不均匀参数。俄罗斯相关专利[10]提出了一种测量质量不均匀参数的简便方法。该方法是对未调平谐振子的支架振动进行测量,方法示意如图5-13所示。预先消除谐振子1的固有频率裂解,支架的一端弹性固定,而另一端接有压电传感器2。

该传感器能够检测出在 XOZ 平面内的振动。传感器信号幅值 U 与支架的振动幅值成正比,当驻波沿 X 方向振荡时,根据式(5-64)中的第一个方程,且 $\theta=0$ 时,幅值:

$$U = K_1(3M_1\cos\varphi_1 + M_3\cos\varphi_3) + K_2M_2\cos(2\varphi_2) \tag{5-65}$$

式(5-65)表达了压电传感器信号幅值与谐振子旋转角度 φ 的相互关系。通过测量振动在驻波方位方向上的投影可以得到这样相对简单的关系。

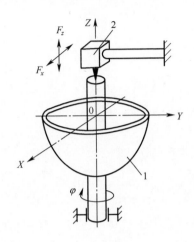

图 5-13　未调平半球谐振子支架振动的测量

若将谐振子绕其轴朝图 5-13 中箭头所指的方向旋转某个角度 φ,则式(5-65)中所有角度的值都有这个变化量,于是沿 X 轴(对应 $\theta=0$)再次激励驻波时将得到以下表达式:

$$U(\varphi) = K_1\{3M_1\cos(\varphi + \varphi_1) + M_3\cos[3(\varphi + \varphi_3)]\} + K_2M_2\cos[2(\varphi + \varphi_2)]$$
$$= U_{01}\cos(\varphi + \varphi_1) + U_{02}\cos[2(\varphi + \varphi_2)] + U_{03}\cos[3(\varphi + \varphi_3)]$$

$$(5-66)$$

式中: K_1 和 K_2 可通过实验标定。

通过测量谐振子绕其轴旋转时压电传感器的电压得到关系式 $U(\varphi)$。图 5-14 为这个关系的举例,是研究 30mm 直径半球谐振子时测得的关系曲线。U 的负值对应振动相位变化了 $180\,°$。

用函数式(5-66)近似这些实验得到点,得到与 $M_{1\sim3}$ 和 $\varphi_{1\sim3}$ 成正比的参数 $U_{01\sim03}$ 为: $U_{01} = 549.2\text{mV}$, $\varphi_1 = 88.3°$; $U_{02} = 122.7\text{mV}$, $\varphi_2 = 106.2°$; $U_{03} = 63.2\text{mV}$, $\varphi_3 = 6.0°$。

该方法的优点是简便。只使用一个传感器进行全部测量,驻波的激励和测量在同一个条件下进行。此处除了压电传感器,还成功使用了其他类型的传感器,如电容式、电磁式等。

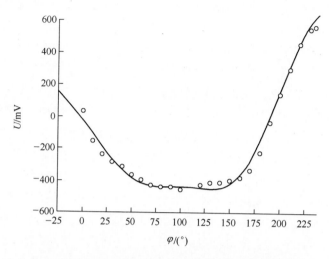

图 5-14 压电传感器信号与谐振子转角的关系曲线

5.3 离子束刻蚀调平技术

▲5.3.1 离子束刻蚀原理

1. 离子束技术特点

离子束刻蚀是利用离子束轰击固体表面时发生溅射效应来剥离加工器件上的质量。这种工艺与机械加工、化学腐蚀等工艺相比,具有以下特点[11]:

(1)对加工材料具有非选择性,任何材料包括导体、半导体和绝缘体都可以刻蚀。

(2)具有超精细加工能力。能刻蚀加工非常精细的沟槽图形,是属于微米级和亚微米级加工。

(3)方向性好,分辨率高。它的样品在真空中被准直的离子束定向轰击,是一种方向性刻蚀,可以克服化学湿法中不可避免的钻蚀现象,掩模边缘陡直、清晰。分辨率高,精度可达 $0.1 \sim 0.01 \mu m$,表面粗糙度优于 $0.05 \mu m$。

(4)加工灵活,重复性好。因为离子束的束流密度、能力、入射角、工件台的移动或旋转速度等工作参数,能够在相当宽的范围内独立地、准确地控制,因而容易得到不同样品的最佳加工条件。

2. 离子束工作原理

离子束刻蚀的基本原理是利用离子束轰击固体表面产生的溅射现象来剥离加工几何图形的。一台离子束刻蚀机一般由真空室、离子源、工件台、真空抽气系统、供气系统、水冷系统等几部分组成。其中,离子源是最核心的部件。

离子源主要包括阴极、阳极、屏栅、加速等几部分。阳极是一个金属制成的圆筒形结构,外置磁铁。阴极和屏栅置于圆筒的两端。磁路和极靴使磁力线穿过放电室。磁力线从阴极极靴向屏栅极方向发散并布满屏栅极,屏栅极极靴收集磁力线回到磁铁。阴极在通电时发射电子,由于阳极前有磁力线的存在,阴极发射的绝大部分原初电子不能直接打到阳极,只有沿着磁力线可直达阳极的小部分原初电子和大量的低能、回旋半径大的电子才能被阳极吸收。原初电子被限制在阴极极靴平面、极靴发出的与阳极直接相交的磁力线和屏栅围成的边界内,这个区域称为原初电子区。在这个区域中,阴极发射的原初电子可进行有效的电离过程,因此等离子体也基本限制在这个区域内。这种结构可以离化任何气体,包括原子或分子气体,惰性和非惰性气体。离子源中产生的离子向所有的边界扩散,并且在等离子体与边界之间形成离子鞘。加速极与屏栅极平行放置,具有相同的网状结构,且形成几百伏的电势差。屏栅上所有开孔的面积占栅网的 60%,到达屏栅处的大部分离子通过屏栅和加速极的开孔,在电场的作用下加速向工件方向引出,形成离子束流。

5.3.2 采用离子束对半球谐振子进行频率修调

离子束刻蚀去重方法,既可应用于金属材料,又可应用于非金属材料。尤其对于石英材料谐振陀螺仪,利用离子束刻蚀进行调平去重,不会引起微裂纹等损伤降低谐振子品质因数,且离子束刻蚀或带有聚焦功能,或可通过掩模控制刻蚀面积,操作方便,效率高,易于实现在线刻蚀。

图 5-15 所示为采用掩模控制刻蚀面积的方案,包括谐振子夹具、定位台、转台等附件。定位台用于实现谐振子与刻蚀掩模孔的对位,转台用于实现谐振子的周向位置的对位刻蚀。

1. 离子溅射效应

离子束轰击材料表面产生的效应十分丰富,主要可分为弹性效应和非弹性效应。弹性效应包括离子轰击溅射材料粒子和离子形成的反射粒子。溅射粒子包括材料的原子、二次离子、负离子、激发态原子和原子团,反射粒子包括由入射离子形成的原子、离子、负离子和激发态离子。非弹性效应主要包括离子轰击引发光子、X 射线和二次电子等,离子注入属于特殊的粒子混合效应。

溅射分为物理溅射和反应溅射。前者为物理功能,可使用惰性气体离子,后

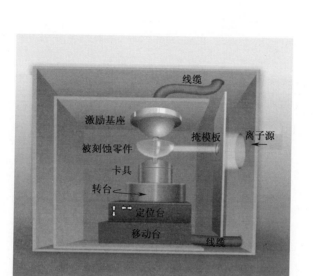

图 5-15 采用掩模控制刻蚀面积的方案

者伴随有化学反应,使用与材料可发生化学反应的气体离子。不管哪种溅射都涉及分析溅射粒子群体的分布、能量分布、离子轰击引起材料本身发生了哪些变化和对溅射过程的影响。

物理溅射以离子与材料原子进行动量交换为根本机理。溅射出的粒子流主要是材料中性原子、材料分子或小分子团和一定数量的离子。单元素材料的溅射粒子以中性原子为主。其中一部分溅射原子初始时处于激发态,大约经过 10^{-7}s 时间返回到基态,并伴随发射光子。发射光强主要集中在材料表面附近,不同材料有不同的特征光谱,多数是可见光。按一般概念,重离子应有较高的溅射额,实际并非完全如此。溅射额不仅与离子能量和质量有关,还取决于离子转移给材料晶格点阵的能量。这种能量转移是通过电子散射完成的。惰性气体的原子结构,当失去一个电子后,具有最充分飞电子散射效应,在元素周期表的诸元素中具有溅射额优势,对某些元素可能具有溅射额极大值。这就是选取惰性气体离子用于溅射刻蚀的原因之一,一方面有较高的溅射额,另一方面化学性质稳定,不会使溅射过程复杂化。实验证明,在 100~1000eV 能量范围,离子的质量效应不明显,使用 Ar 的成本为 Kr 等气体成本的 1/100,且性能相差不多,因此,一般用 Ar 气作为离子束刻蚀的工作气体。

2. 束流密度与刻蚀均匀性

各种离子源的共同设计目标之一,是使离子束覆盖面积的绝大部分获得一致的刻蚀速率。由于刻蚀速率与束流密度成正比,因此问题转变为如何产生均匀的束流密度。离子束存在一定的有限边界,绝大部分离子束包含其中,而边界外的束流密度会陡然下降。确定边界位置的标准是,边界围成离子束范围内的束流密度相对偏差为±5%,即边界内的束流密度均匀度为±5%。

随着刻蚀时间的增加,单一种材料刻蚀均匀性趋近于束流均匀性。对于从慢刻速材料转到下面的快刻速材料时,刻蚀均匀性会减小,变差的程度取决于两种材料的刻速比。反过来,由高刻速材料转到低刻速材料会改善刻蚀均匀性。因此,为取得优良的刻蚀均匀性,首先离子束流密度的均匀性应满足要求,通常±5%的均匀度足够了。采取降低刻蚀速率以延长刻蚀时间,可以有效改善刻蚀均匀性。

5.3.3 调平误差指标的测定

半球谐振子的频率裂解与刚性轴位置的测定属于频率特性分析的范畴。本书采用衰减振荡法测试谐振子的频率特性。测量方法如图 5-16 所示,谐振子唇沿处的两个电容传感器 1 和 2 用来测量振动,而电极 1 和 2 用来激励振动。开关 S1 闭合时,正反馈线路闭合并形成自激振荡器,自激振荡器的频率由半球谐振子的模态固有频率决定。如果谐振子的刚性轴不是正对着电容传感器 1 和 2,那么谐振子的两个固有振形将都被激励出来。

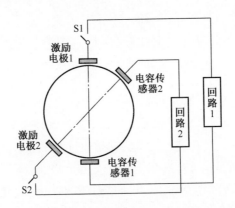

图 5-16　半球谐振子频率裂解与刚性轴位置测试系统

开关 S1 断开时,振动将变成自由衰减振动,而且来自两个传感器的信号将是两个固有频率产生的脉冲谐波,称为"拍"现象,如图 5-17(a)所示,这些脉冲的周期(节拍)约为

$$T = \frac{2\pi}{\Delta\omega} = \frac{1}{\Delta f} \qquad (5-67)$$

当沿着固有轴的自由振动衰减时间 $\tau_{1,2}$ 互相接近并大大超过了节拍周期时,可以通过测量节拍周期精确求出 T。

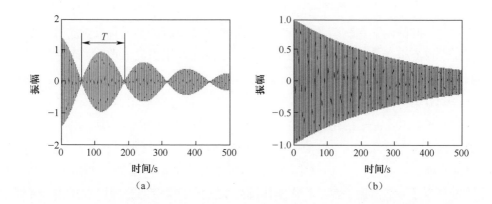

图 5-17 两个频率的"拍"现象(a)和单个频率衰减(b)

绕轴旋转谐振子,当刚性轴的方向与电容传感器 1 和 2 重合。这时假如沿电极 1 方向激励振动,则在另一轴上(电极 2 方向)没有振动,此时任意传感器的衰减信号为光滑的衰减曲线,无脉冲节拍现象,如图 5-17(b)所示。此时,传感器中心所对位置即为刚性轴位置。

根据前述调平理论分析,半球谐振子频率裂解的离子束去重修调,最优方案为在对准低频刚性轴的 4 个均布位置去除质量。其中,刻蚀关键工艺参数为刻蚀掩模面积 S 以及刻蚀深度 h。在固定刻蚀面积前提下,去除质量与刻蚀时间成正比,因此,实际刻蚀修调可通过控制刻蚀时间来控制刻蚀量。考虑修调实际一般流程可归纳如下:

(1)首先需测试谐振子的 4 次谐波不平衡质量及其分布位置。由于 4 次谐波不平衡质量及分布位置与频率裂解及低频刚性轴位置是一一对应的线性关系,为此可通过测定频率裂解及刚性轴位置来解算 4 次谐波质量分布。

(2)根据频率裂解值估算所需的去除总质量,并平分至 4 个位置,进行去重掩模刻蚀口尺寸规划,原则为保证去重面积和深度不至过大。

(3)对准低频刚性轴位置,进行 4 个均布位置的刻蚀修调。

(4) 重复步骤(1)~(3),测试修调后裂解值及刚性轴位置,此时根据第一次修调量及修调前后裂解值估算质量敏感系数,直至频率裂解满足要求。

5.4 化学腐蚀调平技术

化学腐蚀调平(修调)方法旨在减小平衡工艺过程的时间以及人力投入,降低陀螺仪的生产成本。化学修调方法所需设备简单,操作方便,无论是对于金属的谐振子或者石英的谐振子,半球谐振子或者圆柱形谐振子,均可采用合适的化学修调方案对谐振子进行修调。

以圆柱形谐振子的化学修调为例,其参数示意图如图5-18所示,将待修调的谐振子倾斜浸入到化学溶液中,谐振子的倾斜角为β,谐振子浸入液体中的沿母线方向的深度为h_{max},谐振子浸入液体中的竖直方向深度为l,修调过程中的关键参数还包括谐振子浸入到化学修调溶液液面下楔形部分的中心角2α,谐振子的半径和长度分别用R和L表示。

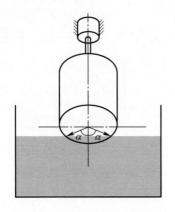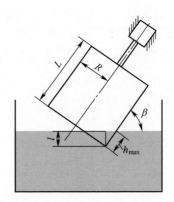

图5-18 谐振子修调过程及参数示意图

谐振子浸入液体中沿母线方向的任意长度可以表示为

$$\begin{cases} h(\varphi) = h_{max} \dfrac{\cos\varphi - \cos\alpha}{1 - \cos\alpha}, & |\varphi| < \alpha \\ h(\varphi) = 0, & |\varphi| \geqslant \alpha \end{cases} \tag{5-68}$$

式中:φ为谐振子的圆周角,将式(5-68)展开成关于φ的傅里叶级数,展开式只考虑前4次谐波分量:

$$h(\varphi) = \frac{h_{\max}}{\pi(1 - \cos\alpha)}\left[(\sin\alpha - \alpha\cos\alpha) + (\alpha - \cos\alpha\sin\alpha)\cos\alpha\right]$$

$$+ 2\sum_{k=2}^{\infty}\left[\frac{k\cos(k\alpha)\sin\alpha - \cos\alpha\sin(k\alpha)}{k(1 - k^2)}\cos(k\varphi)\right]$$

$$= h_{\max}\left[C_0(\alpha) + C_1(\alpha)\cos\varphi + C_2(\alpha)\cos(2\varphi)\right.$$

$$\left. + C_3(\alpha)\cos(3\varphi) + C_4(\alpha)\cos(4\varphi)\right] \tag{5-69}$$

式中：$C_0(\alpha)$、$C_1(\alpha)$、$C_2(\alpha)$、$C_3(\alpha)$、$C_4(\alpha)$ 为谐振子浸入化学修调溶液中的深度 $h(\varphi)$ 傅里叶展开式的系数。

对于每一次浸入溶液修调，单位角度所去除质量的分布可表示为

$$M(\varphi) = \rho dRh_{\max}\left[C_0(\alpha) + C_1(\alpha)\cos\varphi + C_2(\alpha)\cos(2\varphi)\right.$$

$$\left. + C_3(\alpha)\cos(3\varphi) + C_4(\alpha)\cos(4\varphi)\right] \tag{5-70}$$

式中：ρ 为石英材料的密度；d 为修调谐振子去除层的厚度。

对频率裂解进行修调，需要对 $h(\varphi)$ 傅里叶展开式的 4 次谐波的系数 $C_4(\alpha)$ 进行研究，绘制该系数随 α 变化的函数图如图 5-19 所示。可以看出，当 $\alpha = 0.521\mathrm{rad}$ 时，$C_4(\alpha)$ 取得最大值，此时，4 次谐波的去除效率最大。实验过程中，调节谐振子的倾斜角度 β 以及谐振子浸入液面的深度 l，两个参数组合保证 $\alpha = 0.521\mathrm{rad}$。对于 4 次谐波的去除，需在谐振子周边对称分 4 次均匀去除，才能不引入其他谐波误差，同时也减少了对谐振子 Q 值的影响。

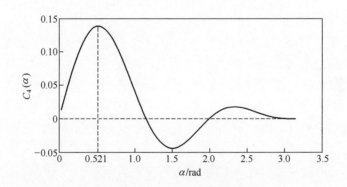

图 5-19　$C_4(\alpha)$ 的函数图

针对 4 次谐波修调的误差去除总质量的计算公式为

$$M = 8\rho dRh_{\max}\int_0^{0.521}\left[C_0(\alpha) + C_1(\alpha)\cos\varphi + C_2(\alpha)\cos(2\varphi)\right.$$

$$\left. + C_3(\alpha)\cos(3\varphi) + C_4(\alpha)\cos(4\varphi)\right]\mathrm{d}\varphi \tag{5-71}$$

由于谐振子修调过程中参数 $\alpha = 0.521\mathrm{rad}$ 为最佳取值，当确定谐振子修调

过程中的倾斜角为 45°,此时可根据式(5-72)计算得到谐振子修调过程中浸入液体的深度 l 为 1.238mm。当保证浸入深度 l 为 1mm 时,根据几何关系,谐振子倾斜角为 53°。

$$l = R(1 - \cos\alpha)\cos\beta \tag{5-72}$$

存在频率裂解的谐振子可以等价为理想谐振子加不平衡质量点,谐振子的质量去除的位置应从与等价不平衡质量点成 45° 角的位置开始,如图 5-20 所示,并在对称的 4 个位置去除四次谐波不平衡量,从而减小频率裂解。

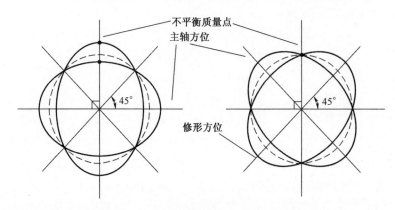

图 5-20　不平衡质量点方位与修调方位

首先测试不平衡谐振子的频率裂解和高频轴方位并进行定位标记。考虑到实验的可操作性,将谐振子倾斜 45°,调整谐振子从高频轴位置修调,将谐振子浸入到液面下 1.5mm,并进行计时,然后将谐振子转动 90°,再次浸入到液面下 1.5mm 并计时保证对称去除质量,如此再重复两次,则完成一次去除质量。

基于上述实验条件,设计如图 5-21 所示的谐振子频率裂解化学修调步骤如下:

(1)谐振子进行整体化学刻蚀,测量谐振子的化学刻蚀前后尺寸变化,计算谐振子的化学刻蚀速率。

(2)确定谐振子振动主轴方向,测量频率裂解。

(3)根据计算的厚度,通过化学修调实验从谐振子的高频轴方向开始在谐振子谐振环边沿对称 4 个位置去除质量,然后测试谐振子的频率裂解性能是否改善。若没有达到修调要求,则重复上述步骤。

溶液的种类根据谐振子所用材料而定,对于熔融石英材料加工的谐振子,需要采用 HF 溶液或者其缓蚀溶液。溶液的去除速率 v 可轻松进行标定,则修调时间 t 可以根据所需要的总修调厚度 h 进行简单计算:

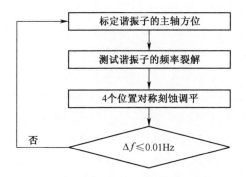

图 5-21 频率裂解化学修调步骤

$$t = \frac{h}{v} \tag{5-73}$$

而对于金属材料而言,需要根据材料特性配制专用的缓蚀剂或者电解溶液,电解液一般配置为酸性电解液,可以溶解掉金属电化学侵蚀形成的产物。

根据法拉第磁感应定律,被去除的金属量与被处理表面上通过的电荷数成正比:

$$Q_i = \frac{m_i}{K} \tag{5-74}$$

式中:K 为常数。

根据单位侵蚀时间内损失的质量实验标定常数 K。用直流电 I 的通电时间 t_i 监控第 i 个齿表面通过的电荷数 Q_i,公式为

$$t_i = \frac{Q_i}{I} \tag{5-75}$$

化学调平可以保证不平衡质量去除的较高精度,可使得谐振子的频率裂解减小至 0.01Hz 以内,满足中高精度陀螺仪的需求,大幅提升调平效率。

5.5 其他调平去重技术

根据谐振子的材料不同,调平去重的方案也多种多样。除上述讨论的离子束刻蚀调平与化学腐蚀调平外,还包括激光去重调平、机械加工去重调平等。

激光去重调平的优点是去重量控制精度高,配合相应精度的转台可实现相同位置叠加去重,重复性和稳定性好、效率高、工艺可靠性好。缺点是需专用激光设备,激光去重时金属烟尘需做特别处理,在空气中去重后,对于金属谐振子去重表

面存在氧化层。激光去重时对激光焦距有严格要求,需为陀螺仪工装配备三爪卡盘或者柔性快换夹具等可重复定位单元。对于金属谐振子,激光去重调平设备用激光选择脉冲激光为最佳,通过计算脉冲数控制去重深度。根据谐振子材料和去重要求,选择对应的纳秒、皮秒或飞秒激光加工设备,激光作用于谐振子材料表面的时间越短,对材料的影响越小,去重表面质量越好。另外,在惰性气体环境或真空环境下进行激光去重,其表面质量比空气中去重表面质量好。

对于石英半球谐振子,美国得尔克公司最早提出了半球谐振子的激光调平方案,谐振子采用了带齿结构,通过在刻蚀齿上去重可克服激光去重引起的谐振子损伤,但增加了谐振子的制造难度。基于超快飞秒激光的无损石英材料加工去重技术正在研究之中,有望实现低损伤高精度的调平。

对于金属谐振子,钻、铣等机械加工方案具有操作简单、效率高、易于实现自动化等优点[12]。一般修调去量采用在谐振子上端面钻孔的方式,由于上端面面积较小,不利于多次重复修调。对于自动化修调去量可采取侧壁铣削微孔的方案,谐振子侧壁的面积较大有利于自动化修调算法的发挥。同时仿真与实验表明,侧壁对于去量引起频率裂解的敏感度较低,有利于实现高精度修调。

5.6 自动化修调关键技术

自动化技术是指以数学与自动控制理论为基础,以电子技术、计算机信息技术、传感器与检测技术等为主要技术手段,利用各种自动化装置代替人工操作的一项技术。对谐振陀螺仪的自动化修调而言,主要需要实现两方面的自动化技术:一是谐振子误差检测的自动化,即需要实现频率裂解与刚性轴位置的实时自动化检测,以便反馈给控制系统进行修调位置及修调量的计算;二是修调去量的自动化,即根据控制系统计算得出的修调,自动实现所需位置的修调去量。

1. 谐振子误差自动化检测

根据上述所介绍的手动修调测试方案,频率裂解与刚性轴位置的测试是通过频率响应分析仪测试谐振子的不同周向位置的多组幅频特性曲线来实现的。按照现有测试方法,自动化检测需要控制系统自动获取谐振子的幅频特性曲线,并进行多组曲线的分析。前期实验数据分析表明,通过傅里叶变换法在上位机上难以实现高分辨率的幅频特性曲线的测试,并且增大了计算量,效率低下[13]。

为实现高效率高精度的自动化误差检测,可以从谐振子的误差模型与测控原理着手。在理想情况下,没有输入角速度时,半球谐振陀螺仪的输出电压应为零。但由于材料缺陷、制造误差、结构应力、电路噪声等非理想因素的存在,陀螺仪在零角速度输入时的输出电压不为零,该误差量即为半球谐振陀螺仪的零偏。

2. 谐振陀螺仪零偏信号分析

谐振陀螺仪通过检测节点压电电极的科里奥利力信号实现角速度的测量,因此节点信号的稳定性对陀螺仪的零偏漂移有重要影响。由图 5-22 可以看出,构成谐振子零偏信号的成分主要有:①同相误差信号,由于振型偏差,固有模态驻波振动耦合到节点的振动分量;②正交误差信号,由驱动力分量激励起的检测模态振动。其中正交误差的主要引起因素为谐振子的频率裂解误差导致的谐振子主波腹振形向波节处耦合偏移,其相位一般与主波腹相位相差 90°。因此,可通过正交误差信号解算谐振子的频率裂解及刚性轴位置信息。

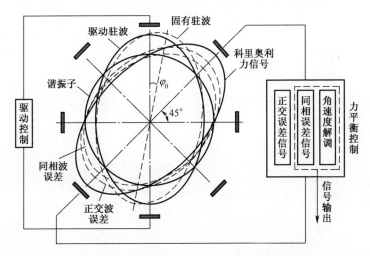

图 5-22　节点信号对陀螺仪的零偏漂移的影响

谐振子的振动模型可以等效为二阶质量弹簧阻尼系统。仅仅考虑频率裂解误差以及阻尼不均等因素,系统的动力学模型可表示为

$$
\begin{cases}
\ddot{x} - 2nk\Omega\dot{y} + \left[\dfrac{2}{\tau} + \Delta\left(\dfrac{1}{\tau}\right)\cos(2n\theta_\tau)\right]\dot{x} + \Delta\left(\dfrac{1}{\tau}\right)\sin(2n\theta_\tau)\dot{y} \\
\quad + \left[\omega^2 - \omega\Delta\omega\cos(2n\varphi)\right]x - \omega\Delta\omega\sin(2n\varphi)y = f_x \\
\ddot{y} + 2nk\Omega\dot{x} + \left[\dfrac{2}{\tau} - \Delta\left(\dfrac{1}{\tau}\right)\cos(2n\theta_\tau)\right]\dot{y} + \Delta\left(\dfrac{1}{\tau}\right)\sin(2n\theta_\tau)\dot{x} \\
\quad + \left[\omega^2 + \omega\Delta\omega\cos(2n\varphi)\right]y - \omega\Delta\omega\sin(2n\varphi)x = f_y
\end{cases}
\tag{5-76}
$$

式中:$\Delta\omega = \omega_1 - \omega_2$ 为谐振子频率裂解;φ 为刚性轴位置;$\Delta\left(\dfrac{1}{\tau}\right) = \dfrac{1}{\tau_1} - \dfrac{1}{\tau_2}$;$\theta_\tau$ 表征了谐振子阻尼不均匀及其分布情况。

将以上带误差的动力学模型中的阻尼不均匀项消除,即认为阻尼不均匀为0,仅仅考虑频率裂解误差存在的情况,同时将输入角速率 Ω 设为0,那么解上述修改后的方程可得到频率裂解引起的正交漂移误差大小为

$$\dot{\psi} = \frac{aq}{a^2 - q^2} \Delta\omega\cos[4(\psi - \varphi)] \tag{5-77}$$

3. 谐振子自动化去重

对于离子束以及激光等去重调平,一般系统配备自动化控制模块,去重自动化的控制接口在设备上已经给出。调平过程谐振子的自动周向运动需实现自动化位移控制技术。下面以金属谐振子铣削去重为例,介绍谐振子的整套自动化去重系统。

整套修调系统可由图5-23所示:谐振子安装在转台上,用于实现谐振子不同周向位置的定位修调;铣削动力头安装在 Z 向位移平台上,用于实现谐振子不同的 Z 向侧壁位置的定位修调;铣削动力头自带铣削进给功能,用于实现不同深度微孔加工。

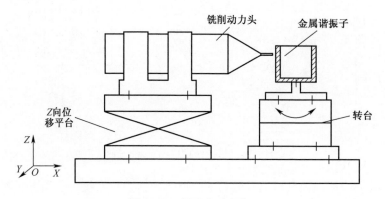

图 5-23　侧壁去重方案

对于自动化修调而言,需要实现上述转台、Z 向位移平台、铣削动力头的自动化控制。不同的谐振子 Z 向位置对应不同的谐振子频率裂解敏感度,同时修调孔的深度对应了不同的修调量。对于侧壁修调而言,修调的解式(5-52)可进一步表示为

$$\begin{cases} m_1 = \rho V(s) = \dfrac{\Delta_0}{\lambda(z)} \\ \phi_1 = \dfrac{4\psi_R + 2k\pi}{4} \end{cases} \tag{5-78}$$

式中:ρ 为谐振子材料密度;$V(s)$ 为去量体积关于去量深度 s 的函数;$\lambda(z)$ 为

频率裂解质量敏感系数关于谐振子 Z 向位置 z 的函数。目前,修调算法可根据所测频率裂解以及侧壁加工情况优化出最佳修调量以及修调位置。

自动化修调系统包括中央控制模块(计算机软件)、通信模块(检测数据采集、驱动板卡等)、检测模块(谐振子激励检测电路)以及执行模块(定位去重)。整套系统原理如图5-24所示。其中,中央控制模块包括计算机软件算法及相关硬件驱动,是整个系统的大脑;检测模块得到的陀螺仪相关数据被采集到控制模块,根据上述算法式(5-77)进行频率裂解以及刚性轴位置的计算,并根据式(5-78)进一步优化计算最佳修调量以及修调位置,并反馈给执行模块。

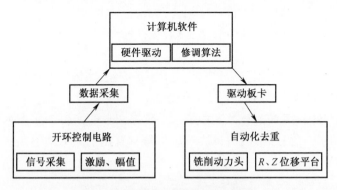

图5-24 自动化修调系统原理框图

根据前面分析,自动化修调系统中频率裂解的实时信息来源于谐振子的开环波节点信号,以及谐振子激励幅值等信息,因此检测模块主要由陀螺仪的开环控制电路及前置放大电路构成。开环电路的功能为控制谐振子振动在预定的稳定振幅,通过锁相环使谐振子工作在谐振状态。前置放大电路的功能为检测谐振子的幅值信息,包括波腹振幅与波节振幅,波腹振幅信号作为幅值控制回路的控制信号。由于波腹信号被控制在稳定值,因此在自动化修调中无须实时监测。波节点信号为自动化修调所需实时检测的信号。

执行模块即为自动化去重系统,控制系统计算得出所需修调位置及修调量后,反馈给硬件驱动,通过驱动转台实现预定周向定位,通过驱动 Z 向位移平台实现预定谐振子 Z 向侧壁定位,通过驱动铣削动力头实现预定深度孔的加工。

为了保证测试环境的稳定性,以及对标陀螺仪最终真空封装状态,谐振子及整套去重系统集成在真空腔体内。

通信模块主要实现原理框图所示的数据采集以及硬件驱动功能。这里采用了基于34401A万用表以及频率计的实时采数功能,主要采集稳幅稳频控制下,谐振子的波节点信号,包括幅值和相位信息。硬件驱动主要实现位移平台以及铣削动力头的运动控制,这里采用了运动控制卡以及铣削动力头专用控制卡,其软件驱动集成在修调软件中。

修调软件主要包括准备操作与修调控制两个控制面板。其中,准备操作主要是板卡驱动以及数据采集串口的读取。修调控制面板主要是实现修调相关调试操作,包括初始数据的输入编辑框、位移平台的操作控制、一键修调等功能。基于该软件,整套系统的使用过程如下:

(1) 连接好所有连线,安装谐振子至修调工装,调整谐振子周向 0°位置与铣刀对准,并进行对刀;抽真空,并打开控制电路电源,进行谐振子的激励。

(2) 打开修调软件,进行串口读取以及控制板卡的读取。

(3) 在指标面板输入初始修调指标,包括所测得初始裂解值、刚性轴位置、谐振子振幅信号等。

(4) 确认以上操作正常后,按"一键修调"按钮,系统即开始进行自动修调,待软件跳出修调结束对话框后,即完成修调。

一组基于上述系统进行的谐振子自动化修调数据如表 5-1 所列,可以看出修调过程经历了 12 次循环,通过波节点信号解算出的频率裂解顺次减小,最终小至 0.035Hz 后结束。

表 5-1 自动化修调实例数据

参数	固定值		实时采集值		解算值
	激励 A/V	振幅 a/V	波节点 q/V	相位/(°)	频率裂解/Hz
初始值	1.12	3.2	4.923	171.2	0.35
循环 1	1.12	3.2	3.891	153.2	0.27
循环 2	1.12	3.2	2.715	141.3	0.21
循环 3	1.12	3.2	1.993	133.1	0.15
⋮	⋮	⋮	⋮	⋮	⋮
循环 11	1.12	3.2	0.301	101.7	0.051
循环 12	1.12	3.2	0.144	88.5	0.035

参考文献

[1] 赵小明,于得川,姜澜,等. 基于超快激光技术的半球谐振陀螺点式修调方法[J]. 中国惯性技术学报, 2019, 27(06): 782-786.

[2] 胡晓东,罗康俊,余波,等. 采用离子束技术对半球振子进行质量调平[C]//中国惯性技术学会第

五届学术年会，北京，2003：247-252.

［3］杨勇，胡晓东，谭文跃，等．基于优化半球陀螺谐振子性能的工艺技术［J］．压电与声光，2014，36（02）：221-224.

［4］Fox C H J. A simple theory for the analysis and correction of frequency splitting in slightly imperfect rings［J］. J. Sound Vibrat, 1990, 142(2)：227-243.

［5］于得川．嵌套环式 MEMS 振动陀螺的频率修调技术研究［D］．长沙：国防科学技术大学，2016.

［6］Schwartz D, Kim D, Stupar P, et al. Modal Parameter Tuning of an Axisymmetric Resonator via Mass Perturbation［J］. J. Microelectromech. Syst. , 2015, 24(3)：545-555.

［7］Schwartz D. Mass perturbation techniques for tuning and decoupling of a disk resonator gyroscope［D］. Los Angeles：University of California Los Angeles, 2010.

［8］于得川，何汉辉，周鑫，等．嵌套环式 MEMS 振动陀螺的静电修调算法［J］．传感器与微系统，2017，36(07)：134-137, 145.

［9］于得川，刘仁龙，魏艳勇，等．金属筒形谐振陀螺的电磁修调方法［J］．中国惯性技术学报，2019，27(01)：108-112.

［10］Mikhailovich O V, Pavlovich B B, Sergeevich L B. Method for balancing a hemispherical resonator in a wave solid-body gyroscope：WO0034741［P］. 2000-6-15.

［11］刘金声．高速离子铣技术的研究［J］．微细加工技术，1985(02)：10-17.

［12］于得川，齐国华，魏艳勇．金属筒形谐振陀螺的频率修调技术研究［J］．导航定位与授时，2019，6（01）：100-107.

［13］于得川，刘仁龙，李世杨，等．金属筒形谐振陀螺的自动化修调技术［C］．惯性技术与智能导航学术研讨会，昆明 2019：78-84.

第6章
谐振陀螺仪装配技术

　　装配是谐振陀螺仪制造过程中的重要工序,包括将谐振陀螺仪的零部件组装成一个敏感部件,同时要保证各个工作面之间必要的间隙,及零件间的位置分度,最后进行封装,对于高精度谐振陀螺仪还要考虑真空保持等。谐振陀螺仪装配时的部分工序与其他类型仪表类似,本章只详细讨论谐振陀螺仪特有的装配问题。

6.1　陀螺仪零件精密装配

6.1.1　金属谐振陀螺仪的装配

　　金属谐振陀螺仪是一种采用高品质因数金属筒型谐振子作为谐振结构,压电电极作为陀螺的激励和检测元件的谐振陀螺仪,可提高陀螺仪的灵敏度和抗冲击能力。该陀螺仪结构简单,可采用精密机械加工工艺和压电电极的连接工艺进行批量加工,是一种加工工艺简单、成本较低的陀螺仪。

1. 陀螺仪结构

　　金属谐振陀螺仪的基本结构如图6-1所示,它由谐振环、传振结构、激励敏感电极和安装支座组成,其谐振子结构类似一只圆筒。在此结构中,谐振环为谐振子杯壁上部壁厚较厚部分,用于产生陀螺效应;传振结构为谐振子下部壁厚较薄部分和谐振子底,用于激励敏感电极与谐振环之间振动传递;八片压电陶瓷作为激励敏感电极交错均匀分布在振子底平面内,用于激励和敏感谐振子的振动。

　　金属谐振陀螺仪利用压电电极的压电效应来激励和检测谐振子的振动,以实现陀螺仪的功能。压电电极是金属谐振陀螺仪谐振子的重要组成部分,既是激励元件又是检测元件,其性能既决定了谐振子的振幅,又决定了检测信号的强度,很大程度上影响陀螺仪的性能。因此,谐振子压电电极的制备工艺是金属谐振陀螺仪装配制造环节中的关键工艺。

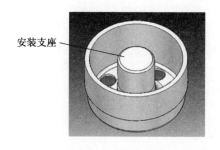
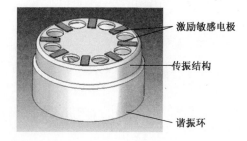

图 6-1　金属谐振陀螺仪的基本结构

2. 压电电极位置精度对谐振子性能影响

压电电极除了其几何和物理参数对谐振陀螺仪谐振子的振幅和检测信号产生影响外,其分布位置精度对谐振子的动态性能也有影响。当压电电极在谐振子底部的分布位置不准确,就会破坏谐振子的轴对称性,造成谐振子底部质量和刚度分布不均匀,进而使谐振子产生频率裂解。图 6-2 反映了两种常见的电极位置误差,电极相对理想位置的偏转和偏移。

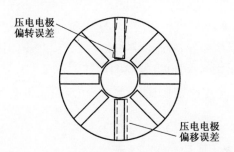

图 6-2　谐振子压电电极位置误差示意图

为研究压电电极位置精度对谐振子动态性能的影响,建立如图 6-2 所示的压电电极位置误差,其他部分为理想几何尺寸的谐振子有限元模型,通过有限元软件 ANSYS 的模态仿真,得到谐振子压电电极位置误差与其频率裂解之间的关系如表 6-1 所列。

表 6-1　谐振子压电电极位置误差与频率裂解仿真结果

压电电极偏转误差 $\Delta\varphi/(°)$	频率裂解 $\Delta f/\mathrm{Hz}$			
	$\Delta x = 10\,\mu\mathrm{m}$	$\Delta x = 50\,\mu\mathrm{m}$	$\Delta x = 100\,\mu\mathrm{m}$	$\Delta x = 200\,\mu\mathrm{m}$
1	0.013	0.017	0.022	0.034
2	0.021	0.026	0.032	0.045
3	0.036	0.041	0.047	0.055

注:Δx 为压电电极偏移误差。

由表 6-1 中的仿真结果可以看出,谐振子压电电极的位置误差对其频率裂解有一定影响,压电电极相对理想位置偏转 3°且偏移 200μm 时,谐振子产生的附加频率裂解为 0.055Hz。这种附加频率裂解虽然与谐振子金属结构加工误差引起的频率裂解相比较小,但对谐振子的动态性能还是有影响。

综合考虑谐振子压电电极位置误差对谐振子动态性能和信号检测误差的影响,可设定谐振子压电电极的位置误差控制目标为:偏移误差 0.01mm 以内,偏转误差 20′以内。

3. 压电电极粘接工艺

通过以上关于压电电极定位精度对谐振子动态性能的影响可知,在优选压电电极和胶黏剂的前提下,谐振子压电电极的粘胶工艺要确保压电电极的定位精度和各粘接胶层厚度均匀且无缺陷。

由于压电电极尺寸较小,直接涂胶无法保证胶层厚度均匀,更无法保证同一谐振子的八片压电电极具有同一胶层厚度,因此采用旋涂工艺进行涂胶,通过控制旋涂速度达到控制胶层厚度的目的,避免了压电电极表面局部缺胶的情况发生,确保八片压电电极的胶层厚度一致。

由于谐振子金属结构外底面没有用于压电电极胶粘的定位基准面,直接将压电电极胶粘至金属结构外底面会带来较大的定位误差,因此,需要设计专用的胶粘定位夹具。图 6-3 为设计的胶粘夹具,其定位基座包括压电电极定位槽和金属结构定位孔。压电电极定位槽和金属结构定位孔由电火花机床经高精度分

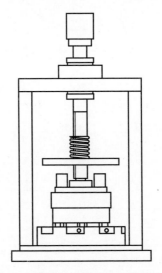

图 6-3　金属谐振子压电电极粘接示意图

度加工完成,压电电极定位槽的深度小于压电电极的厚度,通过保证胶粘夹具的加工精度确保了压电电极在金属结构上的定位精度。

4. 压电电极焊接工艺

与粘接工艺相比,使用焊接工艺连接金属谐振子与压电陶瓷片更具优势。焊接层的强度通常大于粘接层,因此压电陶瓷焊接型的金属谐振陀螺仪比粘接型可靠性更高。不仅如此,焊接后的谐振子 Q 值通常也会大于粘接的谐振子 Q 值。这是因为焊层的孔隙率明显小于胶层的孔隙率,孔隙率的降低,可以大大减少损耗项。

谐振子表面与压电陶瓷片表面需要根据焊接材料的种类和特点来进行镀覆,最好使用专用焊接炉进行焊接。焊接的难点在于焊层厚度的控制、孔隙率的控制以及结构设计等。

▲6.1.2 石英半球谐振陀螺仪的装配

石英半球谐振陀螺仪装配比较复杂,涉及谐振子与电极的空间对准,重点为谐振子与电极的间隙一致性以及谐振子与电极间的连接,本节重点介绍谐振子与电极间的连接。

谐振陀螺仪各部件间的连接很复杂,最重要的是谐振子与电极之间的固定,3 件式陀螺仪还包括谐振子与外激励罩的固定。美国通用汽车公司在谐振陀螺仪装配时采用了铟焊技术,该方法可确保部件间的可靠连接,但技术比较复杂。为了使铟能够良好地润湿石英玻璃表面,间隙对准后被焊接部件必须加热到 $150 \sim 160 ℃$。除此之外,熔融的铟很容易氧化,所以应在无氧或者真空中进行焊接。还要指出的是,铟的熔点很低,这限制了组装后的仪表在排气时的加热温度,温度应不超过 $90 \sim 100 ℃$,这些要求使得排气的速度明显减慢,时间显著增加[1]。

氯化银也可以使玻璃部件和金属部件牢固连接。氯化银在熔融状态是低黏稠的液体,可以很好地润湿这些玻璃和金属部件的表面,但其熔点高,需要将被连接部件加热到 $500 ℃$,不是所有的设计能允许的。即使使用易熔的玻璃焊料和玻璃结晶胶黏剂,也必须将被连接部件加热到足够高的温度。这些玻璃焊料和玻璃结晶胶黏剂可实现玻璃部件、陶瓷部件和金属部件的密封连接,缺点是其熔点比最高工作温度低很多,为 $70 \sim 100 ℃$,大部分易熔玻璃焊料的主体都是 $PbO\text{-}ZnO\text{-}B_2O_3$,在玻璃结晶胶黏剂中玻璃最初融化,然后结晶,焊缝组织从玻璃态变成晶体,结晶点与最高工作温度的差值非常小,为 $10 \sim 20 ℃$。玻璃结晶胶黏剂的组成有氧化物 PbO、ZnO、B_2O_3、SiO_2、Al_2O_3、CuO、BaO、Na_2O 和其他成分。结晶点因组成的差异一般为 $420 \sim 570 ℃$,玻璃焊料和玻璃结晶胶黏剂的线膨胀系数通常在($30 \sim$

120)×10⁻⁷/℃范围内,可以通过添加性填料调节线膨胀系数。

石英谐振陀螺仪组装采用胶接法则更易实现工艺,更便宜。胶接的缺点是真空中析出的气体多,这是由于渗透到胶中的反应产物和溶解挥发成分的扩散和解吸作用,所以析出气体少是对谐振动陀螺仪装配用胶的一个主要要求。此外,这种胶应对石英玻璃和金属都有很好的附着力,热稳定性足够好,黏度适宜,线膨胀系数低[1]。

现在探讨粘接石英谐振陀螺仪谐振子和电极基座时不同的胶表现出来的特性,选择胶时应考虑必需的粘接机械强度和抗热性,真空中胶的排气,以及粘接过程的工艺性等。

1. 粘接机械强度和抗热性

选择谐振陀螺仪装配用胶时首先应研究粘接部位的机械强度和抗热性。假设 E_1、E_2、E_3 与 α_1、α_2、α_3 分别是测量基座、谐振子支架和胶的弹性模量和线膨胀系数,对于石英玻璃有 $E = 7 \times 10^{10}\,\text{Pa}$,$\alpha = 4 \times 10^7/℃$,振动和冲击时,因惯性力的作用产生机械应力。一般情况下,确定胶缝处的切向应力和法向应力很复杂,需要知道很多参数值,但是在这种情况下,若认为支架未承受弯曲力矩以及切力,这项任务就简化很多。那么机械作用可归结为纵向力 F 对谐振子支架的作用,其最大值等于谐振子质量与组装后陀螺仪应能承受的最大加速度的乘积。例如,若谐振子质量为 10g,而最大负载为 500g,则 $F \approx 50\text{N}$,这个力的作用结果是形成切向应力,其平均值为

$$\sigma_{\text{T}} = \frac{F}{2\pi R_2 H} \tag{6-1}$$

式中:σ_{T} 为切向应力的平均应力;R_2 为谐振子内柱半径;H 为测量基座厚度。

对于低模量的胶,粘接部位的切向应力分布是均匀的,其平均值等于最大应力。在高弹性模量的胶中切向应力分布不均匀,最大应力将高于式(6-1)求出的数值,这时可以使用下面的公式计算 σ_{Tmax}:

$$\sigma_{\text{Tmax}} = \frac{F\lambda}{2\pi R_2}\text{cth}(\lambda H) \tag{6-2}$$

式中:

$$\lambda = \sqrt{\frac{2G_3}{d_0 R_2 E_2}} \tag{6-3}$$

式(6-3)中 G_3 为胶的切变模量为

$$G = \frac{E_3}{2(1 + \mu_3)} \tag{6-4}$$

式中:μ_3 为胶的泊松系数。

法向热弹性应力是由于温度变化时胶的膨胀(或收缩)造成的。若认为正常情况下粘接部位没有应力,则温度变化 ΔT 时,产生的压缩或拉伸的法向应力一般为

$$\sigma_{NT} = \frac{\Delta TE_3(d_0\alpha_3 - R_1\alpha_1 + R_2\alpha_2)}{d_0(1 + \alpha_3\Delta T)} \qquad (6-5)$$

如果测量基座和谐振子的材料相同,则 $\alpha_1 = \alpha_2 = \alpha$,式(6-5)可简化为

$$\sigma_{NT} = \frac{\Delta TE_3(\alpha_3 - \alpha)}{1 + \alpha_3\Delta T} \qquad (6-6)$$

从式(6-6)可以看出,这种应力主要与胶的特性相关。采用温度范围100℃内参数不同的胶来粘接石英玻璃部件时,可以估算出胶缝处产生的应力值:

(1) BK - 21T (俄 罗 斯 出 产, $\alpha_3 = 4.9 \times 10^{-6}/℃$, $E_3 = 2000MPa$),$\sigma_{NT} = 0.9MPa$;

(2) K-400(俄罗斯出产,$\alpha_3 = 62 \times 10^{-6}/℃$,$E_3 = 1980MPa$),$\sigma_{NT} = 12.2MPa$;

(3) 密 封 胶 BrO - 1 (俄 罗 斯 出 产,$\alpha_3 = 2 \times 10^{-4}/℃$,$E_3 = 1.6MPa$),$\sigma_{NT} = 0.03MPa$。

这些估算值表明,若用高模量、高线膨胀系数的胶粘接部件,在胶缝处会产生很大的法向热弹性应力,而使用低模量的胶则会达到最好的效果。还要指出的是,若被粘接部件材料不同,其线膨胀系数各异,即使胶的线膨胀系数很小,法向热弹性应力也可能很大。除此之外,根据式(6-5)可看出这个应力既与支架直径相关,还与谐振子支架和测量基座间的间隙大小 d_0 相关[1]。

2. 陀螺仪部件的粘接特性

用胶填充间隙是粘接过程中的一个主要工序,间隙尺寸与胶的黏度有着紧密的关系。高黏度成分很难均匀地分布到很窄的间隙中,在这样的粘接部位可能会含有气体;另外,低黏度成分在宽间隙中保持不住,固化前都是流动状态。必须指出的是,几乎所有的低线膨胀系数胶都含有大量的填料,并呈膏状。大部分胶里的组成填料都可能有尺寸 $1 \sim 200\mu m$ 的颗粒,该尺寸有时在胶的技术指标中会有所规定,这种情况下由填料颗粒的最大尺寸决定间隙的最小尺寸。

将上述胶膏填入很小的间隙比较困难,但可以通过超声波处理法完成,该方法还可以同时去除胶缝中的气泡。

现简略说明一下粘接部件的表面预加工工序。一定的粗糙度会提高胶对基底的附着度,由于裂纹开裂时材料会破损,因此表层存在微小裂纹和空隙会导致粘接强度降低,通过对粘接表面进行机械抛光,最后进行化学处理可以达到粘接最大强度。表面处理时使用酸溶液,并必须用洗涤水中和反应清洗部件,化学处

理后将部件烘干,粘接前可存放几昼夜[1]。

3. 粘接部位的老化

因胶的老化以及周围环境和机械负载造成附着键的破坏都会降低粘接部位在使用过程中的性能。周围环境对胶的性能影响很大,通常认为胶与空气中水的相互化学作用是胶老化的一个主要因素,从这个观点看,本章研究的动陀螺仪部件粘接部位的使用条件良好。关于温度的影响,温度本身不会引起强度大幅降低,这是因为胶热老化时结构的破坏与氧和水蒸气向胶缝中的扩散有关,而在真空中没有这种现象。然而,温度的波动会导致法向热弹性应力和切向热弹性应力值的周期性变化,造成胶的老化。胶的特性以及固化结合性能决定了抗热破坏性能,关于胶的耐热性由高到低的次序为:无机胶→元素有机胶→环氧树脂胶。

粘接工艺、粘接前表面的预加工以及胶缝的一致性都对粘接部位的使用性能有明显影响。有楔度的胶缝会使粘接面的应力分布不均,从而导致胶缝强度和寿命降低。

胶的柔弹性也会对粘接部位的使用性能有影响。最大的应力会产生在胶缝的边缘,如果用脆性胶,那么就会从边缘处先出现裂纹,所以尽管柔性胶在错位时的初始强度较低,它粘接的持久强度通常要比脆性胶高 2 倍以上。当存在静态和动态负载时,产生的裂纹及其他缺陷会破坏粘接部位,而且应力越大,粘接部位的寿命越低[1]。

6.2　谐振子间隙测量

在所有采用电容传感器和控制电极的动陀螺仪中,间隙对准是装配的一个主要任务。首先来估算一下动陀螺仪里对间隙一致性的要求。在经典结构谐振陀螺仪中有几组电容电极涂覆在谐振子内部和外部测量基座的球形表面上,装配时要确保两个球形间隙都是均匀的,因为任意一个间隙不均匀都会产生额外的驻波漂移[2]。

6.2.1　间隙一致性对陀螺仪的影响

谐振陀螺仪间隙不均匀程度值与圆周角 φ 的傅里叶级数形式关系式来评估间隙不均匀程度对陀螺仪性能指标的影响[3]。

$$d(\varphi) = d_0 + \sum_{i=1}^{\infty} \{ d_i \cos[i(\varphi - \varphi_i)] \} \tag{6-7}$$

这个级数中只有四次谐波对驻波的漂移有影响。例如,对于环形电极与谐振子表面之间的间隙,若 $d_4 \neq 0$,则振动激励参数的有效性将与圆周角相关,产生额外的驻波系统性漂移,漂移速度为

$$\frac{\mathrm{d}\theta}{\mathrm{d}t} = \frac{d_4}{2d_0\tau}\sin\left[4(\theta - \varphi_4)\right] \tag{6-8}$$

式中:τ 为谐振子中自由振动的衰减时间。

例如,若 $d_4 = 1\mu\mathrm{m}$、$d_0 = 100\mu\mathrm{m}$、$\tau = 1000\mathrm{s}$,该漂移的速度幅值约为 $1.6(°)/\mathrm{h}$。陀螺仪使用寿命内由于壳体放气、材料老化等原因谐振子的品质因数会发生变化,从而导致该漂移参数的变化,所以这个间隙的不均匀性应为间隙大小的 1% 左右。

装配过程中主要注意的是环形电极间隙和测量回路间隙的一致性。

6.2.2　间隙测量方法

1. 电容测量法

经典结构的石英谐振陀螺仪装配过程中,通过同时测量谐振子外部和内部的所有传感器的电容来监控两个间隙的值。由于每个传感器的电容都是几皮法,而寄生电容又对间隙的测量精度影响明显,因此这个过程相当复杂。用交流电测量传感器的电容更为方便,该方法的实例如图 6-4 所示[4]。

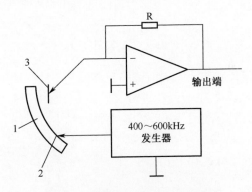

图 6-4　传感器电容的交流测量法

1—谐振子薄壁;2—金属镀层;3—电极。

向谐振子金属镀层施加交流电,而将电容电极接到电流-电压变换器上,该变换器的输出电压与传感器的电容成正比,这时电极本身的电位势接近于零("表观地"),从而寄生电容对测量结果的影响达到最小。

必须将两个部件相互精密移动才能确定和对准间隙,一般采用机械的或压

电的微量位移装置完成部件的高精度相互移动。

2. 物理测量法

除了电容测量间隙,也可利用镜面反射检测弧面电极间隙。

可选用一种高精度位置传感器,再加工金属镜面反射镜,修改电极结构,将反射镜装入电极内部,彩色共聚焦传感器的光路从电极内部经镜面反射穿过间隙射到谐振子内壁镀膜上,进而准确测量到间隙数据。

电极间隙的检测方法,包括以下几个步骤:①谐振子位置姿态调整方法,依据 6 自由度平台;②电极基座位置姿态调整方法,依据水平调节平台;③彩色共聚焦传感器姿态调整方法,依据龙门架结构 3 轴位移平台;④电极基座结构以及光路设计方法;⑤间隙测量方法。光路反射测量间隙方法示意图如图 6-5 所示。

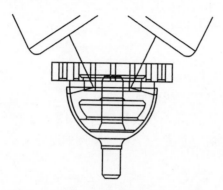

图 6-5　光路反射测量间隙方法示意图

相比电容检测法,谐振子内表面镀层与电极基座外表面镀层形成弧面电容,所有镀层的均匀性、厚度、电容面积差异、线路以及磁场都影响着电容检测的精度,所以通过电容检测对准的并不是实际的物理对中,这样间隙阻尼对陀螺仪的影响就会变大,为了消除这一影响,相对于电容检测方案,利用高精度传感器直接测量间隙,测量精度可达 0.15μm。

6.3　真空处理及封装

如前所述,谐振陀螺仪要实现其功能要为谐振子提供一个可靠的高真空环境。实现陀螺仪的真空封装及保持涉及零件选材、加工处理、装配工艺等诸多环节。这里所用到的真空技术是一门综合了材料冶炼、机械加工、表面处理、材料成型、吸气剂等多种学科的新型交叉科学门类。

◣6.3.1　真空技术基础

真空是指在指定空间内低于环境大气压力的气体状态,也就是该空间内气体分子数密度低于周围环境的气体分子数密度。不同的真空状态,表明该空间具有不同的分子数密度。例如 273K,$1×10^{-4}$Pa 时,气体的分子数密度为 $2.65×10^{16}/m^3$。

完全没有气体的空间状态称为绝对真空。绝对真空是不存在的[5]。

1. 蒸气

气体与蒸气的区别在于其所处温度是在临界温度以上还是以下。临界温度是这样一个温度:当一种气态物质处在它的临界温度以上时,无论怎样压缩都不会使其液化;而当它处于临界温度以下时,则可通过加压使其液化。实际工程中,凡临界温度高于室温的气态物质称为蒸气,低于室温的气态物质为气体。

一定温度下,在封闭的真空空间中,液体或固体气化的结果,使空间的蒸气密度逐渐增加,当达到一定的蒸气压之后,单位时间内脱离液体或固体表面的气化分子数与从空间返回液体或固体表面的再凝结分子数相等,可认为气化停止,这时的蒸气压称为该温度下液体或固体的饱和蒸气压。一般来说,在一定温度下饱和蒸气压高的材料,其蒸发速率也大。在真空技术中,材料的蒸气压是需要重视的参数[6]。

2. 材料的真空性能

在真空环境下,固体材料与气体之间存在着如下相互作用:

吸附——固体表面聚集一层或多层气体的现象;

吸收——气体扩散渗入固体内部并被溶解的现象;

解吸——被材料吸附的气体或蒸气释放、脱离材料表面。

因为陀螺仪外壳内外存在气压差,所以采用任何材料都会渗透气体。从微观角度看,渗透过程是按以下步骤进行的:

(1) 气体原子或分子碰撞到外壳表面;

(2) 吸附;

(3) 部分吸附的气体分子离解成原子态;

(4) 在接近大气一侧的外壳内壁溶解;

(5) 向接近真空的一侧扩散;

(6) 气体原子重新结合成分子态;

(7) 解吸和释放。

其中,解吸和释放是这个过程中最慢、最关键的步骤,它和渗透与溶解有密切的关系。

3. 电极引入

谐振陀螺仪内外的电流连通,应采用真空电极。这些电极之间应满足电绝缘和真空密封的要求。真空电极可采用玻璃-金属封接或陶瓷-金属封接,根据外形分为杆密封、芯柱密封、带状密封、盘形密封和杯形密封等。

6.3.2 谐振陀螺仪的真空技术指标

1. 真空度对谐振子 Q 值的影响

根据谐振子空气阻尼分析,及相关的测试数据,可以得到在不同真空度下对应的 Q 值,如图 6-6 所示。

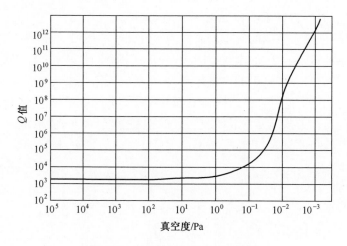

图 6-6　不同真空度下对应的 Q 值

不难看出,要保证谐振子具有比较高的 Q 值,真空度应至少达到 10^{-3} Pa 这个量级。

2. 电压击穿的真空要求

半球谐振陀螺仪的工作,是利用静电力原理,由环形激振器和离散激振器通高电压对谐振子进行激振。通常认为常温常压下空气的击穿电压约为 30kV/cm,激振器与谐振子间隙较小,通常为几百微米,计算得出电压只能承受 300 ~ 400V。可以看出:正常陀螺仪工作,电压不受真空度影响,但在电极有局部缺陷的情况下(如有尖角或毛刺),还是比较容易击穿的,这对陀螺仪的工作有较大限制。

如果电极间隙为 150μm,真空度在 10^3 ~ 6×10^4 Pa 之间击穿电压低于 1kV,尽量避开这一区间,即真空度优于 10^3 Pa 比较安全,可以避免放电击穿。

3. 对陀螺仪漂移的影响

由半球谐振陀螺仪的工作原理可知,在力平衡模式下,谐振子的驻波波形基本保持不变,根据以上分析的受力情况,谐振子基本不受其影响,因此空气阻力对工作在力平衡模式下的半球谐振子的进动无直接影响;在全角模式下工作,驻波会转过一定角度,在驻波转动时,谐振子会受到一定的滑膜阻尼。

驻波移动速度为 v,容器壁的速度为 0,谐振子与容器中间的空气就存在了速度梯度,由此产生阻力,形成了滑膜阻尼。但驻波的移动速度相当于载体的角速度,这个速度通常都非常低,远不能与驻波振动的几千赫相比,因此对驻波的能量损耗可以忽略不计,阻尼本身也不会对转角有影响,因此,滑膜阻尼不会对陀螺仪的漂移产生影响。

6.3.3　真空封装工艺

1. 陀螺仪零部件的材料

为了隔绝空气,保持一个高真空状态,谐振陀螺仪的各个部件的连接处应该有可靠的真空密封。密封性是谐振陀螺仪的重要指标,要求通过各种密封途径将漏气率限制在允许的范围之内。正确的设计密封结构、选择适当的密封材料是决定谐振陀螺仪精度及寿命的关键之一。

表 6-2 所列为各种材料适用的真空度范围,在谐振陀螺仪的零件选材上,可作为参考。

表 6-2　各种材料适用的真空度[7]

材料	压力范围/Pa				
	$10^5 \sim 10^2$	$10^2 \sim 10^{-1}$	$10^{-1} \sim 10^{-3}$	$10^{-3} \sim 10^{-5}$	$10^{-5} \sim 10^8$
钢	好	好	好	需除气	不锈钢
铁、铸铜、铸铝	好	好	不好	不好	不好
轧铜及其合金	好	好	好	需除气	无氧铜
镍及其合金	好	好	好	好	好
铝	好	好	经过除气		不使用
石英、玻璃	好	好	经过除气		厚壁
陶瓷	好	好	经过除气		专门类型

金属材料都是通过熔炼和铸造得到的,在此过程中,空气中的氢、氧、氮和碳的氧化物会不同程度地溶于材料之中。存放材料时,其表面还会吸附大量气体,主要包括水蒸气、氧、氮和碳的氧化物等。材料加工过程中的再污染及其自身的

非致密性引起的渗透,这些因素构成了谐振陀螺仪密封后的主要气源。

陀螺仪在真空排气的工艺过程中,首先抽走的是陀螺仪内部空间的大气;然后是材料表面解吸的气体、材料内部向表面扩散出来的气体,以及通过陀螺仪外壳渗透到内部空间的气体。解吸及扩散到表面再解吸气体的衰减速率非常缓慢,需要很长时间。

陀螺仪零部件的材料至少应满足下列要求:

(1) 在高温下,材料不应丧失其机械功能。

(2) 较低的出气速率和渗透速率。

(3) 材料在烘烤温度下,饱和蒸气压要低。

(4) 气密性好,不应是多孔结构。

(5) 材料加热时不易变形。

(6) 材料表面容易抛光。

2. 清洗及烘烤

真空技术中的清洁处理一般指的是去除或减少污染物以有利于获得良好真空,增加连接强度和气密性,提高产品的寿命和可靠性。

污染物包括以下几种类型。

(1) 油脂:加工、安装和操作时沾染的润滑剂、真空油脂等。

(2) 水:手汗、唾液。

(3) 氧化物。

(4) 酸、碱、盐类物质:清洗后的残余物、手汗、水中的矿物质。

(5) 空气中的尘埃及其他有机物。

材料的出气速率不仅和经历的时间有关,而且和材料的表面预处理方法有很大关系,这是因为表面可能有不同程度的油污染。此外,由于金属在室温下出气的主要成分是水汽,而水汽的出气速率在一定程度上又和表面预处理有关。

零件的清洗处理非常重要,清洗处理的好坏直接影响后续的排气效果。良好的清洁处理工艺,可以使材料的出气率降低几个数量级。

烘烤是最有效的加速除气手段。烘烤时需要注意金属-玻璃封接件、金属-陶瓷封接件的烘烤温度不应超过 400℃,铜垫圈不应超过 450℃。

3. 排气技术

给谐振陀螺仪排气的设备,其主抽泵可选择扩散泵、分子泵、低温泵、离子泵的其中一种或几种。其选择原则主要有:

(1) 极限真空要比产品的设计真空度高一个到两个数量级。

(2) 主泵到陀螺仪末端的管道、阀门等应能经受 450℃ 的烘烤。

(3) 若对气体有特殊的选择性,应配辅助泵联合排气。

根据谐振陀螺仪的要求,排气设备的极限真空应达到 10^{-7} Pa 这个量级,排气设备至少应该配备三级抽气系统,使其极限真空达到或优于 10^{-7} Pa。真空管路和各级阀门,应能承受至少 200℃ 的高温烘烤,其放气量不应影响整个系统的抽气时间。

为了加快陀螺仪的除气,一般采用加热的排气工艺。该工艺效果好的原因是温度的作用:

(1) 缩短分子在表面的吸附时间,增加材料内部气体的扩散系数。

(2) 分子运动速度加快,排气的流导增加。

4. 吸气剂

吸气剂是在真空惰性气氛环境下能够吸附各类活性气体的材料,是实现谐振陀螺仪真空工作环境长效维持的关键功能材料。

根据获得清洁(活性)表面的不同方式,吸气剂可分为两大类:蒸散型吸气剂和非蒸散型吸气剂。非蒸散型吸气剂是获得高真空的经济有效的方式,主要以钛、锆、铪等第四主族元素的合金为主。随着非蒸散型吸气剂在等离子体熔合器、粒子加速器、太阳能集热器和储氢设备中的应用越来越多,其在真空技术中的重要性愈加得到认可。钛基非蒸散型吸气剂,因其具有良好的吸气性能、高的结合强度、较低的制造成本,常用于维持排气封离设备的真空度。

参考文献

[1] 卢宁 Б С, 马特维耶夫 В А, 巴萨拉布 М А. 固体波动陀螺理论与技术[M]. 张群, 齐国华, 赵小明, 译. 北京:国防工业出版社, 2020.

[2] Watson W S. Improved vibratory gyro pick-off and driver geometry [J]. Symposium Gyro Technology, 2006, 9:22-29.

[3] 马特维耶夫 В А, 利帕特尼科夫 В И, 阿廖欣 А В, 等. 固体波动陀螺[M]. 杨亚非, 赵辉, 译. 北京:国防工业出版社, 2009.

[4] 吕志清. 半球谐振陀螺仪研究现状及发展趋势[C]//惯性技术发展动态发展方向研究会论文集. 宜昌, 2003:103-105.

[5] 刘玉魁, 杨建斌, 肖祥正. 真空工程设计[M]. 北京:化学工业出版社, 2016.

[6] 达道安, 邱家稳, 谈治信. 真空设计手册[M]. 北京:国防工业出版社, 2004.

[7] 崔遂先. 真空技术常用数据表[M]. 北京:化学工业出版社, 2012.

第 7 章
谐振陀螺仪电子线路技术

7.1 驱动与检测技术

▲ 7.1.1 激励系统

1. 准自由谐振状态单点或多点激励

谐振陀螺仪的工作要求在谐振子中存在不衰减的弹性波。在实际工作中，由于谐振子存在内部摩擦、阻尼等因素的影响，其振动能量损失可以通过对谐振子施加外部交变电场力得到补偿。谐振陀螺仪可以分为角速率陀螺仪和积分陀螺仪。

在实际控制系统中，如果要维持谐振子持续不断地振动，就必须对谐振子不断地补充能量，不论外界激励力等效地作用在谐振子的振型上，还是等效地作用在谐振子的固定点上，对某一个确定的激励来说只能作用在谐振子的固定点上。当谐振子旋转时，振型相对壳体产生进动。为了维持这种振动特性，"激励力"应实时地随着振型移动。在谐振子在进行正常工作时，必须使其达到正常的谐振状态。因此，首先分析单点激励和多点激励的原理。

1）单点激励

如图 7-1 所示，对谐振子环向 A 点作用着一个激励力 $F_A(t)$。

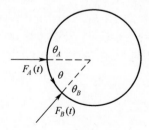

图 7-1　两点激励作用

A 点是环向坐标 θ 的原点时，则从环向来看，在壳体上作用着一个力为

$$\overline{F}_A(t) = F_A(t)\delta(\theta) \tag{7-1}$$

式中：$\delta(\theta)$ 为脉冲函数。将它展开为环向的三角函数：

$$F_A(t)\delta(\theta) = \frac{F_A(t)}{2\pi} + \frac{F_A(t)}{\pi}\sum_{n=1}^{\infty}\cos(n\theta) \tag{7-2}$$

在闭环控制下，谐振子处于自激谐振状态，仅仅出现了环向波数为 n 的阵型。于是记为

$$\overline{F}(t) = F_A(t)\delta(\theta) \sim \frac{F_A(t)}{\pi}\sum_{n=1}^{\infty}\cos(n\theta) \tag{7-3}$$

式(7-3)的物理意义是：当谐振子环向作用着一个集中力，且壳体只出现了环向波数为 n 的振型时，相当于在壳体的环向作用着一个按上述振型分布的力。显然，这样的分布力必然产生 $\cos(n\theta)$ 的环向振型。式(7-3)表示在激励力 $\overline{F}(t)$ 作用下，产生稳定的环向振型。式(7-3)也反映了另一个事实：由于确定了环向振型，也就决定了 $F_A(t)$ 在时域的特性，它必然是一个周期函数，其频率应为上述振型对应的谐振子频率。也即通过双向选择，双向制约，才使得谐振子处于自激谐振状态。这一点由闭环自激系统很容易实现。为了准确地反映上述物理本质，$F_A(t)$ 可以写为

$$F_A(t) = A\mathrm{e}^{\mathrm{i}\omega(t-t_A)} \tag{7-4}$$

式中：A 为幅值；ω 为谐振频率；t_A 反映了时域的相位。

一般地，当 $F_A(t)$ 作用于环向坐标 θ_0，则有

$$F_A(t)\delta(\theta - \theta_0) \sim \frac{A}{\pi}\mathrm{e}^{\mathrm{i}\omega(t-t_A)}\cos\left[n(\theta-\theta_0)\right] \tag{7-5}$$

由于单点激励力只能于壳体的固定方位使谐振子处于谐振状态，当谐振子的外界载体旋转时，振型相对壳体有进动，因此单点激励不能满足要求。

2）双点激励

谐振陀螺仪产生进动效应的前提是谐振子必须保持稳定的二阶振动，因此外界需要不断地给谐振子补充能量。当谐振子的二阶模态振型相对壳体进动时，为了维持其稳定的振动特性，外界"激励力"应随着振型而移动，因此，单个激励力无法实现谐振子的"准自由谐振状态"，而必须采用多个激励力对谐振子同时作用来实现。下面深入分析两个激励力作用在谐振子上时使谐振子保持谐振状态的机理。

如图 7-1 所示，假设壳体的环向 θ_A 和 θ_B 这两点上同时施加激励力 $F_A(t)$ 和 $F_B(t)$，$F_A(t)$ 和 $F_B(t)$ 的频率相同，且等于谐振子的 n 阶模态振动频率 ω，

则有

$$\begin{cases} \overline{F}_A(t) = F_A(t)\delta(\theta) = A\mathrm{e}^{\mathrm{i}\omega(t-t_A)}\delta(\theta) \\ \overline{F}_B(t) = F_A(t)\delta(\theta - \theta_B) = B\mathrm{e}^{\mathrm{i}\omega(t-t_B)}\delta(\theta - \theta_B) \end{cases} \tag{7-6}$$

式中：$\delta(\theta)$ 为脉冲函数。

当 $\overline{F}_A(t)$ 和 $\overline{F}_B(t)$ 分别单独作用于壳体 A 点和 B 点时，有

$$\begin{cases} \overline{F}_A(t) \approx \dfrac{A}{\pi}\mathrm{e}^{\mathrm{i}\omega(t-t_A)}\cos(n\theta) \\ \overline{F}_B(t) \approx \dfrac{B}{\pi}\mathrm{e}^{\mathrm{i}\omega(t-t_B)}\cos[n(\theta - \theta_B)] \end{cases} \tag{7-7}$$

当 $\overline{F}_A(t)$ 和 $\overline{F}_B(t)$ 同时作用于壳体上时，由于壳体处于微幅度线性振动，则有

$$\overline{F}_A(t) + \overline{F}_B(t) \sim \frac{A}{\pi}\mathrm{e}^{\mathrm{i}\omega(t-t_A)}\cos(n\theta) + \frac{B}{\pi}\mathrm{e}^{\mathrm{i}\omega(t-t_B)}\cos[n(\theta - \theta_B)] \tag{7-8}$$

式 (7-8) 表明壳体在做周期性运动变化。当谐振子出现规则的环向振型时，才会产生闭环自激谐振状态。由于 $\overline{F}_A(t)$、$\overline{F}_B(t)$ 在时域中相位信息相同，即 $t_A = t_B = t_0$，于是式 (7-8) 可写为

$$\begin{aligned} \overline{F}_A(t) + \overline{F}_B(t) &\sim \left\{ \frac{A}{\pi}\cos(n\theta) + \frac{B}{\pi}\cos[n(\theta - \theta_B)] \right\}\mathrm{e}^{\mathrm{i}\omega(t-t_0)} \\ &= \frac{C}{\pi}\cos n(\theta - \theta_C)\mathrm{e}^{\mathrm{i}\omega(t-t_0)} \end{aligned} \tag{7-9}$$

其中

$$C = [A^2 + B^2 + 2AB\cos(n\theta_B)]^{1/2} \tag{7-10}$$

$$\theta_C = \frac{1}{n}\arctan\frac{B\sin(n\theta_B)}{A + B\cos(n\theta_B)} \tag{7-11}$$

显然，当两个同频同相且频率等于谐振子的谐振频率的外界激励力同时作用于壳体的环向时，等效为一个幅值大小为 C 的外界激励力单独在壳体环向的 θ_C 点对谐振子进行激励。如果 $n\theta_B = \dfrac{\pi}{2}k$（$k$ 为奇数），则

$$\overline{F}_B(t) = B\mathrm{e}^{\mathrm{i}\omega(t-t_0)}\cos\left(n\theta - \frac{\pi}{2}k\right) \tag{7-12}$$

对比 $\overline{F}_A(t) \sim A\mathrm{e}^{\mathrm{i}\omega(t-t_0)}\cos(n\theta)$、$\overline{F}_A(t)$、$\overline{F}_B(t)$ 与谐振子的 n 阶振型正交，$\overline{F}_A(t)$ 和 $\overline{F}_B(t)$ 分别对应作用下的波腹点和波节点，式 (7-10)、式 (7-11) 可写为

$$\begin{cases} C = (A^2 + B^2)^{1/2} \\ \theta_C = \dfrac{1}{n}\arctan\left[(-1)^{\frac{k-1}{2}}\dfrac{B}{A}\right] \end{cases} \quad (7\text{-}13)$$

由式(7-13)知,在给定 $(A^2 + B^2)^{1/2}$ 保持不变的情况下,连续地改变 B/A 的大小就可以改变 θ_C,即当在谐振子的 A、B 两点上改变激励力 $\overline{F}_A(t)$、$\overline{F}_B(t)$ 幅值大小时,谐振子的 n 阶振型可持续进动。

换一种方式来讲,当对谐振子施加 $\overline{F}_A(t) = F_A(t)\delta(\theta)$ 的激励力时,振型的波腹点处在 $\theta = 0$,但谐振子由于受到某种原因,其环向振型产生了进动,使其振型的波腹点由 $\theta = 0$ 移到了 $\theta = \theta_C$,那么只需要在 $\theta_B = \pi k/(2n)$(k 为奇数)处对谐振子施加另外一个激励力 $\overline{F}_B(t) = A\tan(n\theta_C) \cdot e^{i\omega(t-t_0)}\delta(\theta - \theta_B)$,则对谐振子同时施加激励力 $\overline{F}_A(t)$、$\overline{F}_B(t)$ 的效果相当于采用一个外界激励力对谐振子在 θ_C 点单独作用。

2. 位置激励

向一对相反的电极上施加频率为主振型的固有频率1/2的交流电压:

$$\begin{cases} V(\varphi,t) = 0, \quad 0.5\varphi_v < \varphi < \pi - 0.5\varphi_v \\ V(\varphi,t) = V_0\cos\left(\dfrac{\omega_0}{2}t\right), \quad 0 \leq \varphi < 0.5\varphi_v \text{ 和 } \pi - 0.5\varphi_v < \varphi < \pi + 0.5\varphi_v \end{cases}$$

$$(7\text{-}14)$$

式中:V_0 为电压的幅值;φ_v 为电极的角度;ω_0 为谐振子的固有振动频率。

谐振子和电极的表面覆盖着薄薄的一层导电材料,是电容器的极板。在小角度电极情况下,这种电容器可以看作平板电容器。充电电容器的极板相互吸引,因此,从电极一方对谐振子有电场力的作用。

平板电容器极板的引力的计算式为

$$p = -\frac{\varepsilon_0}{2}\left(\frac{V}{d}\right)^2 \quad (7\text{-}15)$$

式中:d 为极板之间的距离;$\varepsilon_0 = 8.85\times10^{-12}$ F/m 为介电常数;"-"号表示永远是吸引力。

由于形变很小,谐振子在位置激励力的作用下处于线性模型架内,考虑到引力的切向分量等于 $0(p_v = 0)$,那么,环形模型的动力学方程形式为

$$\ddot{\omega}'' - \ddot{\omega} + 4\Omega\dot{\omega} + k^2(\omega^{(6)} + 2\omega^{(4)} + \omega'') + k^2\xi(\dot{\omega}^{(6)} + 2\dot{\omega}^{(4)} + \dot{\omega}'') = \frac{p_\omega''}{\rho S}$$

$$(7\text{-}16)$$

把电势差式(7-14)代入式(7-15),可以得到外部载荷的法向分量为

$$p_\omega(\varphi,t) = -\frac{\varepsilon_0 V_0^2 L}{2d^2} f(\varphi) \cos^2\left(\frac{\omega_0}{2}t\right)$$

式中:L 为电极的高度,而

$$\begin{cases} f(\varphi) = 0, & 0.5\varphi_v < \varphi < \pi - 0.5\varphi_v \\ f(\varphi) = 1, & 0 \leqslant \varphi < 0.5\varphi_v \text{ 和 } \pi - 0.5\varphi_v < \varphi < \pi + 0.5\varphi_v \end{cases} \quad (7\text{-}17)$$

由于 $f(\varphi)$ 是圆周角的周期函数,周期为 π,那么它可以在 $[0,\pi]$ 区间展成傅里叶级数:

$$f(\varphi) = \frac{2}{\pi}\left[\frac{\varphi_\varepsilon}{2} + \sin\varphi_\varepsilon\cos(2\varphi) + \frac{1}{2}\sin(2\varphi_\varepsilon)\cos(4\varphi) + \cdots\right] \quad (7\text{-}18)$$

由于我们感兴趣的是主振型运动,那么,在激励力频谱中只留下圆周角的二次谐波,忽略其他(非共振)谐波。

假设激励电极对于装置壳体的角度位置是 $\varphi = \varphi_B$ 和 $\varphi = \varphi_B + \pi$,那么对于外力二次谐波表达式的形式为

$$P_\omega(\varphi,t) = -\frac{\varepsilon_0 V_0^2 L}{2\pi d^2}\sin\varphi_\varepsilon f(\varphi)\cos[2(\varphi - \varphi_B)][\cos(\omega_0 t) + 1] \quad (7\text{-}19)$$

一般地,电极与谐振子之间间隙的计算式为

$$d = d_0 + \omega(\varphi,t) \quad (7\text{-}20)$$

式中:d_0 为初始间隙。

把式(7-19)展开成 ω 值幂的泰勒级数,消去二阶极小值常量和常量部分(它使谐振子产生很小的静态漂移,在分析原理图时可以忽略)。那么式(7-19)对角 φ 的二阶导数近似为

$$p_\omega''(\varphi,t) = \frac{2\varepsilon_0 V_0^2 L}{\pi d_0^2}\sin\varphi_\varepsilon\cos[2(\varphi - \varphi_B)]\cos(\omega_0 t) \quad (7\text{-}21)$$

把式(7-21)代入式(7-16),可得

$$\ddot{\omega}'' - \ddot{\omega} + 4\Omega\dot{\omega}' + k^2(\omega^{(6)} + 2\omega^{(4)} + \omega'') + k^2\xi(\dot{\omega}^{(6)} + 2\dot{\omega}^{(4)} + \dot{\omega}'')$$

$$= H\cos[2(\varphi - \varphi_B)]\cos(\omega_0 t) \quad (7\text{-}22)$$

式中:$H = \dfrac{2\varepsilon_0 V_0^2 L}{\pi d_0 \rho S}\sin\varphi_\varepsilon$。

方程(7-22)解的形式为

$$\omega(\varphi,t) = p(t)\cos(2\varphi) + q(t)\sin(2\varphi) \quad (7\text{-}23)$$

我们用布勒诺夫-加廖尔金法求解,可以得到方程组:

$$\begin{cases} \ddot{p} + \omega_0^2\xi\dot{p} + \omega_0^2 p - \dfrac{8}{5}\Omega\dot{q} = -\dfrac{1}{5}H\cos(2\varphi_B)\cos(\omega_0 t) \\ \ddot{q} + \omega_0^2\xi\dot{q} + \omega_0^2 q + \dfrac{8}{5}\Omega\dot{p} = -\dfrac{1}{5}H\sin(2\varphi_B)\cos(\omega_0 t) \end{cases} \tag{7-24}$$

同样,函数 $p(t)$ 和 $q(t)$ 的解为

$$\begin{cases} p(t) = a\cos(\omega_0 t) + m\sin(\omega_0 t) \\ q(t) = b\cos(\omega_0 t) + n\sin(\omega_0 t) \end{cases} \tag{7-25}$$

那么对于 a、m、b、n 值有方程组:

$$\begin{cases} m\omega_0^3\xi - \dfrac{8}{5}\Omega\omega_0 n = -\dfrac{1}{5}H\cos(2\varphi_B) \\ n\omega_0^3\xi + \dfrac{8}{5}\Omega\omega_0 m = \dfrac{1}{5}H\sin(2\varphi_B) \\ a = b = 0 \end{cases} \tag{7-26}$$

可以列出如下形式的谐振子边缘位移的表达式:

$$\omega(\varphi,t) = \sqrt{m^2 + n^2}\sin(\omega_0 t) + \cos[2(\varphi - \vartheta)] \tag{7-27}$$

在位置激励条件下,计算驻波方位角的公式:

$$\tan(2\vartheta) = \tan(2\varphi_B) - \dfrac{8}{5}\dfrac{\Omega}{\omega_0^2\xi}[1 + \tan^2(2\varphi_B)] + \left(\dfrac{8}{5}\dfrac{\Omega}{\omega_0^2\xi}\right)^2\tan(2\varphi_B)$$

$$\tag{7-28}$$

对上述表达式分析表明,在 $\Omega = 0$ 的情况下,固态波陀螺仪谐振子中波场的方位不变,它可以通过位置激励电极的方位确定 $\vartheta = \varphi_B$,换句话说,驻波被"拴在"装置的壳体上;在 $\Omega \neq 0$ 的情况下,驻波波腹落后激励方向 φ 角,它可以由角速度值,固有频率及衰减量计算,即 $\vartheta = \varphi_B - \varphi$。

$$\varphi = 2K\dfrac{\Omega}{\omega_0^2\xi}, \quad K \approx 0,4 \tag{7-29}$$

由于驻波落后的角度正比于输入角速度,固态波陀螺仪的这种工作状态是角速率传感器(角速率陀螺仪)状态。式(7-29)在角速度 Ω 不是常数时也正确。

3. 参数激励

谐振子和环形电极表面组成圆柱形电容器,通过向其施加频率为谐振子固有频率的交流电 V 时,建立起环向的静电力场,可以对谐振子进行参数激励,如图 7-2 所示。

图 7-3 所示为参数激励的过程,当谐振子无形变时,电引力与内部的应力

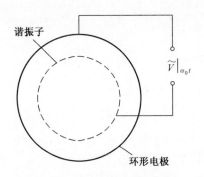

图 7-2　环形电极参数激励

平衡。当谐振子变形时,小间隙区域拉力增大,大间隙区域拉力减小,因此电引力与环形电极和谐振子间的间隙平方成反比,因而在驻波波腹方位产生合力,驱动谐振子更大的变形,即参数激励补偿谐振子能量损失的基本原理。

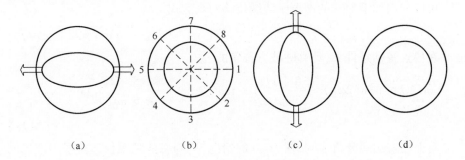

图 7-3　参数激励过程示意图

取施加于谐振子上的电力的切向分量为零,而法向分量按位移 w 的幂以一阶精度展开:

$$p_w = -\frac{\varepsilon_0}{2}\frac{V^2}{(d_0+w)^2} \approx \frac{\varepsilon_0 V^2 w}{d_0{}^3} + \cdots \qquad (7\text{-}30)$$

式中:ε_0 为介电常数;d_0 为环形电极与谐振子的静态间距;省略号表示高阶小量及常值分量。

参数激励条件下谐振子环形模型的动力学方程为

$$\ddot{w}'' - \ddot{w} + 4\Omega\dot{w}' + \aleph^2(w^{(6)} + 2w^{(4)} + w'')$$
$$+ \aleph^2\xi(\dot{w}^{(6)} + 2\dot{w}^{(4)} + \dot{w}'') = w''C\cos^2(\omega t) \qquad (7\text{-}31)$$

式中:$\aleph$ 为过渡到变形状态中中间表面的主曲率变化;$C = \varepsilon_0 L V_0{}^2/(\rho S d_0^2)$。

将方程(7-31)的解写成:

$$w(\varphi,t) = p(t)\cos(2\varphi) + q(t)\sin(2\varphi) \tag{7-32}$$

将式(7-32)代入式(7-31),使用布勒诺夫-加缪尔金法求取方程,得出方程组:

$$\begin{cases} \ddot{p}(t) - \dfrac{8}{5}\Omega\dot{q}(t) + \omega_0{}^2\xi\dot{p}(t) + \omega_0^2 p(t) = \dfrac{4C}{5}p(t)\cos^2(\omega t) \\ \ddot{q}(t) + \dfrac{8}{5}\Omega\dot{p}(t) + \omega_0^2\xi\dot{q}(t) + \omega_0^2\dot{q}(t) = \dfrac{4C}{5}q(t)\cos^2(\omega t) \end{cases} \tag{7-33}$$

式中:ω_0 为谐振子固有频率;ξ 为阻尼系数。

令 $\Omega = \Omega(t)$ 为缓慢的时间函数,即其变化率可忽略。引入满足下列条件的慢变量 $a(t)$、$m(t)$、$b(t)$、$n(t)$:

$$\begin{cases} p(t) = a(t)\cos(\omega t) + m(t)\sin(\omega t) \\ q(t) = b(t)\cos(\omega t) + n(t)\sin(\omega t) \\ \dot{p}(t) = -a(t)\sin(\omega t) + m(t)\cos(\omega t) \\ \dot{q}(t) = -b(t)\sin(\omega t) + n(t)\cos(\omega t) \end{cases} \tag{7-34}$$

将式(7-34)代入式(7-33),并将所有结果按快速变量 ωt 周期化平均,得出描述慢变量演化方程组:

$$\begin{cases} \dot{m} = -\dfrac{1}{2}\left(\Delta + \dfrac{3}{2}s\right)a + \dfrac{1}{2}\omega_0^2\xi m - \dfrac{4}{5}\Omega n \\ \dot{a} = \dfrac{1}{2}\omega_0^2\xi a + \dfrac{1}{2}\left(\Delta + \dfrac{1}{2}s\right)m - \dfrac{4}{5}\Omega b \\ \dot{n} = \dfrac{4}{5}\Omega m - \dfrac{1}{2}\left(\Delta + \dfrac{3}{2}s\right)b + \dfrac{1}{2}\omega_0{}^2\xi n \\ \dot{b} = \dfrac{4}{5}\Omega a + \dfrac{1}{2}\omega_0^2\xi b + \dfrac{1}{2}\left(\Delta + \dfrac{1}{2}s\right)n \end{cases} \tag{7-35}$$

式中:$\Delta = (\omega^2 - \omega_0^2)/\omega$;$\omega$ 接近固有频率 ω_0,$s = 2C/(5\omega)$。

当 $\Omega=0$ 时,在方程组(7-35)中,对于有限振动的存在,充分必要地满足下列等式:

$$\det\begin{bmatrix} \Delta + \dfrac{3}{2}s & -\omega_0^2\xi \\ \omega_0^2\xi & \Delta + \dfrac{1}{2}s \end{bmatrix} = 0 \tag{7-36}$$

条件式(7-36)给出了在参数 Δ 和 s 平面稳定区域的边界方程:

$$\left(\Delta + \dfrac{3}{2}s\right)\left(\Delta + \dfrac{1}{2}s\right) + \omega_0^4\xi = 0 \tag{7-37}$$

式(7-37)确定了双曲线(图7-4),且极小值点坐标为

$$\begin{cases} \Delta_{\min} = -2\omega_0^2\xi \\ s_{\min} = 2\omega_0^2\xi \end{cases} \tag{7-38}$$

在双曲线内的区域对应不稳定振动,双曲线外的区域对应稳定振动。

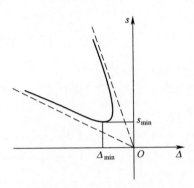

图7-4　稳定区域边界

在对应极小值点,$(\Delta_{\min}, s_{\min})$环形电极电压频率和幅度激励的情况:

$$\begin{cases} \omega_{\min} = -\omega_0^2\xi + \omega_0\sqrt{1 + \omega_0^2\xi^2} \\ V_{0\min}^2 = 5\rho s d_0^3 \omega_0^3 \xi \omega_{\min}/(\varepsilon_0 L) \end{cases} \tag{7-39}$$

在谐振子中,被激励的振动过程可表示为如下形式:

$$w(\varphi, t) = [a(t)\cos(\omega t) + m(t)\sin\omega]\cos(2\varphi) \\ + [b(t)\cos(\omega t) + n(t)\sin\omega]\sin(2\varphi) \tag{7-40}$$

式(7-40)满足以下条件:

$$\det\begin{bmatrix} a & m \\ b & n \end{bmatrix} = 0 \tag{7-41}$$

当$\Omega \neq \Omega(t)$,在式(7-41)条件下,式(7-40)写为

$$\begin{cases} \dot{m} = \dfrac{1}{2}\omega_0^2\xi(m-a) - \dfrac{4}{5}\Omega m \\[2mm] \dot{a} = \dfrac{1}{2}\omega_0^2\xi(a-m) - \dfrac{4}{5}\Omega b \\[2mm] \dot{n} = \dfrac{1}{2}\omega_0^2\xi(n-b) + \dfrac{4}{5}\Omega n \\[2mm] \dot{b} = \dfrac{1}{2}\omega_0^2\xi(b-n) + \dfrac{4}{5}\Omega a \end{cases} \tag{7-42}$$

由式(7-42),式(7-40)的解可转变为

$$w(\varphi,t) = \sqrt{a^2 + m^2 + b^2 + n_2}\cos(\omega t - \alpha)\cos\left[2(\varphi - \theta)\right] \quad (7\text{-}43)$$

式中：$\tan\alpha = m/a$；$\tan(2\theta) = \sqrt{b^2 + n^2}\big/\sqrt{a^2 + m^2}$。

ϑ 决定驻波相对于谐振子的方位，为求该角度的变化有

$$\frac{\mathrm{d}\theta}{\mathrm{d}t} = \frac{1}{2}\frac{\mathrm{d}}{\mathrm{d}t}\left(\arctan\frac{\sqrt{b^2 + n^2}}{\sqrt{a^2 + m^2}}\right) \quad (7\text{-}44)$$

求导并代入式(7-44)得

$$\frac{\mathrm{d}\theta}{\mathrm{d}t} = -\frac{2}{5}\Omega + 4\omega^2\xi\left[m^2 b^2 - n^2 a^2 + 2(b^2 + n^2)am - 2(a^2 + m^2)bn\right]$$

$$(7\text{-}45)$$

中括号内式子为零，所以有

$$\dot{\theta} = -k\Omega \quad (7\text{-}46)$$

或

$$\theta = \theta_0 - k\int_0^t \Omega(\tau)\,\mathrm{d}\tau \quad (7\text{-}47)$$

式中：k 为比例系数，$k = 0.4$。

由式(7-47)，驻波的转角与陀螺仪壳体的转角成比例，即参数激励方式下半球谐振陀螺仪是积分式陀螺仪，通过检测驻波角可直接敏感外界输入角度。

7.1.2　非接触式驱动系统

高性能的数字检测与驱动控制电路是谐振陀螺仪实现高精度测量的关键部分，测量与控制电路的性能直接影响到陀螺仪的零偏稳定性、标度因数线性度等重要性能指标参数。由前面章节分析可知，半球谐振陀螺仪属于非接触式驱动检测系统，其测控电路由如下几部分组成：①激励半球谐振子在其谐振频率处作二阶模态振动并保持幅度恒定；②检测半球谐振子的敏感模态的振动，并通过反馈的方式将其抑制到零，同时通过对反馈力的解调得出外界输入角速率的大小；③通过对相关电极施加直流电压，抑制谐振子所存在的频率裂解，消除频率裂解带来的误差。以下基于上述半球谐振陀螺仪的检测与驱动控制电路实现展开，详细介绍了陀螺仪检测解调技术、驱动控制技术，以及基于现场可编程门阵列（FPGA）的全数字控制算法实现。

1. 静电力驱动原理

为了产生正反馈的自激振动，需要在控制回路中给予一个 90° 相位的补偿才能抵消掉二阶系统在谐振频率点的相位 90° 滞后效应。在实际系统中，控制回路不仅仅要补偿二阶系统 90° 的相移，还需要补偿电路各个环节的延迟，因此

总的补偿相位需要标定得出。半球谐振陀螺仪采取电容式驱动,谐振子镀膜外壁与激励罩上驱动电极可以等效为平板电容器,平板电容极板总是朝着总能量最小的趋势方向移动。

在对半球谐振陀螺仪进行静电力驱动时[1],需要特别详细的考虑这些影响因素,尽量使得半球谐振陀螺仪处于谐振频率点振动,这样才能保证陀螺仪驱动模态具有最大的振幅,提高陀螺仪的灵敏度。

$$F_{es} \sim \left[V_{DC} + V_{AC}\sin(w_{exc}t) \right]^2 = V_{DC}^2 + 2V_{DC}V_{AC}\sin(w_{exc}t) + V_{AC}^2\sin^2(w_{exc}t)$$

$$= V_{DC}^2 + \frac{V_{AC}^2}{2} + 2V_{DC}V_{AC}\sin(w_{exc}t) - \frac{V_{AC}^2}{2}\cos(2w_{exc}t) \tag{7-48}$$

(1)直流+交流激励方式:

$$F_{es} \sim 2V_{DC}V_{AC}\sin(w_x t) \tag{7-49}$$

(2)交流激励方式:

$$F_{es} \sim \frac{V_{AC}^2}{2}\cos(2w_x t) \tag{7-50}$$

2. 驱动方案

根据半球谐振陀螺仪的驱动工作原理,谐振子是靠施力电极上的静电力驱动工作的。由于是电容式驱动,且谐振子的驱动需要很大的静电力,因此需要很大的直流电才能满足驱动力大小要求。"两件套"谐振子一般采用直流+交流的方式驱动谐振子。

▲7.1.3 非接触式检测系统

由于半球谐振陀螺仪的谐振子振动,无法直接获取振动信息,因此需要在电极基座上布放一个电容极板,检测电容变化量。半球谐振陀螺仪振动幅度非常小,约为微米级。半球谐振陀螺仪的检测电极,等效为一个平板电容器。平板电容一端是谐振子,另外一端是固定电极,由于谐振子振动,引起电容极板间的距离不断改变,从而引起电容大小的改变。根据电容量公式,可推导出电容量与极板间的距离成正比。因此,可通过检测电容量获得谐振子的振动情况。

谐振子简谐振动时的振动位移按照正弦规律变化,极板间的间距也以相同的规律周期性改变,极板上的电容值随之改变,极板间电容大小可按式(7-51)计算,经过信号检测器之后,转化为交流电压信号,实现 C/V 转换,其信号检测电路原理如图 7-5 所示[2]。对输出的电压信号进行处理,可以获得谐振子在 0°轴和 45°轴上的振动参数,这些参数既含有外界输入角速率的变化信息,还含有振动波振型相对壳体的方位信息。

$$C_s = \frac{\varepsilon_0\varepsilon_r S_i}{d} = \frac{\varepsilon_0\varepsilon_r S_i}{d_0 - Z_{\text{signal}}} = \frac{\varepsilon_0\varepsilon_r S_i}{d_0 - x_0\sin(\omega_f t + \varphi_f)} \tag{7-51}$$

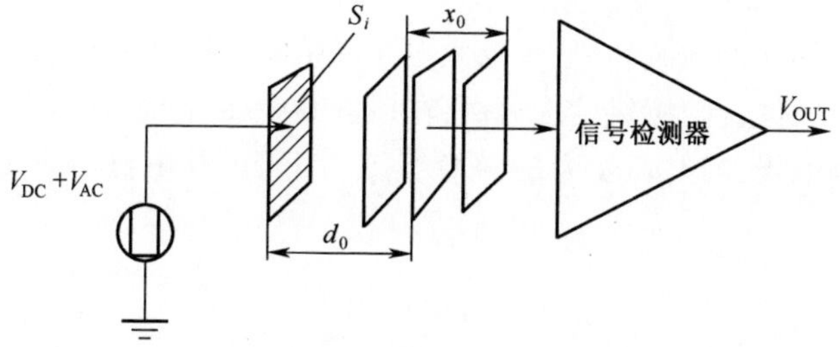

图 7-5　信号检测电路原理图

通常,谐振子的谐振频率达到几千赫,反馈电容处于波法量级,文献[3]等采用了经典的 C/V 转换电荷放大器形式,实现了交流激励下的电荷放大。然而,为了保证该放大器可以有效地抑制寄生电容的影响,反馈电阻 R_f 至少要大于 10 倍的 $1/(\omega C_f)$,即 R_f 至少在 10MΩ 以上的量级,且对其阻值稳定性要求很高。如果直接在电路中使用一个 10MΩ 以上的大阻值电阻,会引起电路输出噪声大,且易产生直流偏置。若选择一个"T"形电阻网络替换 R_f ,虽然该方法能够实现反相放大下的高增益和高反馈电阻的兼顾,但会放大检测器的失调电压。

为此,提出一种改进的"T形阻容"电荷放大器,通过其伯德图可知其幅频响应特性并进行参数设定,如图 7-6 所示。

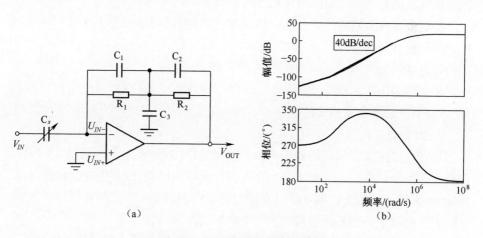

图 7-6　"T形阻容"电荷放大器

(a)"T形阻容"原理;(b)伯德图。

7.1.4 陀螺仪电极复用控制技术

1. 频分复用技术

通过施加不同的载波频率,可以使用同一组电极激励和测量谐振子的振动。

以 8 电极两件套陀螺仪结构为例,在该方案中,8 电极分成两组,1、3、5、7 为驱动模态激励电极,2、4、6、8 为敏感模态施力电极,其电极分配方案如图 7-7 所示。

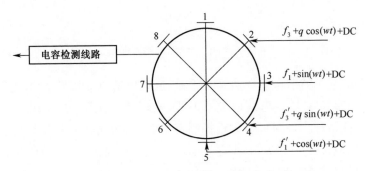

图 7-7　电极分配方案

图 7-7 中,f_1、f_1'、f_3、f_3' 为不同频率的载波,DC 为施加在谐振子上的高压直流信号。

该电极分配和检测方式,可以有效地减少电极使用数量,简化陀螺仪的结构。同时,使用同一种电容检测线路,检测驱动模态和敏感模态振动,可以有效地避免线路增益不一致对陀螺仪精度的影响。

经过电容检测器后的信号送到解调器,通过解调器解调出 1、5 或者 3、7 处振动信号 e_1 和 2、6 或者 4、8 处振动信号 e_2。

频分复用交流测量回路功能图,如图 7-8 所示。

根据解调出的 e_1 和 e_2 信号表示波腹点和波节点的信息,后续可以通过解算,进行力反馈或全角模式的控制。

2. 时分复用技术

半球谐振陀螺仪闭环回路信号处理流程如图 7-9 所示。全角模式和力反馈模式在控制回路上区别在于是否存在力反馈控制回路,即是否抑制驻波进动。因此,本书设计的数字控制系统可支持力平衡模式和全角模式两种控制方案。

完整的数字控制系统包括以下几个模块(图 7-9)。

(1) 开关:电极切换开关,用于检测回路与激励回路接入不同的电极通道。

(2) 控制模式选择:根据需要产生控制时序。在 X-检测、Y-检测、X-驱动、

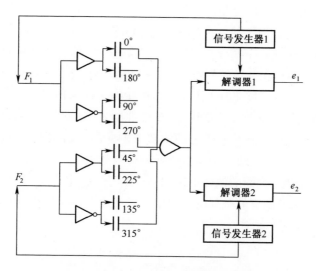

图 7-8　频分复用交流测量回路功能图

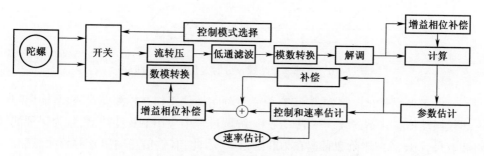

图 7-9　半球谐振陀螺仪闭环回路信号处理流程

Y-驱动不同的 4 种状态循环切换。

（3）流转压：由于陀螺仪振动，改变电容间隙产生的电流信号转换为电压信号，同时通过"LPF"滤除输出信号的高频噪声，以提高信噪比；然后经模数转换器将模拟量转换为数字量，用于后续数字信号处理及角度解算。

（4）解调、计算、增益相位补偿：x-轴和 y-轴通道数据在 FPGA 内部解调且补偿回路增益及相位不一致。且解调后得到的数据，根据不同控制模式，可选用于频率控制、幅度控制、正交控制、力反馈控制。

（5）补偿：控制回路解耦合。由于谐振子存在质量不平衡，频率裂解和阻尼不均匀，因此，多回路间存在交叉耦合，为实现陀螺仪的理想控制，需要对获得的数据解耦。

（6）增益相位补偿：驱动回路增益与相位补偿。

半球谐振陀螺仪分时复用电极控制时序如图 7-10 所示。驱动检测分时切换将一个工作周期分为 4 部分[3]，X-检测、Y-检测、X-驱动、Y-驱动。按照时序交替使系统工作在 4 个部分，并且每次切换过程中停留一个短暂的空闲时间 r。工作状态为 X-检测→短暂停留 r→Y-检测→短暂停留 r→X-驱动→短暂停留 r→Y-驱动→短暂停留 r 循环往复。通过状态切换可使得每对差动电极在时间轴上均匀地工作在驱动或检测状态，有效抑制了多通道控制回路的增益不均和增益变化对谐振子工作状态带来的漂移影响。单一时刻下，谐振子仅工作在驱动或者检测状态，并且状态切换中放置了空闲节拍，有效抑制了在切换过程中驱动通道和检测通道之间的耦合干扰和检查信号不稳定等问题。并且在单一时刻下，谐振子工作模式下的全部电极均用于驱动或者检测状态，有效提高了检查信号信噪比和驱动效率。

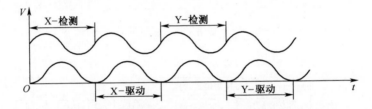

图 7-10　半球谐振陀螺仪分时复用电极控制时序

由于采用分时控制方式，仅有单一时刻陀螺仪工作在检测模式，检测输出陀螺仪振动信息并不连续。一般情况下，解调过程中应用 FIR 滤波器，且为保证滤波效果，FIR 滤波器阶数普遍在 100 阶以上，因此，有效信息输出延时较大，在有限的时间内很难获得足够的数据量，滤波器解调方式不能满足当前应用。将解调方法采用整周期取均值的方式，根据下式即可得到检测信号的正弦和余弦分量 c_x、c_y、s_x、s_y：

$$\begin{cases} c_x \approx \dfrac{2}{N_s} \displaystyle\sum_{i=1}^{N_s} \left[x(t_i)\cos(\omega t_i) \right] \\[2ex] s_x \approx \dfrac{2}{N_s} \displaystyle\sum_{i=1}^{N_s} \left[x(t_i)\sin(\omega t_i) \right] \\[2ex] c_y \approx \dfrac{2}{N_s} \displaystyle\sum_{i=1}^{N_s} \left[y(t_i)\cos(\omega t_i) \right] \\[2ex] s_y \approx \dfrac{2}{N_s} \displaystyle\sum_{i=1}^{N_s} \left[y(t_i)\sin(\omega t_i) \right] \end{cases} \tag{7-52}$$

根据 Lynch 方程[4-5]在理想谐振子的情况下，即无阻尼且轴向对称的谐振子。对 1~4 的解调变量，代入下式，可得到检测信号的正弦和余弦分量 c_x、c_y、s_x、s_y。

$$\begin{cases} c_x^2 + s_x^2 + c_y^2 + s_y^2 = a^2 + q^2 = E \\ 2(c_x s_y - c_y s_x) = 2aq = Q \\ c_x^2 + s_x^2 - c_y^2 - s_y^2 = (a^2 - q^2)\cos(2\theta) = R \\ 2(c_x c_y + s_x s_y) = (a^2 - q^2)\sin(2\theta) = S \\ 2(c_x s_x + c_y s_y) = -(a^2 - q^2)\sin(2\phi') = L \\ \theta = \dfrac{1}{2}\arctan\dfrac{S}{R} \\ \phi' = -\dfrac{1}{2}\arcsin\dfrac{L}{\sqrt{E^2 - Q^2}} \end{cases} \tag{7-53}$$

其中振型角和轨道相位不会改变 E、Q，因此在力反馈模式下可分别用这两个变量作为稳幅回路和正交控制回路。S 与阵型角相关，因此可用于力反馈回路，L 可用于稳频控制回路。

7.1.5 接触式检测系统

在金属谐振陀螺仪设计章节，已经简要介绍了压电陶瓷激励和检测方案。由于在金属谐振陀螺力反馈控制回路中，对检测的要求通常更高，这里再详细介绍压电陶瓷检测环节接触式检测系统。

1. 压电检测等效模型

当压电元件受到外力作用时，会在压电元件一定方向的两个表面(即电极面)上产生电荷：在一个表面上聚集正电荷，在另一个表面上聚集负电荷。因此可以把用作正压电效应的压电换能元件看作一个电荷发生器[6]。显然，当压电元件的两个表面聚集电荷时，相当于一个电容器。其电容量为

$$C_a = \frac{\varepsilon S}{\delta} = \frac{\varepsilon_r \varepsilon_0 S}{\delta} \tag{7-54}$$

式中：C_a 为压电元件的电容量(F)；S 为压电元件电极面的面积(m^2)；δ 为压电元件的厚度(m)；ε 为极板间的介电常数(F/m)；ε_0 为真空中的介电常数(F/m)；ε_r 为极板间的相对介电常数，$\varepsilon_r = \varepsilon/\varepsilon_0$。

图 7-11 为考虑直流漏电阻时的等效电路，正常使用时 R_p 很大，可以忽略。因此，可以把压电元件理想地等效于一个电荷源与一个电容相并联的电荷等效电路，如图 7-11 所示。

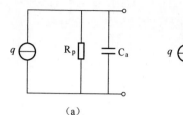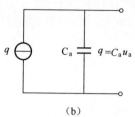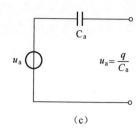

图 7-11　压电元件等效电路

由于电容上的开路电压 u_a、电荷量 q 与电容 C_a 三者之间存在着以下关系,即

$$u_a = \frac{q}{C_a} \tag{7-55}$$

所以压电元件又可以等效于一个电压源和一个串联电容表示的电压等效电路,如图 7-11(c)所示。

特别指出:从机理上说,压电元件受到外界作用后直接转换出的是"电荷量",而非"电压量",这一点在实用中必须注意。

2. 前级缓冲放大电路

压电式传感器要求负载电阻必须有很大的数值,才能使测量误差小到一定数值以内。因此常在压电式传感器输出端后面,先接入一个高输入阻抗的前置放大器,然后再接一般的放大电路及其他电路。压电式传感器的测量电路关键在于高阻抗的前置放大器。前置放大器有两个作用:一是把压电式传感器的微弱信号放大;二是把传感器的高阻抗输出变换为低阻抗输出。压电式传感器的输出可以是电压,也可以是电荷。因此,它的前置放大器也有电压型和电荷型两种形式。

1) 电压放大器

因为压电式传感器的绝缘电阻 $R_a \geqslant 10^{10}\Omega$,因此传感器可近似看为开路。当传感器与测量仪器连接后,在测量电路中就应当考虑电缆电容和放大器的输入电容、输入电阻对传感器的影响。为了尽可能保持压电式传感器的输出值不变,要求放大器的输入电阻要尽量高,一般最低在 $10^{11}\Omega$ 以上。这样才能减少由于漏电造成的电压(或电荷)损失,不致引起过大的测量误差。

图 7-12 为电压放大器输入端等效电路,在图 7-12(b)中,等效电阻为 $R = \dfrac{R_a R_i}{R_a + R_i}$,等效电容为 $C = C_a + C_c + C_i$。由等效电路可知,前置放大器输入电压为

$$\dot{U}_i = \dot{I}\,\frac{R}{1 + j\omega RC} \tag{7-56}$$

假设作用在压电元件上的力为 F，其幅值为 F_m，角频率为 ω，即 $F = F_m\sin(\omega t)$。若压电元件的压电系数为 d_{11}，则在力 F 的作用下，产生的电荷为 $Q = d_{11}F$。因此电流为

$$I = \frac{dQ}{dt} = \omega d_{11} F_m \cos(\omega t) \tag{7-57}$$

将式(7-57)写成复数形式为

$$\dot{I} = j\omega d_{11}\dot{F} \tag{7-58}$$

将式(7-58)代入式(7-56)，得

$$\dot{U}_i = d_{11}\dot{F}\,\frac{j\omega R}{1 + j\omega RC} \tag{7-59}$$

因此，前置放大器的输入电压的幅值为

$$U_{im} = \frac{d_{11} F_m \omega R}{\sqrt{1 + (\omega R)^2 (C_a + C_c + C_i)^2}} \tag{7-60}$$

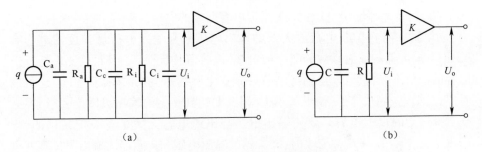

（a）　　　　　　　　　　　　　（b）

图 7-12　电压放大器输入端等效电路

C_a—传感器的电容；R_a—传感器的漏电阻；

C_c—连接电缆的等效电容；R_i—放大器的输入电阻；C_i—输入电容。

2）电荷放大器

电荷放大器是压电式传感器另一种专用的前置放大器。它将高内阻的电荷源转换为低内阻的电压源，而且输出电压正比于输入电荷，因此电荷放大器同样也起着阻抗变换的作用，其输入阻抗高达 $10^{10} \sim 10^{12}\,\Omega$，输出阻抗小于 $100\,\Omega$。

电荷放大器突出的一个优点是：在一定条件下，传感器的灵敏度与电缆长度无关。

电荷放大器实际上是一个具有深度电容负反馈的高增益放大器，其等效电路如图 7-13 所示。

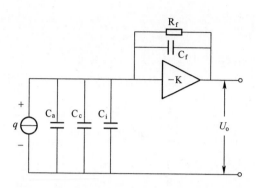

图7-13 压电传感器与电荷放大器连接的等效电路

图中 K 是放大器的开环增益，$-K$ 表示放大器的输出与输入反相，若放大器的开环增益足够高，则运算放大器的输入端的电位接近地电位。由于放大器的输入级采用了场效应晶体管，因此放大器的输入阻抗极高，放大器输入端几乎没有电流，电荷 q 只对反馈电容 C_f 充电，充电电压接近等于放大器的输出电压，即

$$U_o \approx U_{cf} = - \frac{Kq}{C_a + C_c + C_i + (1 + K)C_f} \approx - \frac{q}{C_f} \qquad (7-61)$$

式中：U_o 为放大器输出电压；U_{cf} 为反馈电容两端的电压。

由式(7-61)可知，电荷放大器的输出电压只与输入电荷量和反馈电容有关，而与放大器的放大系数的变化或电缆、电容等均无关系，因此只要保持反馈电容的数值不变，就可以得到与电荷量 q 变化呈线性关系的输出电压。还可以看出，反馈电容 C_f 越小，输出就越大，因此要达到一定的输出灵敏度要求，就必须选择适当的反馈电容。要使输出电压与电缆电容无关是有一定条件的，当 $(1 + K)C_f \gg (C_a + C_c + C_i)$ 时，放大器的输出电压和传感器的输出灵敏度就可以认为与电缆电容无关了。这是使用电荷放大器很突出的一个优点。

7.2 力反馈模式控制技术

▲ 7.2.1 力反馈模式控制方案

半球谐振陀螺仪有两种工作模式：角度传感器模式和角速率传感器模式，其中角速率传感器模式也称为力平衡模式。

在无外界角速度输入时，陀螺仪驻波的振型角相对于谐振子的位置保持不变，当外界角速率输入时，陀螺仪谐振子的振型相对于壳体会产生进动，在力平衡模式下，控制电极会适时施加反馈力，抑制谐振子振型的进动，根据所施加的反馈力的大小,来解算出输入角速率的大小。

根据陀螺仪结构不同,力平衡模式实现方法不同,现存陀螺仪结构有多种,如三件套和简化的两件套方案。其中两件套方案里,根据电极数量的不同,又分为 8 电极方案和 16 电极方案。不同方案,对应的力平衡模式实现方法是不一样的,但总结起来,力平衡模式的实现通常需要 4 个控制回路:固有频率自追踪回路、幅值控制回路、力反馈控制回路、正交控制回路。如图 7-14 为半球谐振陀螺仪力平衡模式的功能图。

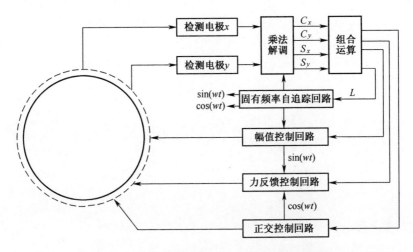

图 7-14　半球谐振陀螺仪力平衡模式的功能图

由于环境的变化,如温度等因素,陀螺仪的谐振频率始终发生着改变。同时,由于阻尼等因素的存在,陀螺仪的振动始终发生能量的衰减。

固有频率自追踪回路和幅值状态控制回路作用是使谐振子工作在谐振频率上,维持谐振子振动能量的恒定,正交控制回路作用是为了矫正谐振子的缺陷,抑制谐振子残余频率裂解的影响,多用于半球谐振陀螺仪等高精度陀螺仪中。力反馈控制回路作用是在外界角速度输入情况下抑制陀螺仪振型角的进动,并从反馈力中解算出角速度信息。

■ 7.2.2　固有频率自追踪控制

根据前面所述,谐振子相当于一个带通滤波器,且品质因数 Q 值越高,滤波器的通频带越窄。也就是说,当向谐振子施加一定频率范围的扫频信号时,当该范围包含谐振子的谐振频率,此时陀螺仪只会响应与谐振频率相等或者相近的信号。

当驱动轴的激励产生的驱动力 $f_x = A\sin(\omega_d t)$ 时,驱动模态的响应信号为

$$x(t) = A_x \sin(\omega_d t + \varphi_x) \tag{7-62}$$

式中:

$$A_x = \frac{A}{\sqrt{(\omega_{dx}^2 - \omega_d^2)^2 + \omega_0^2 \omega_d^2 / Q^2}} \tag{7-63}$$

$$\varphi_x = \arctan \frac{\omega_0 \omega_d}{(\omega_0^2 - \omega_d^2) Q} \tag{7-64}$$

驱动端输出信号的相位为 φ_x,经解调后可以得到振动位移信号的相位如式(7-64)所示,由于电路中线路的固有延迟以及各滤波器的相位延迟,使得解调后得到的相位信号包括驱动模态引起的相位 φ_x 和其他所有因素引起的附加相位延迟。假设这个附加延迟为 φ_{delay},所以解调后得到的相位为

$$\varphi = \varphi_{\text{delay}} + \varphi_x \tag{7-65}$$

联立式(7-64)和式(7-65),可得

$$\tan(\varphi_{\text{delay}} - \varphi) = \frac{\omega_0 \omega_d}{(\omega_0^2 - \omega_d^2) Q} = \frac{(\omega_0 \omega_d)/\omega_0^2}{Q(\omega_0^2 - \omega_d^2)/\omega_0^2} = \frac{1}{Q} \frac{\omega_d/\omega_0}{1 - (\omega_d/\omega_0)^2} \tag{7-66}$$

整理可得

$$\left(\frac{\omega_d}{\omega_0}\right)^2 + \frac{1}{\tan(\varphi_{\text{delay}} - \varphi) \cdot Q_x} \cdot \left(\frac{\omega_d}{\omega_0}\right) - 1 = 0 \tag{7-67}$$

由前面描述 φ_{delay} 的产生原因可知,其大小是相对固定的,所以在实际电路中可以通过硬件或者软件的方式抵消掉,于是可以假设 $\varphi_{\text{delay}} = 0$,得到

$$\frac{\omega_d}{\omega_0} = \frac{-1/(\tan\varphi \cdot Q) + \sqrt{1/(\tan\varphi \cdot Q)^2 + 4}}{2} \tag{7-68}$$

由于 Q 一般为几千甚至上万,因此由式(7-68)可知,当 $\varphi = \dfrac{\pi}{2}$ 时,$\omega_d/\omega_0 = 1$,即说明无论 Q 为何值,当所加驱动频率等于驱动模态的谐振频率时,驱动模态引起的相位为 $\dfrac{\pi}{2}$。因此反推可知,无论 Q 为何值,当模态引起的相位为 $\dfrac{\pi}{2}$ 时,此时所加的驱动频率和驱动模态谐振频率相等,陀螺仪谐振子处于谐振状态。因此,可以利用相位控制实现驱动中频电压信号的频率 ω_d 对驱动模态谐振频率 ω_0 的跟踪。图7-15为频率追踪回路方案。

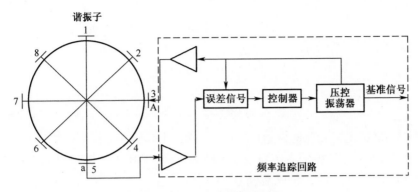

图 7-15　频率追踪回路方案

A—激励信号；a—波腹点检测信号。

7.2.3　幅值控制回路控制

谐振子处于四波腹驻波振动状态时，谐振子的振型可以利用呈 45°角的两个电极轴进行正交分解和合成。在这里假设：0°电极轴为 X 轴，45°电极轴为 Y 轴，两个电极轴正交，设定驱动模态下，振型与 0°电极轴的夹角为 θ_1，则谐振子振型示意图如图 7-16 所示。

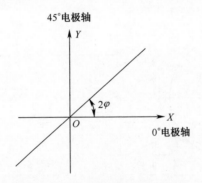

图 7-16　金属谐振子振型示意图

假设谐振子为理想谐振子，不考虑谐振子刚度和阻尼的不对称，设在任意时刻，谐振子任意一点的振型为

$$U(\theta,t) = A\sin(wt)\cos\left[2(\theta - \varphi)\right] \qquad (7-69)$$

式中：A 为谐振子的振幅；w 为谐振子的谐振频率；φ 为驱动模态振型与 0°电极轴的夹角。

如图 7-16 所示，对振型沿 0°电极轴和 45°电极轴进行正交分解，可得 0°电

139

极轴的振型为

$$U_0(\theta,t) = A\cos(2\theta_0)\sin(wt) = A_x\sin(wt) \qquad (7\text{-}70)$$

45°电极轴的振型为

$$U_{45}(\theta,t) = A\sin(2\theta_0)\sin(wt) = A_y\sin(wt) \qquad (7\text{-}71)$$

故

$$A = \sqrt{A_x^2 + A_y^2} \qquad (7\text{-}72)$$

式中：A_x 为 0°电极轴测的振型振幅；A_y 为 45°电极轴测的振型振幅。

所以，为保持谐振子主振型振幅 A 恒定，必须控制 0°电极轴和 45°电极轴的振幅。即在幅值控制回路中，保持 $A_x^2 + A_y^2$ 恒定。

7.2.4 稳幅控制回路方案实现

幅值控制回路需要以下几个部分：幅值信息的获取、控制器设计。获取幅值信息的方式有很多，如全波整流方式、正弦信号解调方式等，由于 PID 控制器成熟且效果好，故控制回路使用 PID 控制器。

PID 参数的整定采用实验方法，PID 参数的合理选取对整个控制回路的性能以及提高陀螺仪的精度有重要的意义。

图 7-17 所示为设计的金属筒形谐振陀螺仪稳幅控制方案。

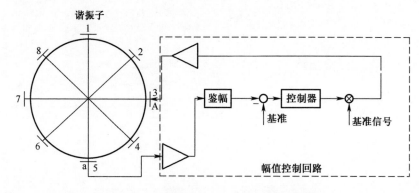

图 7-17　金属筒形谐振陀螺仪稳幅控制方案

具体流程如下：

（1）在频率追踪回路实现的条件下，谐振子在谐振频率下振动，此时波腹点振幅达到最大，压电电极检测到波腹点振动信息，形成 $a\sin(wt + \varphi)$ 信号，通过幅值解算，获得金属谐振子振幅信息，即直流电压信号 a。

（2）获得的直流电压信号 a 与设定的参考信号 E 进行相减，得到的误差信号 $(E-a)$。

（3）经过 PID 控制器校正及比例放大器，与频率追踪回路生成的基准信号相乘，获得金属谐振子的幅值控制信号也就是谐振子的激励信号。

◢ 7.2.5 力反馈控制回路控制原理

在频率追踪回路和幅值控制回路实现的基础上，当外界角速度输入时，节点的压电电极输出的节点电压调制了外界角速度的振动电压信号，从该电压信号中解调出角速度信号，经过滤波后得到的直流量即正比于外界角速度大小，接下来利用标定出的标度因数，就能换算出输入角速度大小[7]。

在解调中，采用的解调信号为频率追踪回路生成的基准信号 $\sin(w_d t)$ 和 $\cos(w_d t)$，其中，参考信号的频率 $w_d = w_0$，已经准确地锁定了金属谐振子的谐振频率，同时检测回路各个部分引起的固定附加相位延迟已预先抵消。

检测输出端振动信 V_q 可表示为[8]

$$V_q(t) = K\Omega\sin(\omega_d t + \varphi_s) + V_E\sin(\omega_d t + \varphi_e) + V_S\sin(\omega_d t + \varphi_s)$$

$$(7-73)$$

式中：$K\Omega\sin(\omega_d t + \varphi_s)$ 为所需要的角速度耦合信号；$V_E\cos(\omega_d t + \varphi_e)$ 正交误差信号；φ_e 为驱动轴与检测轴的耦合引起的相位变化；$V_S\sin(\omega_d t + \varphi_s)$ 为同相误差信号。

通过 $\cos(\omega_d t)$ 解调和滤波之后可以得到

$$S = K\Omega\sin\varphi_s + V_E\sin\varphi_e + V_S\sin\varphi_s \qquad (7-74)$$

式中：$V_E\sin\varphi_e + V_S\sin\varphi_s$ 为同相误差；$K\Omega\sin\varphi_s$ 为陀螺仪输出信号。

通过 $\sin(\omega_d t)$ 解调和滤波之后可以得到

$$E = -K\Omega\cos\varphi_s - V_E\cos\varphi_e - V_S\cos\varphi_s \qquad (7-75)$$

式中：$-V_E\cos\varphi_e - V_S\cos\varphi_s$ 为正交误差信号；$-K\Omega\cos\varphi_s$ 为与角速度耦合项。

由前面分析可知，当陀螺仪处于谐振状态时，理想情况下，$\varphi_s = \dfrac{\pi}{2}$，$\varphi_e = \pi$ 或者 $-\pi$。

故由式（7-74）和式（7-75）可变为 $S = K\Omega + V_S$，$E = -V_E\cos\varphi_e$。由此，解调出来的信号分别为正交误差信号 E，同相信号 S，其中，同相信号中包含同相误差信号和角速度耦合信号。

在金属筒形谐振陀螺仪中，需要力反馈控制回路，来抑制外界角速度输入带来的振型轴的进动，故在上文中，解调出来正交信号 E 和同相信号 S 之后，需要将解调出来的信号反馈到谐振子中，来抑制谐振子振型的进动。

节点电压信号经过解调后得到式（7-85）和式（7-86），经过 $\sin(\omega_d t)$ 和 $\cos(\omega_d t)$ 调制，可得

$$S_{\text{out}} = S\sin(w_d t) = K\Omega\sin\varphi_s\sin(\omega_d t) + V_E\sin\varphi_e\sin(\omega_d t) + V_S\sin\varphi_s\sin(\omega_d t)$$
$$(7\text{-}76)$$

$$E_{\text{out}} = E\cos(w_d t) = -K\Omega\cos\varphi_s\cos(\omega_d t) - V_E\cos\varphi_e\cos(\omega_d t) - V_S\cos\varphi_s\cos(\omega_d t)$$
$$(7\text{-}77)$$

于是,由式(7-76)和式(7-77)相加,可得

$$
\begin{aligned}
V_{Q\_\text{drive}} = S_{\text{out}} + E_{\text{out}} &= K\Omega[\sin\varphi_s\sin(\omega_d t) - \cos\varphi_s\cos(\omega_d t)] \\
&\quad + V_E[\sin\varphi_e\sin(\omega_d t) - \cos\varphi_e\cos(\omega_d t)] \\
&\quad + V_S[\sin\varphi_s\sin(\omega_d t) - \cos\varphi_s\cos(\omega_d t)] \\
&= K\Omega\cos(\omega_d t + \varphi_s) + V_E\cos(\omega_d t + \varphi_e) + V_S\cos(\omega_d t + \varphi_s)
\end{aligned}
$$
$$(7\text{-}78)$$

由式(7-78)可以看出,三个分量的频率都是 ω_d ,因此当 V_{s_drive} 信号被加到检测轴的驱动端时,在检测环路的敏感轴引起一个 $\dfrac{\pi}{2}$ 模态相位,因此在检测环路的敏感轴由反馈力引起的振动位移信号为

$$
\begin{aligned}
V_{s\_q}(t) &= K\Omega\cos\left(\omega_d t + \varphi_s + \frac{\pi}{2}\right) + V_E\cos\left(\omega_d t + \varphi_e + \frac{\pi}{2}\right) + V_S\cos\left(\omega_d t + \varphi_s + \frac{\pi}{2}\right) \\
&= -K\Omega\sin(\omega_d t + \varphi_s) - V_E\sin(\omega_d t + \varphi_e) - V_S\cos(\omega_d t + \varphi_s)
\end{aligned}
$$
$$(7\text{-}79)$$

于是由科里奥利力和反馈力引起的振动信号在检测环路敏感轴上叠加可以得到,即

$$V_{s\_q}(t) + V_q(t) = 0 \qquad\qquad (7\text{-}80)$$

由式(7-80)得,反馈力引起的振动正好与科里奥利力引起的振动相互抵消,使得检测轴的振动为零,使得检测轴动态响应范围更大。

根据上面分析的力反馈控制的原理,设计了力反馈控制回路的方案,如图7-18所示。

在力反馈控制回路方案中,频率追踪回路追踪谐振子的谐振频率,以此为力反馈控制回路提供解调和调制信号,解调出的同相信号 S 即为我们所需要的陀螺仪输出。在这里,由式(7-74)可知,同相信号中包含同相误差信号,该信号可以通过后续信号标定剔除。

将解调的信号,通过调制,反馈到谐振子的施力电极中,由式(7-79)、式(7-80)可得,可以抑制振型进动。当然,因为力反馈控制回路的性能直接影响陀螺仪的输出、带宽等,为了提升控制回路的动态性能,在回路中加入PID控制。PID控制参数的确定方法,与其他回路PID参数的确定方法相同,这里不再做介绍。

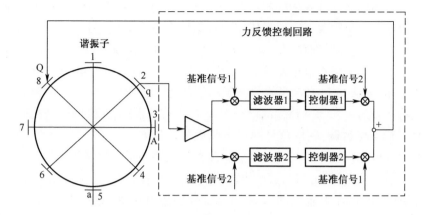

图 7-18　力反馈控制回路的方案

q—波节点检测信号；Q—力反馈控制信号。

7.3　全角模式控制技术

在科里奥利力作用下，半球谐振陀螺仪的振动驻波方位会随载体运转按固定比例系数发生进动，故该型陀螺仪能够工作在角度传感器模式，直接获取外界旋转角度。该工作模式下，允许振动方位角随外界发生自由进动，测量动态不受平衡力和控制电路特性限制，适用于大量程应用；开环测量直接获取转动角度，比例系数不受电路、控制和施力器精度和非线性度影响，能更好地满足一些场景的应用需求。角度测量模式又称为全角模式，本节讨论全角模式控制技术工作原理和实施方案。

7.3.1　全角模式控制方案与实现

与力反馈相同，全角模式控制需持续补充由于阻尼耗散导致的陀螺仪振动能量下降，驱动力频率需与谐振子的振动阶频率保持一致，同时由正交控制回路抑制谐振子频率裂解带来的简谐偏离。因为不进行力反馈控制，驻波方位将位于环向任意位置，因此维持振动的驱动力作用位置需随方位角改变，其实现方式包括位置激励和参数激励两种方式。

1. 向量追踪全角模式

根据 7.1.1 节所述，在谐振子环向空间位置相距 45° 的两点施加同频谐波力，因其满足二阶振动信号的最小正交坐标系，故通过改变两点力的幅度大小，其合力作用效果可等效于环向任意点的单独施力作用,合力公式满足以振型角为因数的三角函数关系。通过固定位置激励向量合成的方式,实现不同驻波方位角下振幅的控制,即稳幅驱动力追踪驻波,故称为向量追踪全角模式。

向量追踪全角控制电路实施框图如图 7-19 所示,每对电极都与径向相对的电极相连,从 0° 和 180° 电极检测到的信号为 x 轴检测信号 U_x,从 135° 和 315° 电极检测到的信号为 y 轴检测信号 U_y。U_x、U_y 分别通过缓冲器,经由同频参考信号进行正交解调,获取信号的正余弦成分分量 C_x、S_x、C_y、S_y。根据 4 个分量进行信号解算,提取频率控制回路、幅度控制回路和正交控制回路的被控信号及当前驻波方位角,经由控制器产生控制信号,并根据方位角将控制信号进行向量合成,产生 X 轴和 Y 轴驱动力 F_x 和 F_y,分别作用在 90°、270° 电极和 45°、225° 电极。

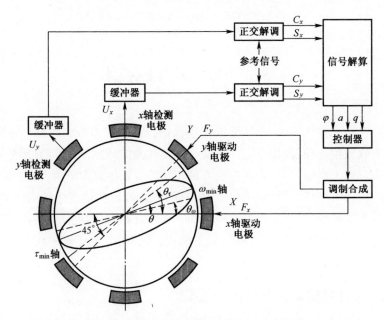

图 7-19 向量追踪全角控制电路实施框图

2. 参数激励全角模式

根据 7.1.1 节所述,在围绕谐振子边缘一周的环形电极上施加驱动信号,由于谐振子变形产生环形间隙分布变化,使得驱动信号在驻波的波腹方向上施加了谐波力作用。参数激励补偿谐振子能量损失,就是基于环向间隙差引起一周施力大小不等,整体合作用在间隙最小处的原理。因此,在合力环向对称的 8 个位置去除同样大小的施力点,不会改变合力的施力方向,故可采用分立电极参数激励进行全角模式控制,该控制方式示意图如图 7-20 所示。

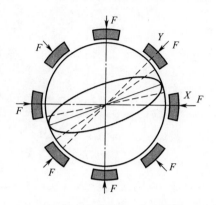

图 7-20　采用分立电极参数激励进行全角模式控制示意图

采用分立电极参数激励时,8 个电极均用作能量补充,这对状态信号的观测带来影响。通常可以通过 7.1.4 节中所述电极复用的方法,协调驱动和检测过程。此外,参数激励关注环向电极与谐振子镀覆层间电势差,实际工作时将驱动电压施加在谐振子表面镀膜,即可达到环向电势差分布的目的。

参数驱动通过间隙差施力,因而在起振过程仍需要借助位置激励方式完成。起振过程,0°、45°、180°、225°电极施加 CA 驱动电压,90°、135°、270°、315°电极施加-CA 驱动电压。两组驱动力快速提供谐振子振动能量,并使其工作在驻波方位角 22.5°处。振动幅度达到预定值时,断开全部驱动力,并在谐振子直流高压电压上叠加二倍谐振频率的方波驱动信号,转换至参数驱动状态,同步进行正交控制。方波信号高压调制电路如图 7-21 所示,驱动力与振动曲线如图 7-22 所示。

振动信号频率为 ω,方波驱动频率 2ω 经由解调进行去除,因此驱动信号不影响分立电极上的振动信号检测。

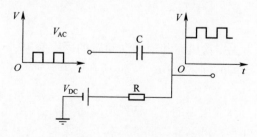

图 7-21　方波信号高压调制电路

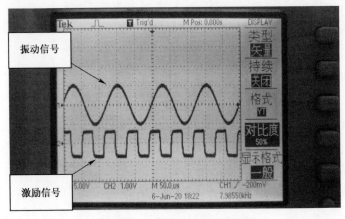

图 7-22　驱动力与振动曲线

▲7.3.2　陀螺仪状态信息解算技术

向量追踪和参数激励方式都需要通过 X、Y 电极信号解算陀螺仪状态信息，用于进行各类控制及补偿。

1. 解算原理

谐振子动力学模型可描述其两种振动模态动力学特性及模态耦合产生的科里奥利力。模态阶数为 2 的含缺陷谐振子动力学方程为[9-10]。

$$\begin{cases} \ddot{x} - 4k\Omega\dot{y} + \dfrac{2}{\tau}\dot{x} + \Delta\left(\dfrac{1}{\tau}\right)\left[\dot{x}\cos(4\theta_r) + \dot{y}\sin(4\theta_\tau)\right] \\ \quad + \omega^2 x - \omega\Delta\omega\left[x\cos(4\theta_\omega) + y\sin(4\theta_\omega)\right] = f_x \\ \ddot{y} + 4k\Omega\dot{x} + \dfrac{2}{\tau}\dot{y} + \Delta\left(\dfrac{1}{\tau}\right)\left[-\dot{x}\cos(4\theta_r) + \dot{y}\sin(4\theta_\tau)\right] \\ \quad + \omega^2 y + \omega\Delta\omega\left[-x\sin(4\theta_\omega) + y\sin(4\theta_\omega)\right] = f_y \\ \omega^2 = \dfrac{\omega_1^2 + \omega_2^2}{2}, \dfrac{1}{\tau} = \dfrac{1}{2}\left(\dfrac{1}{\tau_1} + \dfrac{1}{\tau_2}\right), \omega\Delta\omega = \dfrac{\omega_1^2 - \omega_2^2}{2}, \Delta\left(\dfrac{1}{\tau}\right) = \dfrac{1}{\tau_1} - \dfrac{1}{\tau_2} \end{cases}$$

(7-81)

式中：ω_1、ω_2 分别为主振动模态和辅振动模态的固有频率；τ_1、τ_2 分别为主振动模态和辅振动模态的时间常数；θ_ω 为 ω_2 所在的模态轴与 x 方向的夹角；θ_τ 为阻尼轴 τ_1 的偏角。

阶数为 2 的轴对称谐振子的一种特殊情况如图 7-23 所示。

当谐振子对称轴存在沿惯性空间的旋转角速率时，两模态间产生科里奥利耦合。式(7-81)可简化为

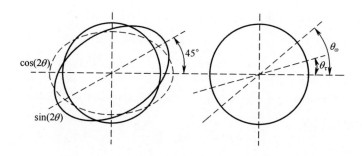

图 7-23　两种振动模态和频率轴与阻尼轴的偏角

$$\begin{cases} \ddot{x} - g\Omega\dot{y} + c_{11}\dot{x} + c_{12}\dot{y} + k_{11}x + k_{12}y = f_x \\ \ddot{y} - g\Omega\dot{x} + c_{21}\dot{x} + c_{22}\dot{y} + k_{21}x + k_{22}y = f_y \end{cases} \tag{7-82}$$

式(7-82)中驱动力和振子振动均为固有频率正弦信号,因而将式(7-82)的解写为

$$x = X_s\sin(\omega_0 t) + X_c\cos(\omega_0 t), y = Y_s\sin(\omega_0 t) + Y_c\cos(\omega_0 t) \tag{7-83}$$

对式(7-83)求导,得

$$\begin{cases} \dot{x} = \omega_0[X_s\cos(\omega_0 t) - X_c\sin(\omega_0 t)] + \dot{X}_s\sin(\omega_0 t) + \dot{X}_c\cos(\omega_0 t) \\ \dot{y} = \omega_0[Y_s\cos(\omega_0 t) - Y_c\sin(\omega_0 t)] + \dot{Y}_s\sin(\omega_0 t) + \dot{Y}_c\cos(\omega_0 t) \end{cases}$$

$$\tag{7-84}$$

由于 X_s、X_c、Y_s、Y_c 仅缓慢变化,故可认为在一个振动周期内 $\dot{X}_s = 0, \dot{X}_c = 0$, $\dot{Y}_s, \dot{Y}_c = 0$,因此

$$\dot{X}_s\sin(\omega_0 t) + \dot{X}_c\cos(\omega_0 t) = 0, \dot{Y}_s\sin(\omega_0 t) + \dot{Y}_c\cos(\omega_0 t) = 0 \tag{7-85}$$

对式(7-83)求一阶与二阶导数,由于 ω_0 较大,通常为 $\omega_0 \approx 10000\pi\,\mathrm{rad/s}$,因此不能忽略 $\omega_0\dot{X}_s$、$\omega_0\dot{X}_c$、$\omega_0\dot{Y}_s$、$\omega_0\dot{Y}_c$,所以

$$\begin{cases} \dot{x} = \omega_0[X_s\cos(\omega_0 t) - X_c\sin(\omega_0 t)] \\ \dot{y} = \omega_0[Y_s\cos(\omega_0 t) - Y_c\sin(\omega_0 t)] \\ \ddot{x} = -\omega_0^2[X_s\sin(\omega_0 t) + X_c\cos(\omega_0 t)] + 2\omega_0[\dot{X}_s\cos(\omega_0 t) - \dot{X}_c\sin(\omega_0 t)] \\ \ddot{y} = -\omega_0^2[Y_s\sin(\omega_0 t) + Y_c\cos(\omega_0 t)] + 2\omega_0[\dot{Y}_s\cos(\omega_0 t) - \dot{Y}_c\sin(\omega_0 t)] \end{cases}$$

$$\tag{7-86}$$

将式(7-86)代入式(7-82)得

$$
\begin{cases}
(k_{11} - \omega_0^2)[X_s \sin(\omega_0 t) + X_c \cos(\omega_0 t)] + 2\omega_0[\dot{X}_s \cos(\omega_0 t) - \dot{X}_c \sin(\omega_0 t)] \\
+ (c_{12} - g\Omega)\omega_0[Y_s \cos(\omega_0 t) - Y_c \sin(\omega_0 t)] + c_{11}\omega_0[X_s \cos(\omega_0 t) - X_c \sin(\omega_0 t)] \\
+ k_{12}[Y_s \sin(\omega_0 t) + Y_c \cos(\omega_0 t)] = F_{x_s}\sin(\omega_0 t) + F_{x_c}\cos(\omega_0 t) \\
\\
(k_{11} - \omega_0^2)[Y_s \sin(\omega_0 t) + Y_c \cos(\omega_0 t)] + 2\omega_0[\dot{Y}_s \cos(\omega_0 t) - \dot{Y}_c \sin(\omega_0 t)] \\
+ (c_{21} + g\Omega)\omega_0[X_s \cos(\omega_0 t) - X_c \sin(\omega_0 t)] + c_{22}\omega_0[X_s \cos(\omega_0 t) - X_c \sin(\omega_0 t)] \\
+ k_{21}[X_s \sin(\omega_0 t) + X_c \cos(\omega_0 t)] = F_{y_s}\sin(\omega_0 t) + F_{y_c}\cos(\omega_0 t)
\end{cases}
$$

$$(7-87)$$

根据式(7-85)，让 $\sin(\omega_0 t)$ 和 $\cos(\omega_0 t)$ 对应系数相等，得到 4 个方程，并求解 $\dot{X}_s$、$\dot{X}_c$、$\dot{Y}_s$、$\dot{Y}_c$，得

$$
\begin{cases}
\dot{X}_s = -[(k_{11} - \omega_0^2)/2\omega_0][X_s \sin(\omega_0 t)\cos(\omega_0 t) + X_c \cos^2(\omega_0 t)] \\
\quad - (c_{12} - g\Omega)[Y_s \cos^2(\omega_0 t) - Y_c \sin(\omega_0 t)\cos(\omega_0 t)]/2 - c_{11}[X_s \cos^2(\omega_0 t) \\
\quad - X_c \sin(\omega_0 t)\cos(\omega_0 t)]/2 - (k_{12}/2\omega_0) \times [Y_s \sin(\omega_0 t)\cos(\omega_0 t) \\
\quad + Y_c \cos^2(\omega_0 t)] + (F_{x_s}/2\omega_0)\sin(\omega_0 t)\cos(\omega_0 t) + (F_{x_c}/2\omega_0)\cos^2(\omega_0 t) \\
\\
\dot{X}_c = -[(k_{11} - \omega_0^2)/2\omega_0][X_c \sin(\omega_0 t)\cos(\omega_0 t) + X_s \cos^2(\omega_0 t)] \\
\quad + (c_{12} - g\Omega)[Y_s \sin(\omega_0 t)\cos(\omega_0 t) - Y_c \sin^2(\omega_0 t)]/2 \\
\quad + c_{11}[X_s \sin(\omega_0 t)\cos(\omega_0 t) - X_c \sin^2(\omega_0 t)]/2 - (k_{12}/2\omega_0) \times [Y_s \sin^2(\omega_0 t) \\
\quad + Y_c \sin(\omega_0 t)\cos(\omega_0 t)] + (F_{x_s}/2\omega_0)\sin^2(\omega_0 t) + (F_{x_c}/2\omega_0)\sin(\omega_0 t)\cos(\omega_0 t) \\
\\
\dot{Y}_s = -[(k_{22} - \omega_0^2)/2\omega_0][Y_s \sin(\omega_0 t)\cos(\omega_0 t) + Y_c \cos^2(\omega_0 t)] \\
\quad - (c_{21} + g\Omega)[X_s \cos^2(\omega_0 t) - X_c \sin(\omega_0 t)\cos(\omega_0 t)]/2 - c_{22}[Y_s \cos^2(\omega_0 t) \\
\quad - Y_c \sin(\omega_0 t)\cos(\omega_0 t)]/2 - (k_{21}/2\omega_0) \times [X_s \sin(\omega_0 t)\cos(\omega_0 t) + X_c \cos^2(\omega_0 t)] \\
\quad + (F_{y_s}/2\omega_0)\sin(\omega_0 t)\cos(\omega_0 t) + (F_{y_c}/2\omega_0)\cos^2(\omega_0 t) \\
\\
\dot{Y}_c = [(k_{22} - \omega_0^2)/2\omega_0][Y_c \sin(\omega_0 t)\cos(\omega_0 t) + Y_s \sin^2(\omega_0 t)] \\
\quad + (c_{21} + g\Omega)[X_s \sin(\omega_0 t)\cos(\omega_0 t) - X_c \sin^2(\omega_0 t)]/2 \\
\quad + c_{22}[Y_s \sin(\omega_0 t)\cos(\omega_0 t) - Y_c \sin^2(\omega_0 t)]/2 - (k_{21}/2\omega_0) \times [X_s \sin^2(\omega_0 t) \\
\quad + X_c \sin(\omega_0 t)\cos(\omega_0 t)] + (F_{y_s}/2\omega_0)\sin^2(\omega_0 t) - (F_{y_c}/2\omega_0)\sin(\omega_0 t)\cos(\omega_0 t)
\end{cases}
$$

$$(7-88)$$

式(7-88)说明,当谐振子存在较小的非等阻尼和非等弹性等缺陷时,谐振子通过受到较小的外界力校正,X_s 的变化率将很小。同理,$\dot{X}_c$、$\dot{Y}_s$、$\dot{Y}_c$ 也很小,可认为为 0。于是,假设 X_s、X_c、Y_s、Y_c 在一个振荡周期保持恒定,因而在一个振荡周期内通过下式可将等式均值化,简化问题。

$$\frac{1}{T}\int_0^T \sin(\omega_0 t)\cos(\omega_0 t)\,\mathrm{d}t = 0, \quad \frac{1}{T}\int_0^T \cos^2(\omega_0 t)\,\mathrm{d}t = \frac{1}{T}\int_0^T \sin^2(\omega_0 t)\,\mathrm{d}t = \frac{1}{2}$$

$$(7-89)$$

得到以下 4 个一阶方程组系统,用以描述缓慢变量和非等弹性、非等阻尼缺陷的谐振子动力模型:

$$
\begin{cases}
\dot{X}_s = -\dfrac{c_{11}}{4}X_s - \dfrac{(k_{22}-\omega_0^2)}{4\omega_0}X_c - \dfrac{(c_{12}-g\Omega)}{4}Y_s - \dfrac{k_{12}}{4\omega_0}Y_c + \dfrac{F_{x_c}}{4\omega_0} \\[2mm]
\dot{X}_c = \dfrac{(k_{11}-\omega_0^2)}{4\omega_0}X_s - \dfrac{c_{11}}{4}X_c + \dfrac{k_{12}}{4\omega_0}Y_s - \dfrac{(c_{12}-g\Omega)}{4}Y_c - \dfrac{F_{x_s}}{4\omega_0} \\[2mm]
\dot{Y}_s = -\dfrac{(c_{21}+g\Omega)}{4}X_s - \dfrac{k_{21}}{4\omega_0}X_c - \dfrac{C_{22}}{4}Y_s - \dfrac{(k_{22}-\omega_0^2)}{4\omega_0}Y_c + \dfrac{F_{y_c}}{4\omega_0} \\[2mm]
\dot{Y}_c = \dfrac{k_{21}}{4\omega_0}X_s - \dfrac{(c_{21}+g\Omega)}{4}X_c + \dfrac{(k_{22}-\omega_0^2)}{4\omega_0}Y_s - \dfrac{C_{22}}{4}Y_c - \dfrac{F_{y_s}}{4\omega_0}
\end{cases}
$$

$$(7-90)$$

2. 回路实现

式(7-90)即为谐振子二阶振动时 X、Y 检测信号的正余弦分量,可见主振动和辅振动间存在耦合并相互影响其输出状态,故谐振子二维质点运动轨迹如图 7-26 所示,0° 和 45° 运动方程可表示为

$$
\begin{cases}
x = a\cos(2\theta)\cos(\omega_n t + \varphi') - q\sin(2\theta)\sin(\omega_n t + \varphi') \\
y = a\sin(2\theta)\cos(\omega_n t + \varphi') + q\cos(2\theta)\sin(\omega_n t + \varphi')
\end{cases}
$$

$$(7-91)$$

式(7-91)表征了振动信号中主辅振动的耦合,为使各控制回路独立可靠地工作,降低误差影响,需对各回路误差信号进行解耦,其原理框图如图 7-24 所示。

首先采用参考信号对两方向信号进行解调,取参考信号为

$$
\begin{cases}
v_{rs} = A_s \sin(\omega t + \varphi) \\
v_{rc} = A_c \cos(\omega t + \varphi)
\end{cases}
$$

$$(7-92)$$

式中:φ 为参考信号 v_{rc} 和 v_{rs} 的初相角;$A_c = A_s = 2$。相乘后信号滤除 2ω 项。

参考信号 v_{rc}、v_{rs} 和 x、y 位移信号相乘得

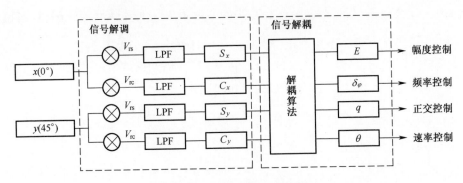

图 7-24　相位解耦原理框图

$$\begin{cases} c_x = v_{rc}x = a\cos(2\theta)\cos\delta_\varphi + q\sin(2\theta)\sin\delta_\varphi \\ s_x = v_{rs}x = a\cos(2\theta)\sin\delta_\varphi - q\sin(2\theta)\cos\delta_\varphi \\ c_y = v_{rc}y = a\sin(2\theta)\cos\delta_\varphi - q\cos(2\theta)\sin\delta_\varphi \\ s_y = v_{rs}y = a\sin(2\theta)\sin\delta_\varphi + q\cos(2\theta)\cos\delta_\varphi \end{cases} \tag{7-93}$$

因而可得参数 Q、E、R、S 和 L。

$$\begin{cases} Q = 2(c_x S_y - c_y s_x) = 2aq \\ E = c_x^2 + s_x^2 + c_y^2 + s_y^2 = a^2 + q^2 \\ R = c_x^2 + s_x^2 - c_y^2 - s_y^2 = (a^2 - q^2)\cos(4\theta) \\ S = 2(c_x c_y + s_x s_y) = (a^2 - q^2)\sin(4\theta) \\ L = 2(c_x s_x + c_y s_y) = (a^2 - q^2)\sin(2\delta_\varphi) \end{cases} \tag{7-94}$$

由式(7-93),参数 E 表征主辅振动幅度的平方和,即为 $X_s^2 + X_c^2 + Y_s^2 + Y_c^2$,代表谐振子整体振动能量。

由式(7-94)得

$$\delta_\varphi = \frac{1}{2}\arcsin\left(\frac{L}{a^2 - q^2}\right) \tag{7-95}$$

式中:δ_φ 为振动信号与参考信号出现相位偏差,表征激励频率与自然频率不一致,实现锁相环中鉴相器功能,因而作为频率控制误差信号,避免出现锁相相位误差。

由式(7-94)得

$$\begin{cases} \dfrac{S}{R} = \dfrac{(a^2 - q^2)\sin(4\theta)}{(a^2 - q^2)\cos(4\theta)} = \tan(4\theta) \\ \theta = \dfrac{1}{4}\arctan\dfrac{S}{R} \end{cases} \tag{7-96}$$

式中:θ 为振型进动角,其表征驻波点偏离 45°方位,通过检测 θ 可计算得到外界载体旋转的角度。

由式(7-94)得

$$q = \frac{1}{2}(\sqrt{E+Q} + \sqrt{E-Q}) \tag{7-97}$$

式中:q 为陀螺仪偏离理想谐振模态的程度,即为 $y(t)_{quad}$,表征轴向质量分布函数傅里叶变换的四次谐波,采用该信号作为正交控制误差信号。

由式(7-94)得

$$a = \frac{1}{2}(\sqrt{E+Q} + \sqrt{E-Q}) \tag{7-98}$$

式中:a 为陀螺仪主振动幅度,表征谐振子简谐运动的幅度,采用 a 与设定值差值作为幅度控制误差信号,避免了 θ、δ_φ 及辅振动耦合引入的误差。

7.3.3　驱动模态向量追踪技术

根据 7.3.2 节信号解算,获取了频率控制、幅度控制、正交控制的误差信号,分别与各自的设定值相减,经比例积分微分(PID)控制器后得到控制量。幅度控制量与正交控制量,根据方位角按式(7-99)进行分解与再合成,形成 X、Y 轴上的施力 F_x 与 F_y,如图 7-25 所示。

$$\begin{cases} F_x = F_{x_c}\cos(2\theta)\sin(\omega_n t) + F_{y_s}\sin(2\theta)\cos(\omega_n t) \\ F_y = -F_{x_c}\sin(2\theta)\sin(\omega_n t) - F_{y_s}\cos(2\theta)\cos(\omega_n t) \end{cases} \tag{7-99}$$

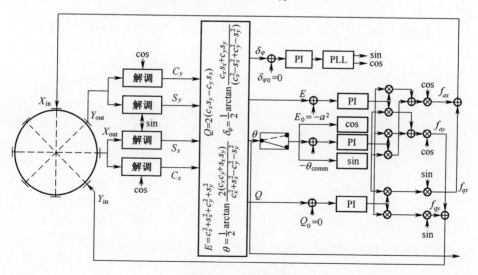

图 7-25　信号解算

▲7.3.4 阻尼误差补偿方法

根据受迫振动运动阻尼衰减方程,将谐振子振动方程写为

$$z = \mathcal{R}\left[D(t)\,\mathrm{e}^{-\mathrm{i}[\,\omega t + \phi(t)\,]} \right] \qquad (7\text{-}100)$$

式中:$\mathcal{R}$ 为取实数部分。

其中

$$\boldsymbol{D}(\boldsymbol{t}) = \begin{bmatrix} c_x(t) + \mathrm{i}s_x(t) \\ c_y(t) + \mathrm{i}s_y(t) \end{bmatrix} \qquad (7\text{-}101)$$

以同相的形式,将慢变化的两轴施力 f_x 和 f_y 写为

$$f = \mathcal{R}\left[\boldsymbol{F}(\boldsymbol{t})\,\mathrm{e}^{-\mathrm{i}[\,\omega t + \phi(t)\,]} \right] \qquad (7\text{-}102)$$

其中

$$\boldsymbol{F}(\boldsymbol{t}) = \begin{bmatrix} f_{x_c}(t) + \mathrm{i}f_{x_s}(t) \\ f_{y_c}(t) + \mathrm{i}f_{y_s}(t) \end{bmatrix} = \begin{bmatrix} F_x(t) \\ F_y(t) \end{bmatrix} \qquad (7\text{-}103)$$

将式(7-100)代入式(7-101),令指数系数等于 0,采用周期化均值,并忽略 $\ddot{D}$、$-2\mathrm{i}\omega\,\dot{D}$、$\ddot{\phi}$、$\dot{\phi}$ 以及 $\dot{\Omega}$,获得方程:

$$\dot{D} + \Gamma D = \frac{\mathrm{i}}{2\omega}F \qquad (7\text{-}104)$$

其中

$$\Gamma = \frac{1}{\tau} + \frac{1}{2}\Delta\left(\frac{1}{\tau}\right)\left[\,\boldsymbol{\sigma}_3\cos(4\theta_\sigma) + \boldsymbol{\sigma}_1\sin(4\theta_\sigma)\,\right] - \mathrm{i}k\Omega\boldsymbol{\sigma}_2$$

$$- \mathrm{i}\dot{\phi} - \frac{\mathrm{i}}{2}\Delta\omega\left[\,\boldsymbol{\sigma}_3\cos(4\theta_\omega) + \boldsymbol{\sigma}_1\sin(4\theta_\omega)\,\right] \qquad (7\text{-}105)$$

其中

$$\boldsymbol{\sigma}_1 = \begin{bmatrix} 0 & 1 \\ 1 & 0 \end{bmatrix}, \quad \boldsymbol{\sigma}_2 = \begin{bmatrix} 0 & -\mathrm{i} \\ \mathrm{i} & 0 \end{bmatrix}, \quad \boldsymbol{\sigma}_3 = \begin{bmatrix} 1 & 0 \\ 0 & -1 \end{bmatrix} \qquad (7\text{-}106)$$

根据式(7-101)可以得出质点运动轨迹的自由衰减振动方程为

$$z = \mathcal{R}\left[\mathrm{e}^{-2\mathrm{i}\boldsymbol{\sigma}_2\theta}\boldsymbol{z}_0\,\mathrm{e}^{-\mathrm{i}[\,\omega t + \phi'\,]} \right] \qquad (7\text{-}107)$$

其中

$$z_0 = \begin{bmatrix} a \\ iq \end{bmatrix} \quad (7\text{-}108)$$

将式(7-100)和式(7-105)联立,获取含 a、q、θ、ϕ' 的方程:

$$\dot{D} = e^{-2i\sigma_2\theta}\left[\dot{z}_0 - 2i\sigma_2\dot{\theta}z_0 + i\delta\dot{\phi}z_0\right]e^{i\delta\phi} \quad (7\text{-}109)$$

代入式(7-100),左乘 $e^{-i\delta\phi}e^{i\sigma_2\theta}$,得到

$$\dot{z}_0 - 2i\sigma_2\dot{\theta}z_0 + + i\delta\dot{\phi}z_0 + e^{2i\sigma_2\theta}\Gamma e^{-2i\sigma_2\theta} = \frac{i}{2\omega}e^{-i\delta\phi}e^{2i\sigma_2\theta}F \quad (7\text{-}110)$$

用式(7-105)采用波利矩阵求取 $e^{2i\sigma_2\theta}\Gamma e^{-2i\sigma_2\theta}$,得

$$e^{2i\sigma_2\theta}\Gamma e^{-2i\sigma_2\theta} = \frac{1}{\tau} + \frac{1}{2}\Delta\left(\frac{1}{\tau}\right)\sigma_3 e^{-4i\sigma_2(\theta-\theta_\tau)} - ik\Omega_z\sigma_2 - i\dot{\phi} - \frac{i}{2}\Delta\omega\sigma_3 e^{-4i\sigma_2(\theta-\theta_\omega)}$$

$$(7\text{-}111)$$

提取式(7-111)的实部和虚部,可得

$$\begin{cases} \dot{a} + \left\{\frac{1}{\tau} + \frac{1}{2}\Delta\left(\frac{1}{\tau}\right)\cos\left[4(\theta-\theta_\tau)\right]\right\}a - \frac{1}{2}\Delta\omega\sin\left[4(\theta-\theta_\omega)\right]q = \mathscr{R}\left(\frac{i}{2\omega}e^{-i\delta\phi}F_a\right) \\ \dot{q} + \left\{\frac{1}{\tau} - \frac{1}{2}\Delta\left(\frac{1}{\tau}\right)\cos\left[4(\theta-\theta_\tau)\right]\right\}q + \frac{1}{2}\Delta\omega\sin\left[4(\theta-\theta_\omega)\right]a = \mathscr{R}\left(\frac{i}{2\omega}e^{-i\delta\phi}F_q\right) \\ \left\{\dot{\theta} + k\Omega - \frac{1}{2}\Delta\left(\frac{1}{\tau}\right)\sin\left[4(\theta-\theta_\tau)\right]\right\}a + \left\{\dot{\phi}' - \frac{1}{2}\Delta\omega\cos\left[4(\theta-\theta_\omega)\right]\right\}q = \mathscr{R}\left(\frac{i}{2\omega}e^{-i\delta\phi}F_q\right) \\ \left\{\dot{\phi}' + \frac{1}{2}\Delta\omega\cos\left[4(\theta-\theta_\omega)\right]\right\}a + \dot{\theta} + \left\{k\Omega + \frac{1}{2}\Delta\left(\frac{1}{\tau}\right)\sin\left[4(\theta-\theta_\tau)\right]\right\}q = \mathscr{R}\left(\frac{i}{2\omega}e^{-i\delta\phi}F_a\right) \end{cases}$$

$$(7\text{-}112)$$

其中

$$\begin{cases} F_a = F_x\cos\theta + F_y\sin\theta \\ F_q = -F_x\sin\theta + F_y\cos\theta \end{cases} \quad (7\text{-}113)$$

F_a、F_q 分别是椭圆长半轴和短半轴的施力分量。

式(7-102)前两个方程分别表征了 $\dot{a}$ 和 $\dot{q}$。通过式(7-113)后两个方程可得

$$
\begin{cases}
(\dot{\theta} + k\Omega_z)(a^2 - q^2) - \dfrac{1}{2}\Delta\!\left(\dfrac{1}{\tau}\right)\sin[4(\theta - \theta_\tau)](a^2 - q^2) \\[2mm]
- \dfrac{1}{2}\Delta\omega\cos[4(\theta - \theta_\omega)](2aq) = \Re\!\left[\dfrac{\mathrm{i}}{2\omega}\mathrm{e}^{-\mathrm{i}\delta\phi}(F_q a - \mathrm{i}F_a q)\right] \\[4mm]
\dot{\phi}'(a^2 - q^2) + \dfrac{1}{2}\Delta\omega\cos[4(\theta - \theta_\omega)](a^2 - q^2) \\[2mm]
+ \dfrac{1}{2}\Delta\!\left(\dfrac{1}{\tau}\right)\sin[4(\theta - \theta_\tau)](2aq) = -\Re\!\left[\dfrac{1}{2\omega}\mathrm{e}^{-\mathrm{i}\delta\phi}(F_a a + \mathrm{i}F_q q)\right]
\end{cases}
$$

$$(7\text{-}114)$$

通常情况下,采用正交控制回路对正交误差进行抑制,因此 $a = q$(圆形钟摆)的情形将不会发生。将式(7-112)代入式((7-114),求解得到以下方程:

$$
\begin{cases}
\dot{E} = -\dfrac{2}{\tau}E - \Delta\!\left(\dfrac{1}{\tau}\right)\cos[4(\theta - \theta_\tau)]\sqrt{E^2 + Q^2} + \Re\!\left[\dfrac{\mathrm{i}}{\omega}\mathrm{e}^{-\mathrm{i}\delta\phi}(F_a a - \mathrm{i}F_q q)\right] \\[3mm]
\dot{Q} = -\dfrac{2}{\tau}Q - \Delta\omega\sin[4(\theta - \theta_\omega)]\sqrt{E^2 - Q^2} + \Re\!\left[\dfrac{1}{\omega}\mathrm{e}^{-\mathrm{i}\delta\phi}(F_q a + \mathrm{i}F_a q)\right] \\[3mm]
\dot{\theta} = -k\Omega + \dfrac{1}{2}\Delta\!\left(\dfrac{1}{\tau}\right)\sin[4(\theta - \theta_\tau)]\dfrac{E}{\sqrt{E^2 - Q^2}} \\[3mm]
\quad + \dfrac{1}{2}\Delta\omega\cos[4(\theta - \theta_\omega)]\dfrac{Q}{\sqrt{E^2 - Q^2}} + \Re\!\left[\dfrac{\mathrm{i}}{2\omega}\mathrm{e}^{-\mathrm{i}\delta\phi}\dfrac{F_q a - \mathrm{i}F_a q}{\sqrt{E^2 - Q^2}}\right] \\[3mm]
\dot{\phi}' = -\dfrac{1}{2}\Delta\!\left(\dfrac{1}{\tau}\right)\sin[4(\theta - \theta_\tau)]\dfrac{Q}{\sqrt{E^2 - Q^2}} \\[3mm]
\quad - \dfrac{1}{2}\Delta\omega\cos[4(\theta - \theta_\omega)]\dfrac{E}{\sqrt{E^2 - Q^2}} - \Re\!\left[\dfrac{1}{2\omega}\mathrm{e}^{-\mathrm{i}\delta\phi}\dfrac{F_a a + \mathrm{i}F_q q}{\sqrt{E^2 - Q^2}}\right]
\end{cases}
$$

$$(7\text{-}115)$$

由式(7-115)分析可知,阻尼、阻尼不均、频率裂解、阻尼轴夹角、频率轴夹角以及谐波力的分量引起了陀螺仪各状态的变化。对于全角模式而言,振型方位角 θ 将直接作为敏感输出,可见其变化率线性于外界输入角速率,即理想情况下,全角模式输出的标度因数 k 完全由表头结构和材料决定,因此稳定度、非线性、温度特性相较力反馈模式有明显的优势。

由式(7-115),主辅振动的振幅变化将通过阻尼不均及阻尼轴夹角、频率裂解及频率轴夹角及谐波力分量引起驻波方位角漂移,与此同时,该影响还会随着方位角大小的变化而改变。换言之,不同方位角时陀螺仪的输出漂移速率不同,

154

因此需建立环向漂移误差的补偿模型,以提高全角模式下陀螺仪精度。同时,要严格对正谐波力施力方位和相位,避免人为产生 $\dot{\theta}$。

根据上述推导,采用 Matlab 建立仿真模型,令驻波方位自 0° 匀速移动到 360°,得到不同方位角下误差引发的角度解算误差,如图 7-26 和图 7-27 所示。

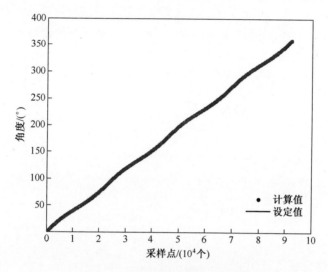

图 7-26　角度计算值与角度设定值

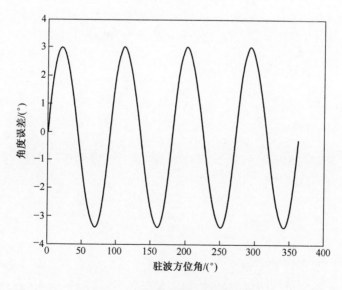

图 7-27　不同方位角的角度解算误差

155

7.4 差分模式

7.3.2 节中,我们得到非等阻尼和非等弹性引起了两个模态耦合,该耦合将带来陀螺仪输出的漂移。通常情况下,非等弹性引发的频率裂解误差,通过正交控制进行抑制;而非等阻尼引起的误差,其相位表现与外界旋转输入一致,因而直接影响陀螺仪输出。本节讨论一种差分模式的工作方式,该方式通过模态差分抵消抑制阻尼不均地输出误差表达。

◢7.4.1 陀螺仪输出误差分析

忽略离心力和角加速度分量的影响,在力反馈模式下,含幅度控制的自激锁相回路作用于 X 轴,驱动力 f_x 维持谐振子按照如下形式振动:

$$x = c_{x_o}\cos(\omega_x t) \tag{7-116}$$

其中

$$\omega_x^2 = \omega^2 - \omega\Delta\omega\cos(4\theta_\omega) \tag{7-117}$$

则 Y 轴响应信号表达式为

$$\ddot{y} + \frac{2}{\tau_y}\dot{y} + \omega_y{}^2 y = f_y + \omega_x c_{x_o}\left[2k\Omega + \Delta\left(\frac{1}{\tau}\right)\sin(4\theta_\tau)\right]\sin(\omega_x t)$$
$$+ c_{x_o}\omega\Delta\omega\sin(4\theta_\omega)\cos(\omega_x t) \tag{7-118}$$

其中

$$\begin{cases} \omega_y{}^2 = \omega^2 + \omega\Delta\omega\cos(4\theta_\omega) \\ \dfrac{1}{\tau_y} = \dfrac{1}{\tau} - \dfrac{1}{2}\Delta\left(\dfrac{1}{\tau}\right)\cos(4\theta_\tau) \end{cases} \tag{7-119}$$

假设力反馈控制无限增益、无限带宽,使得 Y 轴振动信号在任意时刻均保持为零,将式(7-118)进行简化:

$$f_y = -\omega_x c_{x_o}\left[2k\Omega + \Delta\left(\frac{1}{\tau}\right)\sin(4\theta_\tau)\right]\sin(\omega_x t) - c_{x_o}\omega\Delta\omega\sin(4\theta_\omega)\cos(\omega_x t) \tag{7-120}$$

由式(7-120),可见 Y 轴驱动力包含外界角速度响应,通过将 Y 轴检测信号按照 $\sin(\omega_x t)$ 参考进行解调,可去除由两模态频率裂解 $\Delta\omega$ 引入的正交项误差。该正交误差经由正交控制回路进行闭环抑制。因此可得角速率方程为

$$
\begin{cases}
\Omega = \mathrm{SF} \cdot \mathrm{demod}(f_y)\big|_{\sin(\omega_x t)} + B\sin(4\theta_\tau) \\[2mm]
\mathrm{SF} = -\dfrac{1}{2k\omega_x c_{x_o}} \\[3mm]
B = \dfrac{1}{2k}\Delta\left(\dfrac{1}{\tau}\right)\sin(4\theta_\tau)
\end{cases}
\tag{7-121}
$$

式中：SF 为标度因数；B 为陀螺仪零偏。

由式(7-121)可见，阻尼不均引起了陀螺仪输出中的零位变化，外界温度等因素会改变阻尼不均 $\Delta\left(\dfrac{1}{\tau}\right)$ 和阻尼轴夹角 θ_τ，进而导致陀螺仪输出发生漂移。

▲7.4.2　差分模式工作原理

由 7.4.1 节分析可见，非理想谐振子会引发陀螺仪输出漂移。通常情况下，我们认为正交控制使得正交误差抑制为零，即

$$
Q = \pi(x\,\dot{y} - \dot{x}y) \rightarrow \mathrm{null}
\tag{7-122}
$$

此时，交叉阻尼项成为了影响陀螺仪性能的主要因素，求取方程(7-133)的标准解为

$$
\begin{cases}
-2k\Omega D_y\sin(2\theta) + D_x d_{xx}\cos\theta + d_{xy}D_y\sin(2\theta) = z_x \\[2mm]
2k\Omega D_s\cos(2\theta) + D_y d_{yy}\sin\theta + d_{xy}D_x\cos(2\theta) = z_y
\end{cases}
\tag{7-123}
$$

式中：z_x、z_y、D_x、D_y 分别为 X 轴和 Y 轴检测电信号和压电转换系数。当驻波角 θ 不等于 45° 整数倍时，可得

$$
\begin{cases}
-2k\Omega D_y\tan(2\theta) + D_x d_{xx} + d_{xy}D_y\tan(2\theta) = \tilde{z}_x \\[2mm]
2k\Omega D_x\cot(2\theta) + D_y d_{yy} + d_{xy}D_x\cot(2\theta) = \tilde{z}_y
\end{cases}
\tag{7-124}
$$

此时两轴的标度因数分别为

$$
\mathrm{SF}_x = -2kD_y\tan(2\theta), \quad \mathrm{SF}_y = 2kD_x\cot(2\theta)
\tag{7-125}
$$

式(7-124)进行差分，可得

$$
\begin{aligned}
\tilde{z}_x - \tilde{z}_y = {}& 2k\big[D_y\tan(2\theta) + D_x\cot(2\theta)\big]\Omega \\
& + D_y d_{yy} - D_x d_{xx} + d_{xy}\big[D_y\tan(2\theta) - D_x\cot(2\theta)\big]
\end{aligned}
\tag{7-126}
$$

当

$$
\begin{cases}
D_y\tan(2\theta^*) - D_x\cot(2\theta^*) = 0 \\[2mm]
\theta^* = \dfrac{1}{2}\arctan\sqrt{\dfrac{D_x}{D_y}} = \dfrac{1}{2}\arctan\sqrt{\dfrac{\mathrm{SF}_x}{\mathrm{SF}_y}}
\end{cases}
\tag{7-127}
$$

可见在两轴标度因数相等的情况下，交叉耦合阻尼差分抵消，此时驻波角

$\theta = \theta^*$。在实际过程中,通过标定两轴标度因数相等,此时驻波角即为模态差分工作模式位相锁定点。

7.4.3 模态差分电路实现

图 7-28 为位置激励差分模式的电路实现框图。起振过程以力反馈控制方式进行,当达到幅度设定之后,通过调节向量力大小将驻波方位移动至差分位相锁定点。此时 X 轴、Y 轴输出信号数值相近,且标度因数相等,在外界发生旋转运动时,取两轴输出的平均值作为整体陀螺仪输出,进而抑制阻尼不均的表达。

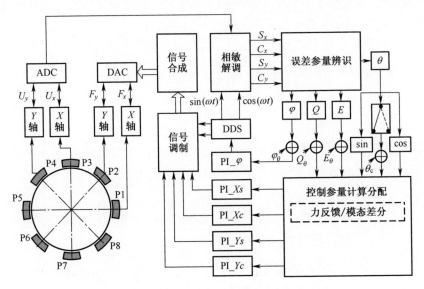

图 7-28 位置激励差分模式的电路实现框图

7.4.4 多控制模式自切换技术

7.2~7.4 节分别介绍了三种控制模式,不同控制模式陀螺仪整体表现不同。本节讨论不同模式的优缺点和适用场景,以及根据当前工况下的自切换技术。

力反馈模式将两个振动模态进行解耦,并且控制方位角固定,保证了陀螺仪各误差源的相对稳定,因而其各回路控制效果好,陀螺仪输出误差小,精度高。但由于测量输出环节包含在力反馈回路内,其测量范围受限于反馈力电压上限,动态性能受限于控制回路的结构与参数配置,标度因数精度、稳定性、线性度受电路及控制精度影响。综合上述,力反馈控制适用于小角速度输入、低外界扰动、低动态、高精度应用场景。

全角模式允许驻波自由进动,测量范围取决于电路反应速度,因此量程大,动态性能好。与此同时,其标度因数由结构本体决定,因此精度、稳定度、线性度高。但由于缺失了驻波方位控制,阻尼误差、频率裂解误差、电极位置和增益误差等会随着方位角变化而改变,需进行补偿或校正,因而精度不如力反馈模式。综合上述,全角控制适用于大角速度输入、高动态、中精度应用场景。

差分模式利用两模态耦合现象,通过模态差分方式抵消交叉阻尼的干扰项,因而可以很好地抑制外界扰动,如温度波动、振动等引起的漂移误差。由于其驻波方位角仍为绑定状态,因此同样与力反馈模式面临量程和动态的限制。与此同时,该模式由于两振动模态存在耦合,因此交叉误差相对较大,控制精度相对力反馈有所下降,故整体精度略小于力反馈模式。综合上述,模态差分控制适用于高外界扰动、长期误差校正、中高精度应用场景。

通过上述可见,三种工作模式面向不同的应用场景,在实际应用中,可以通过判断不同的外部工作状况,在三种模式中进行自主的切换,以达到陀螺仪整体性能的提升,满足更复杂使用场景的需要。电路实现框图如图 7-29 所示。

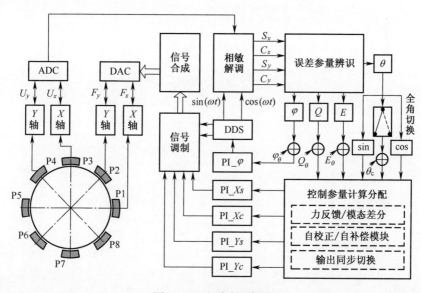

图 7-29　电路实现框图

启动过程以力反馈模式工作,使陀螺仪快速达到状态的稳定。工作状态下,根据当前所得的外界角输入状态,当输入大于设定值时,将工作模式切换至全角模式,直到外界输入小于设定值。监测外界输入波动当其大于设定值时,将工作模式切换至模态差分,直至外界输入恢复稳定。各个模式切换的过程中,同步转化测量敏感量及其相应的标度因数,保证整体陀螺仪输出的平稳。与此同时,通过自校正、自补偿模式,补偿切换过渡过程中的输出波动。

7.5 陀螺仪误差分析及补偿技术

▲7.5.1 频率裂解与正交控制

1. 频率裂解误差

由 5.2 节可知,谐振陀螺仪谐振子的工艺缺陷使谐振子出现两个互相呈 45°角的固有轴系。谐振子分别沿这两个轴振动时的固有频率是不一致的,它们的频率差称为频率裂解,其中,刚度大的轴固有频率较大,刚度小的轴固有频率较小。频率裂解的存在使得谐振陀螺仪谐振子的驱动模态与检测模态的频率不一致,引起谐振子除主振型外的其他振型,带来正交误差及陀螺仪的漂移。

由式(7-99)和式(7-108)可得频率裂解和阻尼项的表达式:

$$
\begin{cases}
c_{11} = \dfrac{2}{\tau} + \Delta\left(\dfrac{1}{\tau}\right)\cos(2n\theta_\tau) \\[2mm]
k_{11} = \omega^2 - \omega\Delta\omega\cos(2n\theta_\omega) \\[2mm]
c_{22} = \dfrac{2}{\tau} - \Delta\left(\dfrac{1}{\tau}\right)\cos(2n\theta_\tau) \\[2mm]
k_{22} = \omega^2 + \omega\Delta\omega\cos(2n\theta_\omega) \\[2mm]
c_{12} = c_{21} = \Delta\left(\dfrac{1}{\tau}\right)\sin(2n\theta_\tau) \\[2mm]
k_{12} = k_{21} = \omega\Delta\omega\sin(2n\theta_\omega)
\end{cases}
\tag{7-128}
$$

当稳频回路工作时,陀螺仪谐振子以 ω_x 工作,稳幅回路工作时谐振子以 f_x 激励力维持四波腹恒定振动,此时 x 振动可表示为

$$
x = A\sin(\omega_x t) \tag{7-129}
$$

式中:A 为主振动幅值;ω_x 为 X 方向振动频率。

将式(7-129)代入式(7-81),将辅振动写成二阶微分方程:

$$
\ddot{y} + c_{22}\dot{y} + k_{22}y = -(2nk\Omega + c_{21})A\omega_x\cos(\omega_x t) - k_{21}A\sin(\omega_x t)
$$

$$
\tag{7-130}
$$

求其稳态解,可得

$$
\begin{aligned}
y(t) &= C_1\cos(\omega_x t) + C_2\sin(\omega_x t) \\
&= \frac{(\omega_x^2 - k_{22})(2nk\Omega + c_{21})\omega_x + k_{21}c_{22}\omega_x}{(\omega_x^2 - k_{22})^2 + (c_{22}\omega_x)^2}A\cos(\omega_x t)
\end{aligned}
$$

$$+ \frac{-(2nk\Omega + c_{21})c_{22}\omega_x^2 - k_{21}(k_{22} - \omega_x^2)}{(\omega_x^2 - k_{22})^2 + (c_{22}\omega_x)^2} A\sin(\omega_x t) \tag{7-131}$$

仅考虑非等阻尼情况下,假设 $\Delta\omega = 0$, $\Delta\left(\dfrac{1}{\tau}\right) \neq 0$, 则式(7-131)可变换为

$$y(t) = - \frac{2nk\left(\Omega + \dfrac{c_{21}}{2nk}\right)}{c_{22}} A\sin(\omega_x t) \tag{7-132}$$

角速率表达式写为

$$\hat{\Omega} = - \frac{c_{22}}{2nk} \frac{y(t)}{x(t)} - \frac{c_{21}}{2nk} \tag{7-133}$$

式(7-132)和式(7-133)表明非等阻尼将会在陀螺仪角速率输出中增加额外的输出信号,所产生的零偏为

$$\Omega_c = - \frac{c_{21}}{2nk} \tag{7-134}$$

仅考虑频率裂解情况下,设 $\omega_x \neq \omega_y$, $\Delta\left(\dfrac{1}{\tau}\right) = 0$, 式(7-131)变为

$$y(t) = \frac{4nk\Omega\sin^2(n\theta_\omega) + \sin(2n\theta_\omega)c_{22}}{[2\omega\Delta\omega\sin^2(n\theta_\omega)]^2 + (c_{22}\omega_x)^2}\omega_x\omega\Delta\omega A\cos(\omega_x t)$$

$$- \frac{2nk\Omega c_{22}\omega_x^2 - 2k_{21}\omega\Delta\omega\sin^2(n\theta_\omega)}{[2\omega\Delta\omega\sin^2(n\theta_\omega)]^2 + (c_{22}\omega_x)^2} A\sin(\omega_x t) \tag{7-135}$$

根据式(7-135)可知,频率裂解引入了不希望的 90° 相差正交分量,为

$$y(t)_{\text{quad}} = \frac{4nk\Omega\sin^2(n\theta_\omega) + \sin(2n\theta_\omega)c_{22}}{[2\omega\Delta\omega\sin^2(n\theta_\omega)]^2 + (c_{22}\omega_x)^2}\omega_x\omega\Delta\omega A\cos(\omega_x t) \tag{7-136}$$

由于 $(\omega_x^2 - k_{22})^2 > 0$, 因而减小了陀螺仪输出标度因数,降低陀螺仪灵敏度。

同时,由于频率裂解,角速率信息中包含与科里奥利力同相位的误差,引起陀螺仪输出零偏:

$$y(t) = - \frac{2nk\Omega c_{22}\omega_x^2 - 2k_{21}\omega\Delta\omega\sin^2(n\theta_\omega)}{[2\omega\Delta\omega\sin^2(n\theta_\omega)]^2 + (c_{22}\omega_x)^2} A\sin(\omega_x t)$$

$$= - \frac{2nk\Omega c_{22}\omega_x^2 \left[\Omega - \dfrac{(\omega\Delta\omega)^2}{nkc_{22}\omega_x^2}\sin(2n\theta_\omega)\sin^2(n\theta_\omega)\right]}{[2\omega\Delta\omega\sin^2(n\theta_\omega)]^2 + (c_{22}\omega_x)^2} A\sin(\omega_x t)$$

$$\tag{7-137}$$

161

角速率表达式为

$$\hat{\Omega} = -\frac{\left[2\omega\Delta\omega\sin^2(n\theta_\omega)\right] + (c_{22}\omega_x)^2}{2nk\Omega c_{22}\omega_x^2}\frac{y(t)}{x(t)} + \frac{(\omega\Delta\omega)^2}{nkc_{22}\omega_x^2}\sin(2n\theta_\omega)\sin^2(n\theta_\omega)$$

$$(7\text{-}138)$$

于是可得到频率裂解引起的零偏为

$$\Omega_k = \frac{(\omega\Delta\omega)^2}{nkc_{22}\omega_x^2}\sin(2n\theta_\omega)\sin^2(n\theta_\omega) \qquad (7\text{-}139)$$

综上所述,频率裂解会引起与陀螺仪输出及标度因数相关的额外误差项,降低了陀螺仪性能。因此采取手段消除或尽可能减小频率裂解是非常必要的。由第5章分析可知,通过物理去重和增加或减小局部刚度的方式可以减小谐振子的频率裂解,而且由5.2.1节中推论4可知,等效刚度也可以减小谐振子的频率裂解,如通过静电的方式改变谐振子的局部刚度,即正交控制。

2. 正交控制技术与实现

质量不平衡将会使得主振型和敏感振型出现轻微的谐振频率不一致,同时还会导致二阶振型的波形绑定现象发生。质量的去除能够消除谐振子的质量不平衡,但是存在两个问题:其一,此过程是在某一温度条件下进行的,得到的是此温度条件下的质量平衡,但当温度改变时,平衡可能重新变为不平衡;其二,谐振子工作在真空条件下,但是质量平衡过程是在标准大气压条件下取得的,不同气压条件可能改变谐振子的平衡特性。因此,需要采用正交控制回路对相应的电极施加直流电压来改变谐振子在某个方向上的刚度系数,从而消除两个振型之间的频率裂解。

由上可知,频率裂解对半球谐振陀螺仪性能造成了很大的负面影响。因此,要得到高精度的陀螺仪,频率裂解的消除是一个主要任务。镀膜谐振子的有效刚度系数可以被静电场加以改变。通过对施力电极注入直流电压可以产生相应的静电场,静电场作用到镀膜的谐振子上如同给谐振子耦合一个负电弹簧,从而改变其在某一方向上的刚度系数。因此,频率裂解可以通过对不同的电极施加相应的直流电压来得到消除。

对于正交控制回路的设计,需要重点考虑误差量的获取、控制器的设计以及施力电极的选择三个部分。

对正交误差进行控制,首先要获取正交控制的误差信号。由式(7-135)可知,当频率裂解项消除后,陀螺仪正交输出为0,陀螺仪输出与输入相位是相同的。而当陀螺仪输出中夹杂着正交误差时,那么0°和45°电极轴上振动信号的相位会不断地发生变化。因此,可将0°和45°电极轴上振动信号的相位差作为正交控制回路的误差信号,通过线路板产生相应的直流电压作用到施力电极上,进而改变谐振子某一方向上的刚度系数,达到改变谐振频率的目的。当两电极轴振动信号相位差被抑制到 0 时,即可消除谐振子两个主轴上的频率裂解。此时,由频率裂解而引起的与输出相关的额外误差便完全得到了抑制。

其次,当获得误差信号后,需经过控制器得到控制信号作用到被控对象。由于经典 PID 控制简单而且鲁棒性好,因此正交控制回路控制器的选择就采用 PID 算法进行反馈控制[11]。

最后,需要考虑的是施力电极的选取。半球谐振陀螺仪周围排列着 16 个离散施力电极。它相当于负电弹簧,能够降低谐振子在对应轴向上的刚度系数,进而降低该轴向的谐振频率[12]。因此,在离散电极上施加适当的直流电压,产生的静电力即可改变此处轴向的谐振频率,从而消除频率裂解。

图 7-30 为施力电极示意图,主振型 M 可以沿与波腹轴互成 22.5°的左右正交轴进行分解得到子振型 M1 和 M2,两子振型的振幅都为主阵型振幅的 0.707 倍。当波节点存在正交误差信号时,即振型 M1 和 M2 存在频率差。通过波节点检测得到的误差信号反馈确定需要校正的子振型分量,合理选择施加到离散电极电压的比例关系,使离散电极的合力方向位于需校正子振型分量的波腹轴,可以使得两子振型同频同相,此时波节点的正交分量即被消除[5,13]。

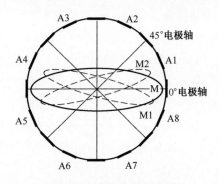

图 7-30　施力电极示意图

如图 7-30 所示,假设某一时刻,振型 M1 振动频率大于振型 M2 振动频率,通过向 0°和 A1 两电极施加合适的直流电压并使合力方向沿振型 M1 的波腹轴方向,即可降低 M1 振型的谐振频率,进而使两振型谐振频率一致。实际上,在 0°电极上施加一个恒定的基准电压,然后通过改变 A1 电极上的电压大小也能够改变合力的方向,从而达到控制目的。同理,当 M1 振型的谐振频率小于 M2 振型的谐振频率时,当 45°电极上施加了一个恒定的基准电压时,改变电极 A8 上的直流电压大小即可达到控制目的。因此,可将 22.5°的离散电极分为两组:

其中,A1、A3、A5、A7 电极为 A 组;A2、A4、A6、A8 电极为 B 组。通过向两组电极施加相应的直流电压即可改变两子振型的谐振频率,保证两振型的谐振频率与相角一致,达到控制目的。

图 7-31 为正交控制回路结构框图,具体控制方案如下:首先从检测电极读出 0°电极轴与 45°电极轴上振型的信号,经缓冲放大后,通过 ADC(模数转换器)进入主控芯片 FPGA 中,通过频率控制回路产生的基准参考信号对 0°电极轴和 45°电极轴上的检测信号进行解调,再通过滤波、反正切等运算,可得到两信号的相位 φ_1 和 φ_2,从而得到两信号的相位差 $\Delta\varphi = \varphi_1 - \varphi_2$。并将 $\Delta\varphi$ 作为误差信号经过 PID 控制器得到控制信号和 DC_{basic1} 和 DC_{basic2},然后施加到相应的离散电极上,以改变 45°电极轴的频率以消除两振型的相位差,保证两振型时刻振动在同一相位。

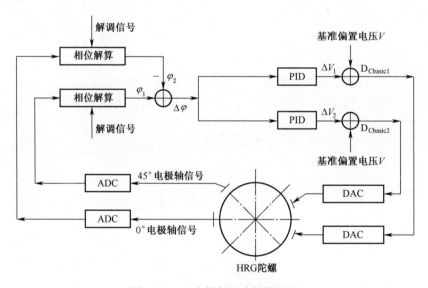

图 7-31 正交控制回路结构框图

7.5.2 通道增益不均和相位偏移与补偿技术

控制电路在进行控制与检测的过程中,也额外引入了新的误差源。其中,比较重要的是通道增益不均和相位偏移。通道增益不均当然也包括谐振子本身结构的影响,以及由控制电路引起的部分统一表现出来。引起相位偏移的原因多种多样,其中主要是由控制电路引起的。本节将讨论通道增益不均和相位偏移各自的补偿技术。

1. 通道增益不均误差与补偿方案

在力反馈模式下,半球谐振陀螺仪主要有 4 条控制回路,分别为稳频回路、稳幅回路、力反馈回路和正交控制回路。激励与检测信号通过谐振子的电极进行施加与提取,电极和电路通道总会有不一致现象,表现为通道增益不一致,导致信号的施加和提取过程中产生误差。

首先谐振子 8 个电极的增益不能达到完美的一致。尽管在谐振子加工的过程中,有非常严格的制造工差要求,谐振子的加工精度仍然不能保证结构上的完全对称性,而这种不对称性会在电极上表现出来。每个电极的增益首先是电极面积的函数,其次是谐振子边缘与基座之间气隙大小的函数。不同电极具有不同面积或者不同气隙大小,导致电极间增益的不同。

此外,在电路中,不同电极连接着不同的电路也会影响增益,影响因素包括电路中各个元器件的性能差异、线路的线长不一致性、线路布局的非对称性等。信号在不同的电路中传输,还会受到由于寄生电容、电感产生的串扰的影响,甚至还有外界电磁环境产生的影响。信号在不同的电路中受到不同程度的干扰,也导致误差的产生。

电极不一致,连同各个相连的电路的不一致,最终形成了通道的不一致。在这种情况下,通道不一致会导致驱动与检测之间,或者驱动电极组各自之间出现工作效率(增益)的区别。例如,8 个电极中只有 1 个电极的增益偏低,其他 7 个电极相对一致,那么在陀螺仪工作时,该低增益电极通道上的状态的测量值与真实值始终产生一定差距,那么在该电极上会持续产生并引入一个误差。在信号处理过程中,这一误差会参与到各个回路的计算中去,其中对稳幅回路的影响较大,最终影响陀螺仪精度。为了提高陀螺仪精度,应尽量消除这类误差,就需要对通道的不一致性进行补偿[14]。

半球谐振子通常在内表面镀膜,在边缘处与基座形成多个电极。电极分为控制电极和检测电极。将控制信号加在控制电极上,使半球谐振子振动,进而产生形变,使其敏感角速度。检测电极通过检测谐振子形变的方向,可以计算得到谐振子的旋转运动方程。谐振子的运动由电极上产生的静电力维持。

当控制信号维持谐振子振动时,考察谐振子同一直径两端的运动,此时以球心为中心,两端的位移大小相等,方向相同(相向或背离球心)。此时,考虑谐振子自身的寄生运动,如谐振子轴向的微小弯曲,则同一直径两端的运动变为大小相等、方向相反。在电极的检测增益相等的情况下,将给定直径上的测量值相加可以消除上述寄生运动的影响。

半球谐振陀螺仪这种高精度的陀螺仪,电极增益不一致足以影响到陀螺仪的性能,需要使用一定的方案进行补偿。在补偿时,需要同时考虑到控制电路的不同通道间的影响。对于通道增益不均匀引起的误差,有模拟和数字两种补偿方案。这两种补偿方案的共同之处在于都需要先将各个电极之间的增益差测量出来,然后再进行补偿。

测量不同通道之间的增益差,首先需要测量静态情况下各电极的电容值是否一致。由于半球谐振子的结构特性,其各电极之间的电容值差距实际上非常小,因此需要使用足够高精度的测量方案。对各个电极之间的电容值静态标定以后,还要考察在谐振子正常运行时,各电极及相应通道之间的响应是否一致。这一步骤可以通过一个复用器加处理模块来完成。获得了各个通道的增益以后,以最小增益值作为基准,其他各个电极相应地进行归一化处理。

模拟方案通过在不同电极上增加相应的直流偏置,使各个电极的驱动与检测能力趋于一致,进而完成电极之间的增益平衡;数字方案则是通过在数字电路中将电极上的数字信号乘以相应的归一化系数进行增益平衡,但相应的噪声也会随之放大,在噪声较小时适用。

模拟方案的优点是可以从物理层面直接消除误差,补偿效果较好,但是需要在电路中设计增加直流偏置的电路结构,使结构更复杂,很容易引入新的误差,如改变分布电容、增加串扰等;数字方案的优点是操作简便,缺点是噪声也会随着信号一起放大,会降低信噪比。在噪声比较小的场合,使用数字方案会更加高效。

2. 相位偏移误差与补偿方案

在交流信号传输过程中,测量到的信号与原始信号之间的相位发生变化的情况称为相位偏移。陀螺仪系统的控制信号与检测信号都是交流信号,交流信号在电路中传播时受到某些元器件的影响,就会发生相位偏移。特定电路产生的相位偏移可以通过电路的结构和参数进行计算。而实际电路的结构通常较为复杂,往往不能准确计算得到相位偏移量,但实际上相位偏移已经发生。这时可以通过测量来得到偏移量,但测量行为本身就会带来误差。因此,尽量消除相位偏移及其误差,就可以在一定程度上提升陀螺仪的精度。

相位偏移误差可以分为两个种类:第一类是由于各种因素的影响,实际产生了相位偏移,在控制过程中由相位偏移引起了误差;第二类是相位实际上没有偏移,但是由于测量时的误差导致控制系统误认为产生了相位偏移,进而根据测量到的错误相位进行控制操作引起了误差。实际的陀螺仪控制系统中,这两类误差是同时存在的。相位偏移由于各种因素同时产生,并且在控制系统中使用的相位偏移并不是实际值。这两类误差中,第一类属于系统误差,是要尽量减小的,而第二类属于过失误差,则是要尽量避免的。

相位偏移误差会对陀螺仪控制系统产生一系列影响,最终会影响到陀螺仪精度。例如,在理想情况下,谐振器的四波腹振动模态下,驱动信号与检测信号之间的相位差为90°。在控制系统中,采集到的检测信号与产生的激励信号的实际相位差往往不是严格精确的90°,这一相位偏移可能来自激励与检测信号的采样与数字化、控制系统中的稳态误差、滤波引起的相位延迟等。由于陀螺仪的结构特性,对陀螺仪的控制和检测是通过信号的合成与分解来实现的,相位偏移会影响到信号的合成与分解的准确性,产生控制误差,从而影响精度。

此外,对于同一个信号,由于传输线产生的延迟或者外部干扰等因素,信号自身产生了微小的相位偏移,在参与调制、解调等过程以后,误差项耦合到其他信号中,带来一定的系统误差。由于系统误差一定存在,相位偏移作为其中一项有所贡献,最终影响了系统的精度。

对于相位偏移误差,可以采取提前标定的方法进行补偿。标定时,利用信号发生器产生的信号代替半球谐振陀螺仪产生的信号,发送给采集系统,将采集到的信号的相位信息与初始值进行对比,完成静态标定。然后再根据此标定结果在后续的信号处理中予以相应的相位调整。当然还有其他多种标定方法,此处不再赘述。

对于电路老化、外界干扰等不定因素引起的相位随机偏移,此时提前标定法不再适用。可以利用实时在线补偿或者加入锁相环来保证相位的前后一致性。实时在线补偿要求可以实时获取相位偏移的变化值,并且根据该变化值进行相应的补偿。补偿原理类似于锁相回路的工作原理,只是想要实时获取相位偏移的变化值,需要构造特定的电路结构。

7.5.3 陀螺仪温度漂移特性及补偿技术

1. 温度漂移误差

在理想情况下,谐振陀螺仪在做四波腹振动时,波节点处应无振动信号,当外界无角速度输入时,陀螺仪应该无输出信号,但是因为材料本身不均匀及加工误差等因素,制造出的谐振子必然存在非理想因素,这些非理想因素会导致谐振子波节处振动不为零,因此引起额外误差漂移,导致陀螺仪输出不为零。

1)温度变化对谐振子弹性模量的影响

一般情况下,当温度变化时,材料的物理参数变化较大的就是弹性模量。当温度升高时,大部分的固体都会发生热膨胀导致体积增大,原子间结合力减弱,导致弹性模量减小。通常用弹性模量温度系数这一指标表示温度变化1℃时材料的弹性模量的变化量。

$$\beta_E = \frac{\mathrm{d}E}{E\mathrm{d}T}$$
(7-140)

2) 温度变化对谐振子泊松比的影响

泊松比定义为在材料比例极限范围内,通过纵向的应力作用下而引起的横向应变和纵向应变之比的绝对值,也可称为材料的横向变形系数。以长方体杆为例,设其长度方向为纵向,若在纵向有一应力 σ_x 作用时,该长方体杆在纵向必会拉伸,伸长量设为 ε_x ,而在横向则必定将收缩,在 y、z 方向的收缩为分别为

$$\varepsilon_y = \frac{l'_y - l_y}{l_y} = -\frac{\Delta l_y}{l_y} \tag{7-141}$$

$$\varepsilon_z = \frac{l'_z - l_z}{l_z} = -\frac{\Delta l_z}{l_z} \tag{7-142}$$

则泊松比可表示为

$$\mu = \left|\frac{\varepsilon_y}{\varepsilon_x}\right| = \left|\frac{\varepsilon_z}{\varepsilon_x}\right| \tag{7-143}$$

在谐振陀螺仪振动过程中,谐振子振动生热,与外界发生热交换需要一定时间,因此谐振子会产生空间温度梯度,导致谐振子各位置的热应力不同,因此 ε_y、ε_z 会随温度的变化而发生改变,致使泊松比 μ 也会随温度的变化而改变。

3) 温度变化对谐振子材料密度的影响

设陀螺仪谐振子的单位质量为 m 体积为 V,那么其密度可表示为

$$\rho = \frac{m}{V} \tag{7-144}$$

当温度发生变化时,绝大多数材料都会有热胀冷缩效应,改变后的体积为

$$V(T) = V_0(1 + \beta\Delta T) \tag{7-145}$$

式中:β 为材料的体积热膨胀系数,此时,谐振子密度可表示为

$$\rho = \frac{m}{V_0(1 + \beta\Delta T)} \tag{7-146}$$

故当温度发生变化时,谐振子材料密度必会发生改变。当陀螺仪谐振子自身存在较大温度梯度时,谐振子各个位置膨胀不均匀,导致谐振子的质心发生偏移,进而引起陀螺仪发生漂移。

2. 多元温度补偿方案

由以上分析可知,当外界温度变化时,谐振子材料的非理想因素会引起与温度相关的额外误差项,进而引起陀螺仪漂移。

当谐振子处于谐振状态时,谐振子振动生热,假设外界环境温度为 T_2,谐振子温度为 T_1,稳态时有 $T_1 > T_2$,以金属谐振陀螺仪为例,其热传导过程如图 7-32 所示。

热量将从陀螺仪内部传导至外界进而达到动态平衡,由热传导公式:

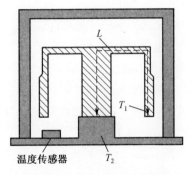

图 7-32　热传导过程示意图

$$\Phi = KA\frac{\Delta T}{L} \tag{7-147}$$

式中: Φ 为热流量; K 为当量导热系数; A 为传热面积; $\Delta T = T_2 - T_1$; L 为导热距离。

　　因为温度传感器的布置不能影响核心敏感元件谐振子的振动状态,所以温度传感器与谐振子必然存在温度梯度。

　　当外界环境温度由 T_2 升至 T_2' 稳定后,假设 $T_2' > T_1$,热量将从外界传至谐振子,谐振子温度 t 时间后稳定至 T_1'。在传热过程中,谐振子总热能可表示为

$$Q = cmT_1 + AK\frac{T_2' - T_1(t)}{L} \tag{7-148}$$

式中: c 为谐振子比热容; m 为质量; $T_1(t)$ 为传热过程中谐振子温度随时间的变化,稳定后为 T_1'。当外界环境温度变化率不同时,相同时间内 $T_1(t)$ 不同,即谐振子温度不同,进而影响陀螺仪输出。

　　综上所述,当温度、温度变化率及温度梯度变化时,都会在一定程度上引起陀螺仪输出的改变,并且这些指标都具有一定随机性,因此有必要采用措施综合考虑这些指标,并建立多元补偿模型进行补偿,多元补偿模型可表示为

$$Y = f\left(T, \frac{\mathrm{d}T}{\mathrm{d}t}, \Delta T\right) \tag{7-149}$$

式中: Y 为陀螺仪输出; T 为温度; $\dfrac{\mathrm{d}T}{\mathrm{d}t}$ 为温度变化率; ΔT 为温度梯度。

3. 基于频率补偿方案

　　由前面分析可知,由于热传导过程,温度传感器不能实时测量谐振子温度,这种现象可称为"迟滞"效应。虽然在补偿模型中引入温度变化率和温度梯度变量可减小迟滞效应的影响,但对于谐振陀螺仪而言,在实际应用中难以安装多

个温度传感器,因此具有一定的局限性。

从理论上来讲,谐振陀螺仪的驱动电路施加的驱动信号可以使谐振子维持在谐振状态,因此,驱动频率等于谐振子的固有频率。固有频率是物体的一种本质属性,仅与物体本身的状态相关,当物体的状态发生改变时,其固有频率也随之改变。理论上来讲,物体的固有频率可以实时反映温度的变化,因而在升降温过程中,不会出现迟滞现象。因此,可将频率作为温度补偿模型自变量对陀螺仪输出进行补偿。

零偏—频率的多项式模型一般形式如下:

$$Y = a_n f^n + a_{n-1} f^{n-1} + \cdots + a_1 f + a_0 \qquad (7-150)$$

通过最小二乘法结算得到多项式模型拟合系数,然后再通过残差平方和法判断模型阶次,即可得到基于频率的多项式补偿模型。

7.5.4 谐波漂移与补偿技术

1. 谐波误差漂移

半球谐振陀螺仪无论工作在角度测量模式下还是角速率测量模式下,均难以避免地存在着输出漂移误差。该漂移含两个分量,分别为常值分量和交变分量。常值分量量级在每小时百分之几度;交变分量由谐波组成,主要是由谐振子二次和四次谐波组成,该分量取决于振动位置,二次谐波产生的漂移误差量级为 $1(°)/h$,四次谐波的误差量级为 $0.1(°)/h$。常用的校正方式为建立输出漂移对应表,但陀螺仪漂移误差不仅为振动位置的函数,也是环境如温度和陀螺仪老化程度的函数,因此在实际工作中的校正效果十分有限。

2. 基于速度反馈的阻尼不均补偿技术

半球谐振陀螺仪频域运动方程如式(7-151)所示,对应的伯德图如图7-33所示。其中 w_y 和 Q_s 分别是检测通道的固有频率和品质因数, w_x 和 Q_d 分别是驱动通道的固有频率和品质因数。

$$G(s) = \frac{-v_x}{\left[(jw_x + s)^2 + \dfrac{w_y}{Q_s}(jw_x + s) + w_y^2\right]} + \frac{-v_x}{\left[(jw_x - s)^2 + \dfrac{w_y}{Q_s}(jw_x - s) + w_y^2\right]}$$

$$(7-151)$$

由半球谐振陀螺仪的频域运动方程和伯德图可知,其工作性能由驱动模态和检测模态的频率不一致以及阻尼不一致决定。驱动模态的品质因数正比于系统的驱动速度,因此改变系统的驱动速度可实现对驱动模态品质因数的修调。

1) 检测模态 Q 值选取方法

带通增益、带宽和谐振峰值是描述陀螺仪性能的主要参数。为实现高性能

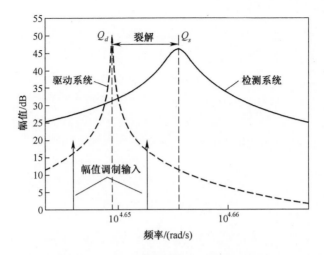

图 7-33 半球谐振陀螺仪的幅频特性曲线

半球谐振陀螺仪,系统需同时具备高带通增益、大带宽和高谐振峰。然而由于驱动模态和检测模态频率不一致以及阻尼不一致的存在,陀螺仪的实际带通增益、带宽和谐振峰之间存在矛盾,不能同时达到最优。由半球谐振陀螺仪的频域运动方程(式(7-151))和幅频特性曲线(图 7-33)可知,谐振陀螺仪的频域特性主要由驱动模态和检测模态的频域运动决定。如图 7-34 所示,分析不同的检测模态品质因数、带通增益、谐振峰之间关系,可知:

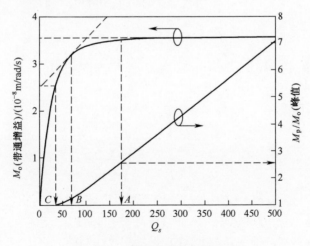

图 7-34 检测模态 Q 值选择方法

(1)当 Q_s 大于 A 点时,系统带通增益不再随着 Q_s 的增大而增大。

(2)当 Q_s 小于 C 点时,系统没有谐振峰值。

另外,当 Q_s 小于 B 点时,系统的带通增益受 Q_s 的变化影响较大。因此,检测模态的品质因数 Q_s 应修调到 A 点和 B 点之间。

2) 基于速度反馈的阻尼不均匀性补偿控制原理

考虑线路之后,谐振子的运动方程可表达为

$$
\begin{cases}
m\left(\ddot{y} + \dfrac{w_n}{Q_{\mathrm{Mech}}}\dot{y} + w_n^2 y\right) = F_{\mathrm{cor}} - F_{\mathrm{elec}} \\[2mm]
w_n = \sqrt{\dfrac{k}{m}} \\[2mm]
Q_{\mathrm{Mech}} = (\sqrt{km})/c
\end{cases}
\tag{7-152}
$$

式中: w_n 为系统固有频率; Q_{Mech} 为谐振子本身固有品质因数。作用在谐振子上的力是科里奥利力 F_{cor} 和静电力 F_{elec} 的合力。谐振子在检测轴上的位移引起了检测电极电容值的变化,电容的变化量经过电容放大器之后转化为电流或者电压,电流和电压值由下式决定:

$$
\begin{cases}
i = V_P\left(\dfrac{\partial C_1}{\partial y}\right)\dfrac{\mathrm{d}y}{\mathrm{d}t} \\[3mm]
V = -\dfrac{V_P}{C_f}\left(\dfrac{\partial C_1}{\partial y}\right)y
\end{cases}
\tag{7-153}
$$

式中: C_f 为电容放大器的反馈电容。由式(7-152)可知,反馈力经过微分之后即可实现对系统阻尼的修调。作用在反馈电极上的静电力为

$$
F_{\mathrm{elec}} = \frac{\omega_n}{Q_{\mathrm{elec}}}\dot{y}
\tag{7-154}
$$

式中:静电力决定的品质因数 Q_{elec} 和系统等效品质因数 Q_{eq} 分别为

$$
Q_{\mathrm{elec}} \approx \frac{C_f\sqrt{mk}}{V_p^2\left(\dfrac{\partial C_1}{\partial y}\right)\left(\dfrac{\partial C_2}{\partial y}\right)K_f}
\tag{7-155}
$$

$$
\frac{1}{Q_{\mathrm{eq}}} = \frac{1}{Q_{\mathrm{mech}}} + \frac{1}{Q_{\mathrm{elec}}}
\tag{7-156}
$$

另外,为补偿线路引起的相位延迟,还需要设计移相器对相位进行补偿。

综上所述,通过在锁相环中添加微分环节,利用速度反馈改变系统阻尼,闭环控制精确的调整反馈增益,即可实现谐振子品质因数的修调,具体修调控制原理如图7-35所示。

3. 基于模态调制的漂移误差自补偿技术

如7.4.1节和7.5.1节所述,阻尼不均和频率裂解均会引发陀螺仪输出的

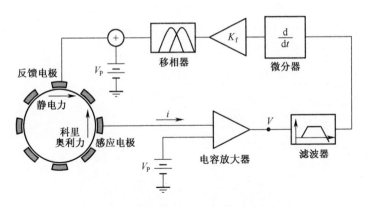

图 7-35　谐振陀螺仪速度反馈控制原理图

谐波漂移。根据式(7-112)和式(7-131)可见,陀螺仪的漂移误差均为谐振子振型方位角的三角函数,因而根据三角函数周期性原理,当振型角翻转 45°时,有

$$\hat{\Omega}\big|_{\text{mod e1}} + \hat{\Omega}\big|_{\text{mod e2}} = \text{SF} \cdot \text{demod}(f_y\big|_{\text{mod e1}})\big|_{\sin(\omega_x t)} + B\sin(4\theta_\tau)$$

$$+ \text{SF} \cdot \text{demod}(f_x\big|_{\text{mode2}})\big|_{\sin(\omega_x t)} + B\sin4(\theta_\tau + \frac{\pi}{4})$$

$$= 2 \times \text{SF} \cdot \Omega \tag{7-157}$$

由式(7-157)可见,振型角翻转前后陀螺仪零位保持大小相等,但符号相反,此时标度因数并未变号,因此将前后两陀螺仪输出相加,即可实现零位的自补偿。人为改变驻波方波 45°,相当于主模态与副模态互换,故称为模态翻转。若控制驻波方位角均匀地以 0°~45°移动,则整周期陀螺仪零位具有均和特性,称为模态调制,其表达式为

$$\hat{\Omega} = \frac{1}{N}\sum_{i=0}^{N}\left[\text{SF} \cdot \text{demod}(f_y\big|_{\theta_i})\big|_{\sin(\omega_x t)} + B\sin(4\theta_{\tau_i})\right] = 2 \times \text{SF} \cdot \bar{\Omega}, i = 0, \frac{\pi}{4N}, \cdots, \frac{\pi}{4}$$

$$\tag{7-158}$$

半球谐振陀螺仪输出漂移自补偿技术,控制驻波振型正反连续旋转一周,期间在谐振子若干位置敏感载体角运动,谐波误差随振型正反旋转呈现正反交替变化,在控制周期里谐波误差因平均得到抑制,陀螺仪输出漂移得到自补偿,流程图如图 7-36 所示,原理图如图 7-37 所示。

谐波带来的误差与振动幅度相关,其相位取决于振动位置。因此控制振型旋转,通过求取多个位置处陀螺仪输出的平均值,将各位置处谐波误差抵消。对于 4 个振动位置的陀螺仪输出,各位置间的角度差为 π/4。分别对两对偏移角

度为 $\pi/2$ 的两个振动位置进行计算,对应位置处二阶谐波振幅绝对值相等,而符号相反。因此通过平均处理,可抵消谐振子二阶谐波误差。

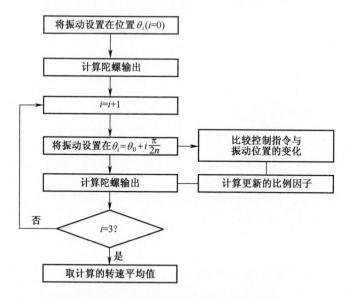

图 7-36　半球谐振陀螺仪输出漂移补偿

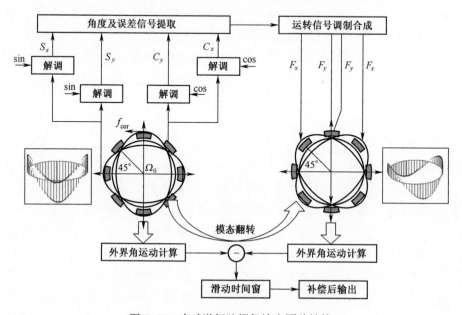

图 7-37　半球谐振陀螺仪输出漂移补偿

　　为避免振型位置变化引起角度解算误差,对于振型自由进动的全角模式,短时间内对振动位置进行一系列调制控制,期间振型敏感载体运动的进动角相对于二、四次谐波周期角来说很小(对于自由振动模态,短时间内对振动位置进行一系列测量。期间振动运动相对于二、四次谐波的周期来说很小,因此振动位置中的变化可进行忽略)。

　　周期性运动控制指令信号如图 7-38 所示。

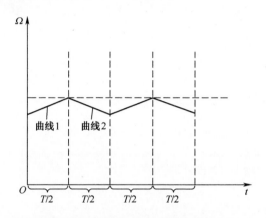

图 7-38　周期性运动控制指令信号

　　在周期前半段,陀螺仪驻波位置沿顺时针方向并按照速度曲线 1 转动,在该周期后半段,沿逆时针方向并按照速度曲线 2 转动。整周期内,陀螺仪提供的测量信号基于不同的振动几何位置,使得与振动几何位置有关的测量误差可以通过均值处理被抵消。最后,从陀螺仪提供的检测信号中,将所输入的周期性调制指令信号减去,便可获取校正后的陀螺仪测量值。

　　需要注意的是,调制指令信号引起的角度旋转与标度因数相关,因而当标度因数存在误差时,调制信号中会残留未完全剔除的指令信号误差,可通过计算整周期振动位置测量值之差,并除以两者时间间隔的方式,有效降低标度因数误差带来的影响。与此同时,由于调制指令周期相对于陀螺仪测量周期足够短,因而可以将残余指令信号视为在调制信号上叠加的高频扰动信号,通过一个宽度与指令周期整数倍的滑动时间窗,可进一步滤除该叠加高频信号。

参考文献

[1] 王旭. 半球谐振陀螺误差建模补偿与力平衡控制方法研究[D]. 长沙:国防科技大学, 2012.

[2] 李世杨. 半球谐振陀螺信号处理及控制系统研究[D]. 北京:中国舰船研究院, 2020.

［3］ Jungshin Lee. Design and Verification of a Digital Controller for a 2-Piece Hemispherical Resonator Gyroscope［C］//IEEE Sensors. London, 2016：1-22.

［4］ Loper E J, Lynch D D. Projected system performance based on recent HRG test results ［C］// IEEE AIAA 5th Digital Avionics System Conference. Seattle, 1983：1811-1816.

［5］ lynch D, Matthews A, Varty G T. Innovative mechanizations to optimize inertial sensor for high or low rate operations［C］// Symposium Gyro TechnoLogy. Stuttgart, 1997：16-17.

［6］ 樊尚春. 传感器技术与应用［M］. 北京：北京航空航天大学出版社, 2016.

［7］ 罗兵, 张辉, 吴美平. 微机械陀螺同步解调灵敏度分析［J］. 中国惯性技术学报, 2010, 18（2）：251-254.

［8］ 马特维耶夫 B A, 利帕特尼科夫 B И, 阿廖欣 A B, 等. 固体波动陀螺［M］. 杨亚非, 赵辉, 译. 北京：国防工业出版社, 2009.

［9］ Lynch D D. Coriolis Vibratory Gyros［C］//Symposium Gyro Technology. Stuttgart, 1998：1-14.

［10］ Lynch D D. Vibratory Gyro Analysis by the Method of Averaging［C］// Proc. 2nd St. Petersburg Conf. on Gyroscopic Technology and Navigation. St. Petersburg, 1995：26-34.

［11］ Kanani B, Pulse B K, Pagnell N, et al. Operating principles of the Monolithic Cylinder Gyroscope［C］// 2004 IEEE International Ultrasonics, Ferroelectrics, and Frequency Control Joint 50th Anniversary Conference. England, 2004：1195-1198.

［12］ 嵇海平, 吴洪涛, 倪受东. 微型半球陀螺非轴对称结构的电刚度补偿方法研究［J］. 传感器与微系统, 2006, 25（9）：46-48.

［13］ 高胜利. 半球谐振陀螺的分析与研究［D］. 哈尔滨：哈尔滨工程大学, 2008.

［14］ 祁家毅. 半球谐振陀螺仪误差分析与测试技术［D］. 哈尔滨：哈尔滨工业大学, 2009.

第8章

谐振陀螺仪的测试技术

谐振陀螺仪作为一种惯性仪表,其误差是惯性导航系统的主要误差源。可以说,惯性导航系统的精度很大程度上取决于谐振陀螺仪的精度。因此,一方面要提高其本身的精度,另一方面在确定陀螺仪误差模型的前提下,通过合理的测试方法和数据处理手段,对其误差进行补偿。为此,如何鉴定以及用什么样的设备条件来鉴定陀螺仪的质量及其技术性能便成为非常重要、非常迫切的问题。近年来,国内外在这方面的理论与实践工作都有很大的发展,积累了相当丰富的经验,使"陀螺测试"成为一门综合性的科学技术。

谐振陀螺仪是一种新型惯性元件,其测试目的包括以下几个方面:

(1) 检验装配工艺工程。

(2) 验证设计参数。

(3) 导出陀螺仪误差模型。

(4) 指出需要研制的先进试验设备。

总之,通过试验可以鉴定陀螺仪的性能和质量指标,找出其缺陷与误差归零及产生这些误差的原因,以期补偿与改进。

8.1 谐振陀螺仪测试原理和方法

根据用途不同,谐振陀螺仪可以分为角速率工作模式和角度工作模式。谐振子振动产生的驻波是否相对于谐振子产生相对运动决定了陀螺仪处于哪种工作模式。当陀螺仪工作在角速率工作模式时,其可以作为角速率传感器使用;当陀螺仪工作在角度工作模式时,其可以作为角度传感器使用。这两种工作模式分别对应于力反馈测试法和全角测试法。

◢ 8.1.1 力反馈测试法

力反馈模式也称为力平衡模式,其激励方式是位置激励。当半球谐振陀螺仪工作在力反馈模式下时,其相当于角速率陀螺,因此力反馈模式也可以称为角速率模式。力反馈模式的实质是:当陀螺仪发生旋转时,通过控制激励电极的激励力,保持驻波相对于半球壳体位置不变,即保持四波腹振荡的位置和幅度不因壳体旋转而改变。当采用力反馈检测时,激励器与位移传感器的布局如图 8-1 所示,其中 M_1、M_2 为检测信号用的位移传感器,用以检测谐振子的径向振动位移。A 为主激励器,B 为反馈激励器,首先由主激励器 A 激励出驻波振型,位移传感器 M_1 检测到的信号经处理后形成恒定的振幅,当有角速率 Ω 输入时,驻波将发生进动,此时 M_2 检测到的信号一方面与主振型运算后反馈给激励器 B,通过改变激励器 B 处的激励力幅值使四波腹振型的波腹相对于半球壳固定,从而实现闭环检测,另一方面输出角速率信号 Ω。

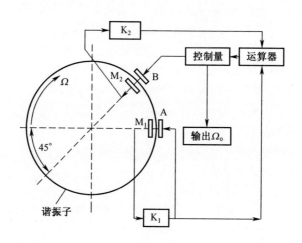

图 8-1　激励器与位移传感器布局

■8.1.2　全角测试法

全角模式的激励方式为参数激励。全角模式下谐振陀螺仪工作方式相当于角速率积分陀螺,输出信号为角度,为输入角速率的积分,可以得到环形谐振子模型时传递函数近似为 $\dfrac{0.4}{S}$。

全角模式的工作原理是:当陀螺仪旋转时,环形电极激励出的四波腹振型在环向自由进动,可以通过互成 45° 的两组检测线路,检测振型的位置,从而达到获得陀螺仪输入角速率的目的。

8.2　谐振陀螺仪误差模型

谐振陀螺仪的误差与有关物理量之间的数学表达式,即为谐振陀螺仪的误差模型。建立谐振陀螺仪的误差模型十分必要,确定了所建立的模型中的各项误差参数后,既便于分析陀螺仪的性能,为改进加工工艺及其故障诊断提供依据,又可以根据所建立的误差模型,设计相应测试方法,辨识出相应的误差模型系数,然后进行误差补偿,从而达到提高精度的目的。

在建立误差模型的过程中,要遵照以下几个原则[1]:

首先,所建立的误差模型中,每一个误差项都要有明确的物理意义,或者根据对实验数据的分析,结合陀螺仪自身物理特性确定误差项,并不是建立的误差模型阶次越高越好,项数越多越好,误差项的建立可以参照相关测试标准。

其次,误差模型一般包含很多的误差项,而在工程实际中往往只对其中少部分主要的误差参数进行分析,因此一些影响不大的次要误差参数,应考虑予以舍去,以便更好地抓住主要矛盾进行分析,使误差模型更加简化、实用化,也便于实际操作,提高效率。

最后,误差模型的建立要与实际工作环境相结合。要根据具体的实验条件选择合理的误差模型,因为在一些条件下,某些误差项的影响是很小的或者是相互耦合无法辨识的,如只有在离心机的高 g 测试条件下,某些与 g 有关的误差项的影响才会使其激励并充分地表现出来。

根据图 8-2 所示四波腹振型情况,建立谐振陀螺仪误差模型为

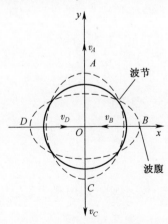

图 8-2　四波腹振型图

$$U = U_0 + K_I\omega_I + K_X\omega_X + K_Y\omega_Y + K_{IX}\omega_I\omega_X + K_{IY}\omega_I\omega_Y$$
$$+ K_{XY}\omega_X\omega_Y + K_{II}\omega_I^2 + K_{XX}\omega_X^2 + K_{YY}\omega_Y^2 + \varepsilon \tag{8-1}$$

式中：U 为输出电压值；U_0 为输出零位电压值；K_I、K_X、K_Y 分别为输入轴、X 轴、Y 轴的比例系数；ω_I、ω_X、ω_Y 分别为输入轴、X 轴、Y 轴的输入角速率；K_{II}、K_{XX}、K_{YY} 分别为输入轴、X 轴、Y 轴的二次项比例系数；K_{IX}、K_{XY}、K_{IY} 为耦合项比例系数；ε 为残余误差。

上述为完整的谐振陀螺仪误差模型，根据误差模型的建立原则及实际工程需要，可将上述误差模型简化为

$$U = U_0 + \text{SF}\omega_I \tag{8-2}$$

式中：SF 为标度因数。

实际测试时，将谐振陀螺仪固定在速率转台上，使其输入轴方向与转台主轴方向保持一致，控制转台输出不同的角速率，在不同的角速率输入条件下，测得谐振陀螺仪的不同输出电压值，采用最小二乘法进行拟合，得到谐振陀螺仪的标度因数 SF 及零位电压 U_0。

标度因数指陀螺仪在静态测量时，其输出量增量与输入量增量之比，是衡量陀螺仪性能的重要技术指标。与标度因数相关的技术指标还有标度因数非线性、标度因数不对称性、标度因数重复性等。

衡量陀螺仪性能的另一个重要技术指标是零偏稳定性。零偏稳定性是依据数学统计理论中标准差来计算的，它表征的是陀螺仪输出的稳定程度，因此称为零偏稳定性。其计算公式为[2]

$$B_s = \frac{3600}{\text{SF}}\left[\frac{1}{(N/P - 1)}\sum_{i=1}^{N/P}(U_i - \overline{U})^2\right]^{1/2} \tag{8-3}$$

式中：N 为采样点数；P 为数据平均周期；U_i 为按周期 P 求取平均值得到新的数据样本；$\overline{U}$ 为输出电压平均值；B_s 为零偏稳定性。

与零偏稳定性相关的技术指标还有零偏重复性、全温零偏稳定性等。

标度因数和零偏稳定性及其相关技术指标是表征陀螺仪静态性能的两个重要参数，而在陀螺仪的使用过程中往往还需关注其动态性能，如带宽、量程、阈值等。因此，表征一个陀螺仪的精度，应从静态性能和动态性能两方面综合考虑而定。

8.3　谐振陀螺仪的数据处理方法

在工程上，通常采用系统辨识的数学方法完成系统误差模型的建立与误差

参数的标定[3]。主要的方法包括最小二乘法以及以最小二乘法为基础的数学方法,如极大似然法、ARMA 时间序列分析法、功率谱密度(PSD)法、Allan 方差法等。

PSD 法和 Allan 方差分析法是两类应用非常广泛的随机误差建模分析方法,其中 Allan 方差分析法是由美国国家标准局(NIST)的 David W. Allan 提出的,它被 IEEE 作为光纤陀螺仪的标准测试方法,对于高频振动模态工作的谐振陀螺仪也具备适用性。

▲8.3.1 功率谱密度分析方法

谐振陀螺仪的噪声特性实验是通过电压表高速采集输出信号,并将该噪声模型转化为一个随机过程,用功率谱密度估计方法来表征,陀螺仪的噪声特性一定程度上代表了分辨率特性。如果信号可以看作是平稳随机过程,那么功率谱密度就是信号自相关函数的傅里叶变换,利用该方法可以得到陀螺仪的噪声特性。

1. 噪声分析的功率谱密度法原理

陀螺仪实验中测量 $x(t)$ 的噪声特性,通常可以将该模型转化为一个随机过程,用 PSD 法来表征。

平稳随机过程的功率谱密度定义为其自相关函数的傅里叶变换:

$$\phi_{xx}(f) = \int_{-\infty}^{+\infty} \varphi_{xx}(\tau) e^{-j2\pi f \tau} d\tau \tag{8-4}$$

如果 $X(f)$ 是 $x(t)$ 的傅里叶变换,那么 $\varphi_{xx}(\tau) = \int_{-\infty}^{+\infty} x(t+\tau)x(t)dt$ 的傅里叶变换为 $X(f)\overline{X}(f) = |X^2(f)|$,故对于一个平稳的随机过程,数据 $x(t)$ 的时间范围为 $-T \leqslant t \leqslant T$,它的 PSD 估计量为

$$\widetilde{\phi}_{xx}(f) = \frac{1}{2T}\int_{-\infty}^{+\infty} \varphi_{xx}(\tau) e^{-j2\pi f \tau} d\tau = \frac{1}{2T}|X(f)|^2 \tag{8-5}$$

因为我们采集数据的方法是利用数字计算机进行数字采样,所以连续信号应转化为离散信号来处理,$x(t)$ 离散的傅里叶变换为

$$X_j = \sum_{k=0}^{N-1} x_k e^{2\pi jk/N}, \quad k = 0,1,2,\cdots,N-1 \tag{8-6}$$

与连续量的 Plancherel 理论对应的离散量理论是 Parseval 理论:

$$\sum_{j=0}^{N-1} |X_j|^2 = N\sum_{k=0}^{N-1} |X_k|^2 \tag{8-7}$$

这说明连续 PSD 的表达式同样适用于离散 PSD。

式(8-7)的离散傅里叶变换在离散频率f_j上近似等于连续傅里叶变换：

$$X(f_j) = X_j \Delta t \tag{8-8}$$

同时有

$$f_j = \frac{j}{N\Delta t} = \frac{j}{2T}(\mathrm{Hz}) \tag{8-9}$$

在单边 PSD 有限时间采样数据的估计为

$$\widetilde{\varphi}_{xx}(f) = \frac{\Delta t^2}{T}\mid X_j\mid^2, \quad j = 0,1,2,\cdots,\left[\frac{N}{2}\right]-1 \tag{8-10}$$

2. 谐振陀螺仪的功率谱密度计算方法

对于功率谱密度的计算，维纳-辛钦定理(Wiener-Khinchin theorem)提供了一个简单的替换方法，如果信号可以看作是平稳随机过程，那么功率谱密度就是信号自相关函数的傅里叶变换，故可以采用以下步骤对陀螺仪的噪声数据进行处理：

(1) 将陀螺仪噪声数据分为 m 组，每组数据 $x^m(k)$ 的长度为 $n = 1024$。

(2) 对每组的数据 $x^m(k)$ 计算自相关函数 $R^m(\tau)$：

$$R^m(\tau) = E\{x^m(k)x^m(k+\tau)\} = \frac{1}{N}\sum_{k=0}^{N-1}x^m(k)x^m(k+\tau) \tag{8-11}$$

(3) 对自相关函数 $R^m(\tau)$ 进行傅里叶变换(FFT)，得到功率谱 $S_k^m(f)$：

$$S_k^m(f) = \sum_{k=0}^{n-1}R^m(k)\mathrm{e}^{-2\pi i f k/n}, \quad n = 1024, \quad k = 0,2,\cdots,n-1 \tag{8-12}$$

(4) 将 m 组计算得到的功率谱 $S_k^m(f)$ 叠加求平均，得到整个数据的总功率谱，功率谱密度的单位为 V^2/Hz。

8.3.2 Allan 方差分析方法

针对谐振陀螺仪的随机漂移的特点，本节采用 Allan 方差法来对谐振陀螺仪的随机误差进行研究分析，确定随机误差中所包含的噪声源的种类，对相应随机误差系数辨识，进而对谐振陀螺仪性能进行评估。

在进行谐振陀螺仪的具体测试时，设有 n 个在初始采样间隔时间为 t_0 时获得的陀螺仪输出值的初始样本数据，按下式计算出每一个陀螺仪输出值对应的陀螺仪输出角速度，得到输出角速度的初始样本数据：

$$\omega_i(t_0) = \frac{V_i(t_0)}{K}, \quad i = 1,2,\cdots,n \tag{8-13}$$

对于 n 个初始样本的连续数据,把 k 个连续数据作为一个数组,数组的时间长度为 $\tau = kt_0$。分别取 τ 等于 t_0、$2t_0$、$\cdots$、$kt_0(k < n/2)$,求出每一个时间长度 τ 的数组的数据平均值(数组平均),共有 $n-k+1$ 个这样的数组平均,即

$$\overline{\omega}_p(\tau) = \frac{1}{k}\sum_{i=p}^{p+k}\omega_i(t_0), \quad p = 1,2,\cdots,n-p \qquad (8-14)$$

求相邻两个数组平均的差:

$$\xi_{p+1,p} = \overline{\omega}_{p+1}(\tau) - \overline{\omega}_p(\tau) \qquad (8-15)$$

给定 τ,式(8-15)定义了一个元素为数组平均之差的随机变量集合 $\{\xi_{p+1,p}, p = 1,2,\cdots,n-k+1\}$,共有 $n-k$ 个这样的数组平均的差。

求随机变量集合 $\{\xi_{p+1,p}, p = 1,2,\cdots,n-k+1\}$ 的方差:

$$\sigma^2(\tau) = \frac{1}{2(n-k+1)}\sum_{p=1}^{n-k+1}\left[\xi_{p+2,p+1} - \xi_{p+1,p}\right]^2 \qquad (8-16)$$

$$\sigma^2(\tau) = \frac{1}{2(n-k+1)}\sum_{p=1}^{n-k+1}\left[\overline{\omega}_{p+2}(\tau) - 2\overline{\omega}_{p+1}(\tau) + \overline{\omega}_p(\tau)\right]^2 \qquad (8-17)$$

分别取不同的 τ,重复上述过程,在双对数坐标系中得到一个 $\sigma(\tau) \sim \tau$ 曲线,称为 Allan 方差曲线。采用下面的 Allan 方差模型,通过最小二乘拟合,获得各项系数:

$$\sigma^2(\tau) = \sum_{m=-2}^{2}(A_m\tau^m) \qquad (8-18)$$

式中:$A_m(A_{-2}, A_{-1}, A_0, A_1, A_2)$ 分别为陀螺仪输出数据中与量化噪声、随机游走、零偏不稳定性、速率随机游走、速率斜坡各项噪声相关的拟合多项式的系数。

典型的 Allan 方差曲线如图 8-3 所示[4],陀螺仪的随机误差因素、对应的频域功率谱密度函数同 Allan 方差的关系如表 8-1 所列。

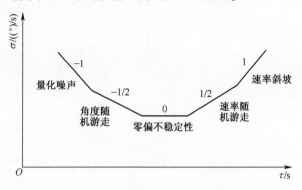

图 8-3 典型的 Allan 方差曲线

表 8-1　陀螺仪的随机误差因素、对应的频域功率谱密度函数同 Allan 方差的关系

误差因素	功率谱密度 $S_\Omega(f)$	Allan 方差 σ^2
量化噪声	$(2\pi f)^2 Q^2 \tau$ $f \ll \dfrac{1}{2\tau}$	$\sigma_Q^2 = 3Q^2 \dfrac{1}{\tau^2}$
角度随机游走	N^2	$\sigma_N^2 = N^2 \dfrac{1}{\tau}$
零偏不稳定性	$\begin{cases} \dfrac{B^2}{2\pi}\dfrac{1}{f}, f \leqslant f_0 \\ 0, f > f_0 \end{cases}$	$\sigma_B^2 \approx (0.6648B)^2$
速率随机游走	$\dfrac{K}{2\pi}\dfrac{1}{f^2}$	$\sigma_K^2 = \dfrac{K^2}{3}\tau$
速率斜坡		$\sigma_R^2 = \dfrac{R^2}{2}\tau^2$

联合式(8-18)及表 8-1 中所列公式,可得

$$Q_a = \frac{A_{-2}}{\sqrt{3}} \tag{8-19}$$

$$N_a = \frac{A_{-1}}{60} \tag{8-20}$$

$$B_a = \frac{A_0}{0.6648} \tag{8-21}$$

$$K_a = 60\sqrt{3}A_1 \tag{8-22}$$

$$R_a = 3600\sqrt{2}A_2 \tag{8-23}$$

式中:Q_a 为陀螺仪的量化噪声系数(s^{-1});N_a 为陀螺仪的角度随机游走系数(($^\circ$)/$\text{h}^{1/2}$);B_a 为陀螺仪的零偏不稳定性系数(($^\circ$)/h)。K_a 为陀螺仪的速率随机游走系数(($^\circ$)/$\text{h}^{3/2}$);R_a 为陀螺仪的速率斜坡系数(($^\circ$)/h^2);

图 8-4 为谐振陀螺仪输出数据的实际 Allan 方差曲线图,该陀螺仪各噪声系数如表 8-2 所列。

表 8-2　陀螺仪各噪声系数

噪声源	量化噪声系数 /(s^{-1})	角度随机游走系数/(($^\circ$)/$\text{h}^{1/2}$)	零偏不稳定性系数/(($^\circ$)/h)	速率随机游走系数/(($^\circ$)/$\text{h}^{3/2}$)	速率斜坡系数 /(($^\circ$)/h^2)
数值	0.0001	0.0165	0.0876	0.0036	0.0059

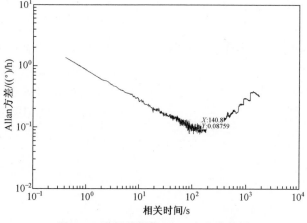

图 8-4 谐振陀螺仪 Allan 方差曲线图

8.4 谐振陀螺仪温度补偿技术

谐振陀螺仪的测试误差不仅和其自身结构特点相关,环境因素的改变也会影响陀螺仪的输出。陀螺仪测试过程中温度误差一直制约着其精度的提高,通过对谐振陀螺仪温度模型的建模和补偿,采用陀螺仪静态、动态温度补偿模型,能有效地对陀螺仪输出进行温度补偿,以消除在实际应用中温度对陀螺仪精度的影响,为提高陀螺仪的使用精度奠定基础。

◢ 8.4.1 常规温度补偿技术

当温度、温度变化率及温度梯度变化时,都会引起陀螺仪输出的改变,因此完整的多元补偿模型可表示为式(7-149)所示:

$$Y = f\left(T, \frac{\mathrm{d}T}{\mathrm{d}t}, \Delta T\right)$$

比较常见的温度补偿模型包括多项式模型和灰色模型等。多项式模型具有形式简单的优点,陀螺仪输出与温度的规律并不复杂,选择多项式模型足以拟合得到精确的结果,因此,采用多项式温度补偿模型对谐振陀螺仪进行补偿,模型阶数取 3。同时,由于体积限制,只将温度作为自变量,模型可展开为

$$Y = A_0 + A_1 T + A_2 T^2 \tag{8-24}$$

式中:Y 为陀螺仪输出;T 为陀螺仪温度;A_0 为温度系数常数项系数;A_1 为温度系数一次项系数;A_2 为温度系数二次项系数。

185

利用上面的模型公式、最小二乘回归分析,以及温度数值的变化,估计陀螺仪输出的变化规律。

补偿结果如图 8-5 所示,结果表明,通过使用温度-输出补偿模型对陀螺仪进行补偿后,陀螺仪全温区性能得到改善,补偿前后,陀螺仪最大零偏漂移量从 0.36(°)/s 减小到 0.105 (°)/s。陀螺仪零偏稳定性由 398.3 (°)/h 提高到 90.7(°)/h,陀螺仪全温区精度提升 4.4 倍,虽然有所改善,但是陀螺仪还难以在实际产品中应用[5]。

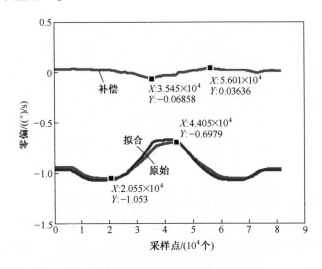

图 8-5　基于温度补偿模型的补偿结果

上述情况只考虑了陀螺仪温度这一单一自变量,但是,由于谐振子与外界发生热交换需要一定时间才能达到平衡,因此无论谐振子温度高于外界温度或者低于外界温度,在热传导过程中,谐振子温度与外界温度一定存在延时,即谐振子温度与外界温度存在温差,使得陀螺仪出现迟滞效应。外界环境温度变化越剧烈,迟滞效应越严重,影响陀螺仪输出。

因此,在模型中引入温度变化率作为其另一自变量,考虑温度变化率与温度交叉项因素,那么基于温度-温变速率补偿模型可表示为

$$Y = f\left(T, \frac{dT}{dt}\right) = f(T) + a_4\left(\frac{dT}{dt}\right) + a_5\left(\frac{dT}{dt}\right)^2$$
$$+ a_6\left(\frac{dT}{dt}\right)^3 + a_7 T\left(\frac{dT}{dt}\right) + a_8 T^2\left(\frac{dT}{dt}\right) + a_9 T\left(\frac{dT}{dt}\right)^2 \quad (8-25)$$

式中:$f(T)$ 为式(8-25)中的三阶温度多项式。

经过温度-温度变化率两个自变量的模型补偿后,补偿结果如图 8-6 所示,

陀螺仪全温区性能进一步改善。补偿前后,陀螺仪最大零偏漂移量从 0.36(°)/s 减小到 0.065(°)/s,陀螺仪零偏稳定性由补偿前的 398.3(°)/h 减小到 30.4(°)/h。

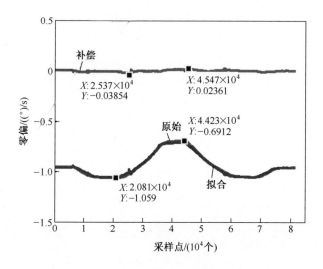

图 8-6　温度-温度变化率-输出模型补偿结果

◤8.4.2　基于机器学习算法的温度补偿技术

随着信息化及智能算法的不断发展,诸如神经网络、小波分析、灰色系统理论和支持向量机(SVM)理论等机器学习算法也在随机误差建模中得到了应用。小波分析法的时频多分辨分析的特性,使其适合于对非平稳随机过程分析;支持向量机在解决小样本、非线性及高维模式识别问题中表现出许多特有的优势,在特征提取、分类识别、回归计算等其他领域得到了很好的应用。

1. 基于小波变换的数据去噪处理

信号的产生、处理及传输都难以避免被噪声干扰,此外,由于有限字长影响,在数字信号处理中引入噪声现象非常普遍,因此,去噪是信号处理中永恒的话题。传统的滤波方法是假定信号和噪声处在不同的频带,但实际上噪声(尤其是作为噪声模型的白噪声)的频带往往分布在整个频率轴上,且等幅度,因此,滤波的方法有其局限性。小波去噪随着小波变换理论的发展也在不断发展,并取得了良好的效果。

在小波去噪的过程中,小波函数的选择至关重要,选择不同的小波,处理结果也不同。小波基的选取不仅与小波基函数的性质相关,而且具体应用的特点等多方面也会制约小波基的选取。但如何选择小波基函数,迄今为止还未形成统一的标准。在实际应用过程中,小波基的选取一般要根据实际问题的特征,综合考虑小波基的性质并进行经验性的选择。常用的小波基函数包括 Haar 小波、dbN(Daubechies)小波、Biorthogonal 小波、Symlets 小波、Coiflet 小波等[6],各个小波基有着各异的性质,各个小波基函数特性如表 8-3 所列。

表 8-3 常用小波函数特性

小波函数	Haar	dbN(Daubechies)	Biorthogonal	Symlets	Coiflet
表示形式	Haar	dbN	biorNr. Nd	symN	coifN
正交性	有	有	无	有	有
双正交性	有	有	有	有	有
紧支性	有	有	有	有	有
连续小波变换	可以	可以	可以	可以	可以
离散小波变换	可以	可以	可以	可以	可以
支撑长度	1	$2N-1$	重构:2Nr+1 分解:2Nd+1	$2N-1$	$6N-1$
滤波器长度	2	$2N$	Max(2Nr+2Nd)+2	$2N$	$6N$
对称性	对称	近似对称	不对称	近似对称	近似对称

在小波阈值去噪中,各个小波基函数的不同特性会发挥不同的作用。例如,具有正交性的小波,去噪过程算法较为简单且容易实现,在信号分解后的各尺度间和尺度内的系数间相关性较小,相比之下更适合用于去噪。但是,线性相位对于数据信号的重构具有至关重要的作用,而除了 Haar 小波基函数外,其他正交小波基函数都没有线性相位。双正交小波基损失部分正交性,但能获得滤波器的线性相位,而算法实现相对较为困难,而且在信号分解后各尺度间和尺度内的系数间相关性也较大。综上所述,通过小波基函数的特性比较,选取最适用的小波基进行去噪是非常困难的,可通过实验的方法,利用不同的小波基函数同时对信号进行消噪,然后对比去噪效果,进而得到相对较为合适的小波基函数。

由上述情况得知,只根据小波基特性选择小波基函数进行消噪难度较大,因此选用几种常用小波基函数同时对实验数据进行消噪,分别为 db5、sym5、coif2、haar 以及 bior2.4,并通过均方根误差(MSE)、信噪比(SNR)以及峰值信噪比(PSNR)三个指标评价各小波基去噪效果,结果如表 8-4 所列。

表8-4　各小波基处理数据后指标

小波基	均方误差(MSE)	信噪比(SNR)	峰值信噪比(PSNR)
db5	3.6733×10^{-4}	55.9225	82.4803
sym5	3.6723×10^{-4}	55.9254	82.4814
coif2	3.6853×10^{-4}	55.8898	82.4661
haar	4.3875×10^{-4}	54.1459	81.7087
bior2.4	3.8709×10^{-4}	55.3980	82.2527

结果表明:用 coif2、haar、bior2.4 三种小波基去噪后,信号的均方根误差都相对较大且信噪比和峰值信噪比都较小;用 sym5 与 db5 小波基函数去噪后,信号的均方根误差较小,而信噪比及峰值信噪比相对较大。因此,sym5 与 db5 小波基去噪效果较好,且二者去噪效果相近,sym5 小波基函数去噪效果稍优于db5。峰值信噪比能够反映信号失真,该指标越大,则失真越小。综上所述,sym5 小波基函数去噪效果最好,故本节采用 sym5 对实验数据进行消噪,消噪后的数据如图 8-7 所示,既保留了原始数据的趋势,且去噪效果较好。

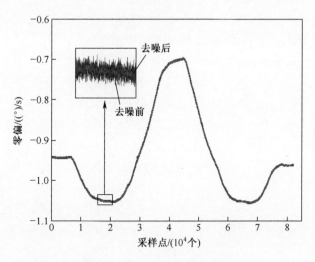

图 8-7　小波去噪后陀螺仪输出

2. 基于支持向量机的特征提取

支持向量机(SVM)于1995年由 Corinna Cortes 和 Vapnik 领导的项目组提出。起初并未得到充分重视,随着技术的不断进步及发展需要,逐渐成为研究的热点。其作为一种监督学习模式下的数据分类、模式识别、回归分析模型,具有较大的数学基础及理论支撑。通过支持向量机得到的极值解为全局最优解,这表明支持向量机能够较好地泛化未知的数据样本。因此,支持向量机已被广泛应用到机器学习、模式识别、航空应用等领域中,且具有可观的效果。由于本书重复进行温度实验获得了多组实验数据,为使所建立的模型普适性较高,减小建模的随机性,本书采取支持向量机对小波去噪后的数据进行特征提取,将各组陀螺仪输出与温度数据进行整合,训练并学习得到一组普适性较高、随机性较小的建模数据。

支撑向量机方法是从线性可分情况下的最优分类面(optimal hyperplane)提出的[7]。考虑图 8-8 所示的二维两类线性可分情况,图中"圆圈"和"方框"分别表示两类的训练样本,H 为把两类没有错误地分开的分类线,H_1、H_2 分别为过两类样本中离分类线最近的点且平行于分类线的直线,H_1 和 H_2 之间的距离称为两类的分类空隙或分类间隔(margin)。所谓最优分类面就是要求分类线不但能将两类无错误地分开,而且要使两类的分类空隙最大。

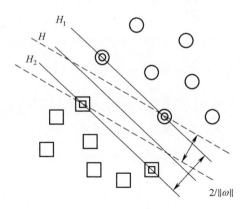

图 8-8　最优分类面示意图

对于非线性的情况,可以把样本 x 通过非线性映射 $\varphi(x)$ 映射到高维特征空间 H,将其映射为线性情况,并在 H 中使用线性分类器,如图 8-9 所示为一简单例子说明该问题。

考虑一维空间上的分类问题。设训练集为

$$T = \{(x_1,y_1),\cdots,(x_n,y_n)\} = \{(-1,1),(1,-1),(3,1)\} \quad (8\text{-}26)$$

参看图 8-9(a),显然它是线形不可分的。现在引进从 x 到 $x = ([x]_1, [x]_2)^{\mathrm{T}}$ 的变换:

$$[x]_1 = x,\ [x]_2 = x^2 \quad (8\text{-}27)$$

则新的训练集为

$$\widetilde{T} = \{((-1,1),1),((1,1),-1),((3,9),1)\} \tag{8-28}$$

参看图 8-9(b),易见训练集 $\widetilde{T}$ 是线形可分的。

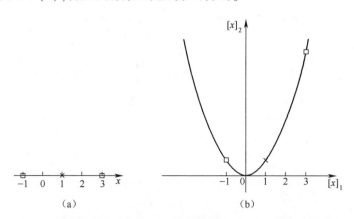

图 8-9 非线性映射

从中可见,支持向量机的基本思想可以概括为:首先通过非线性变换将输入空间变换到一个高维空间,然后在这个新空间中求取最优线性分类面,而这种非线性变换是通过定义适当的内积函数实现的[8]。

陀螺仪温度漂移模型一般为非线性,显然属于求解非线性数据最优化的问题,对于线性不可分的数据样本,利用支持向量机将数据映射到高维特征空间,将复杂的非线性问题转换为简单的线性问题,然后通过求解线性问题得到原问题的解。

为提高所建立补偿模型的适用性,采用支持向量机对多次温度实验的实验数据进行特征提取,综合处理每次实验结果的差异,使模型能在各种条件下都能有较好的补偿效果。

通过陀螺仪输出曲线得知,陀螺仪温度补偿为非线性支持向量机问题,因此采取高斯核函数处理该非线性问题。实验数据经支持向量机处理后结果如图 8-10 所示,其中,回归曲线为回归训练数据,其保留了各组曲线的趋势,并综合处理了每次温度循环过程中的零偏误差。温度数据采用同样方法训练并得到建模数据,处理结果如图 8-11 所示。

3. 温度补偿结果

多元补偿模型补偿结果如图 8-12 所示。

补偿结果表明,经过小波去噪及支持向量机特征提取后的数据再建立温度补偿模型,利用该多元温度模型补偿后,陀螺仪最大零偏漂移量从 0.36(°)/s 减

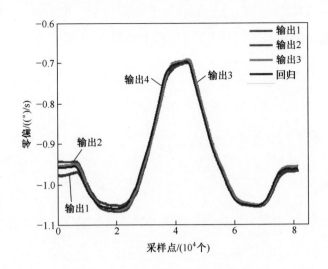

图 8-10　支持向量机处理后输出数据

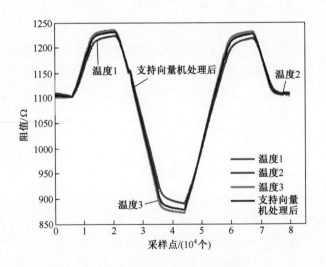

图 8-11　支持向量机处理后温度数据

小到 0.022（°）/s,陀螺仪全温零偏稳定性由补偿前的 398.3（°）/h 提高至
17.7（°）/h,陀螺仪全温区精度提升了 22.5 倍。陀螺仪精度较 8.3.1 节的两种
温度补偿技术有所提高。

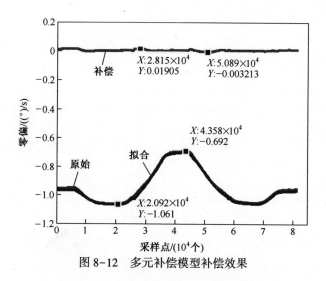

图 8-12　多元补偿模型补偿效果

8.5　谐振陀螺仪测试设备

不管是全角模式还是力反馈模式,当谐振陀螺仪精度达到一定程度时,对测试设备也提出了新的要求。

1. 测试精度方面的要求

在测试过程中,测试设备与陀螺仪一起组成完整的体系,通过正确安排实验程序,选择精确的设备,以保证测试数据精度。因此,从满足测试精度要求出发,测试设备应具有与被测陀螺仪精度相应的精度和分辨率,以及长期稳定性、可靠性,并且具有测试参数的监控能力。

2. 使用方面的要求

测试台应具有结构简单、操作方便、使用维护方便的特点。

3. 成本方面的要求

测试台应该在满足测试精度的前提下,具有价格合理、成本可控的特点。

上述诸方面的要求,有时会互相矛盾,如简单性和通用性便是一例,故各种要求应综合考虑。

参考文献

[1] 李巍 . 半球谐振陀螺仪的误差机理分析与测试[D].哈尔滨:哈尔滨工业大学航天学院, 2013.

［2］卜继军，张小梅，刘良芳，等．振动陀螺仪测试方法：GJB 7952—2012［S］.2013：7-18.

［3］Basarab M A. Balance of the hemisphere resonator gyroscope by the neural network algorithm［C］.International Conference on Integrated Navigation Systems, St. Petersburg, 2012：24-25.

［4］卢宁 Б С，马特维耶夫 В А，巴萨拉布 М А. 固体波动陀螺理论与技术［M］.张群，齐国华，赵小明，译．北京：国防工业出版社，2020.

［5］王泽涛．金属谐振陀螺仪的温度特性及多元补偿方法研究［D］.天津：中国舰船研究院天津航海仪器研究所，2019.

［6］成礼智，王红霞，罗永．小波的理论与应用［M］.北京：科学出版社，2004.

［7］齐国华．基于截面测量信息特征提取方法的两相流流型识别研究［D］.天津：天津大学电气与自动化工程学院，2006.

［8］Qi GuoHua,Dong Feng,Xu YanBin,et al. Gas/ Liquid Two-Phase Flow Regime Identification in Horizontal Pipe Using Support Vector Machines［C］.IEEE-4th International Conference on Machine Learning and Cybernetics（ICMLC）,Guangzhou, 2005：18-21.

第9章
谐振陀螺仪惯性导航系统

9.1 地球描述与地球重力场

▲ 9.1.1 地球描述

　　载体在地球附近的运动与地球的某些特性,如地球的形状、载体在地球上的位置表示、地球引力场等都有密切的关系。实际的地球,不论从整体上看,还是从局部看,都不是一个均匀的圆球体。为了研究方便,假想海洋表面静止,并将其向陆地延伸,所得到的封闭曲面称为大地水准面,大地水准面包围的形体称为大地水准体。由于地球内部密度分布不均匀和表面形状起伏的影响,大地水准体也是一个不规则的几何体。实际应用中通常将地球近似为旋转椭球体。大地水准体与旋转椭球体的差别并不大,垂直方向不超过150m,旋转椭球体法线方向与大地水准体法线方向差别不超过$3''$[1-3]。

　　下面先简要介绍一下地球旋转椭球上的一些基本概念。

　　参见图9-1,地球自转轴的南端点和北端点分别称为南极(S)和北极(N),包含南北极点的平面称为子午面,子午面与旋转椭球面的交线称为子午圈(或经圈)。通过英国格林尼治的经线称为本初子午线(或0°经线)。任意经线所在子午面与本初子午面之间的夹角,定义为经度(记为λ),夹角方向与地球自转轴同方向,取值范围-180°~180°。包含旋转椭球中心且垂直于自转轴的平面称为赤道面,赤道面与旋转椭球面的交线称为赤道,平行于赤道面的平面与椭球面的交线称为纬圈。

　　对于地球旋转椭球体而言,确定其三维形状参数的关键在于确定二维子午圈椭圆。

1. 子午圈椭圆

　　参见图9-1,建立地心右手笛卡儿坐标系,常称为地心地固坐标系(earth

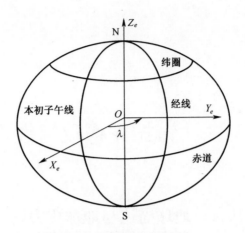

图 9-1 旋转椭球基本概念

center earth fixed, ECEF), 坐标原点选在地心, OZ_e 轴为自转轴且指向北极, OX_e 轴指向赤道与本初子午线的交点, OY_e 轴在赤道平面内且指向 90°经线, ECEF 系与地球固联, 即跟随地球自转一起相对惯性空间转动。对子午圈椭圆, 不失一般性, 选择本初子午线椭圆作为研究对象, 如图 9-2 所示。椭圆上任意 P 点与地心连线 PO 与 OX_e 轴的夹角称为地心纬度, 记为 φ, 取值范围 -90°~90°, 南纬为负北纬为正。过 P 点的椭圆法线 PQ 与 OX_e 轴的夹角称为地理纬度, 简称纬度, 记为 L, 取值范围 -90°~90°。此外, 与地心纬度对应的方向 PO 称为地心垂线, 而与地理纬度对应的方向 PQ 称为地理垂线。

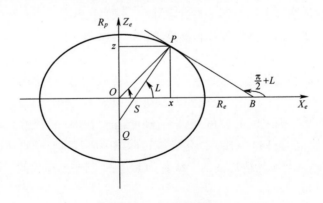

图 9-2 子午圈椭圆

椭圆形状完全由其长半轴和短半轴确定, 但在涉及椭圆的计算中, 为了方便常引入扁率和偏心率概念。

椭圆方程为

$$\frac{x^2}{R_e^2} + \frac{z^2}{R_p^2} = 1 \tag{9-1}$$

式中：R_e 和 R_p 分别为椭圆长半轴和短半轴。

椭圆扁率（或称椭圆度）定义为

$$f = \frac{R_e - R_p}{R_e} \tag{9-2}$$

椭圆偏心率定义为

$$e = \frac{\sqrt{R_e^2 - R_p^2}}{R_e} \tag{9-3}$$

第二偏心率定义为

$$e' = \frac{\sqrt{R_e^2 - R_p^2}}{R_p} \text{ 且有 } e'^2 = \frac{e^2}{1 - e^2} \tag{9-4}$$

相对于第二偏心率而言，式（9-3）有时也称 e 为第一偏心率。

由式（9-2）和式（9-3）可分别得

$$R_p = (1 - f) R_e \tag{9-5}$$

$$R_p = R_e \sqrt{1 - e^2} \tag{9-6}$$

比较式（9-5）、式（9-6），可得

$$f = 1 - \sqrt{1 - e^2} \text{ 和 } e^2 = 2f - f^2 \tag{9-7}$$

将椭圆方程（9-1）两边同时对 x 求导，并考虑到式（9-6），得

$$\frac{2x}{R_e^2} + \frac{2z \cdot \mathrm{d}z/\mathrm{d}x}{R_e^2(1 - e^2)} = 0 \tag{9-8}$$

式（9-8）移项整理得

$$\frac{\mathrm{d}z}{\mathrm{d}x} = -(1 - e^2) \frac{x}{z} \tag{9-9}$$

式中：$\dfrac{\mathrm{d}z}{\mathrm{d}x}$ 为椭圆在 P 点的切线 PB 的斜率。显然，切线 PB 与法线 PQ 之间是相互垂直的，法线 PQ 的斜率为 $\tan L$，则有

$$\frac{\mathrm{d}z}{\mathrm{d}x} \tan L = -(1 - e^2) \frac{x}{z} \cdot \tan L = -1 \tag{9-10}$$

从式（9-10）可解得

$$z = x(1 - e^2) \tan L \tag{9-11}$$

将式（9-6）和式（9-11）代入椭圆方程（9-1），可求得以地理纬度 L 为参数

的椭圆参数方程：

$$\begin{cases} x = \dfrac{R_e}{\sqrt{1 - e^2\sin^2 L}}\cos L \\[4mm] z = \dfrac{R_e(1 - e^2)}{\sqrt{1 - e^2\sin^2 L}}\sin L \end{cases} \tag{9-12}$$

参见图9-2，记线段长度 $\overline{PQ} = R_N$ ，则有

$$x = R_N\sin\angle SQO = R_N\cos L \tag{9-13}$$

比较式(9-13)和式(9-12)中的第一式，可得

$$R_N = \dfrac{R_e}{\sqrt{1 - e^2\sin^2 L}} \tag{9-14}$$

因而参数方程(9-12)可简写为

$$\begin{cases} x = R_N\cos L \\ z = R_N(1 - e^2)\sin L \end{cases} \tag{9-15}$$

最后，比较一下地球表面上同一点的地理纬度与地心纬度之间的差别，或者说，地理垂线与地心垂线之间的偏差。

对于地心纬度，注意到 $\tan\varphi = z/x$ ，根据式(9-11)，有

$$\tan\varphi = (1 - e^2)\tan L \tag{9-16}$$

记地理纬度与地心纬度之间的偏差量 $\Delta L = L - \varphi$ ，则有

$$\begin{aligned} \tan\Delta L = \tan(L - \varphi) &= \dfrac{\tan L - \tan\varphi}{1 + \tan L\tan\varphi} \\[3mm] &= \dfrac{\tan L - (1 - e^2)\tan L}{1 + \tan(L(1 - e^2))\tan L} = \dfrac{e^2\sin L\cos L}{1 - e^2\sin^2 L} \end{aligned} \tag{9-17}$$

将 ΔL 和 e 视为小量，式(9-17)可近似为

$$\Delta L \approx e^2\sin L\cos L(1 + e^2\sin^2 L) = \dfrac{e^2(1 + e^2\sin^2 L)}{2}\sin(2L) \tag{9-18}$$

或

$$\Delta L \approx \dfrac{e^2}{2}\sin(2L) \approx f\sin(2L) \tag{9-19}$$

其中，根据式(9-7)近似取 $f \approx e^2/2$ 。例如，若取椭球扁率 $f = 1/298.257$ ，则在纬度 $L = 45°$ 处可求得地理纬度与地心纬度的最大偏差值约为 $\Delta L = 11.5'$ 。

2. 旋转椭球表面的曲率半径

导航过程中，运载体在地球椭球表面附近移动，为了在合适的坐标系(通常指地理坐标系)下进行三维定位解算，旋转椭球表面的几何曲率半径是一个非

常重要的参数。

首先给出法截线的概念。参见图 9-3,包含椭球面上某 P 点法线 PQ 的平面称为法截面,法截面与子午面之间的夹角记为 A ,法截面与椭球的交线称为法截线。显然,当法截面包含南北极点时,法截线即为子午圈;当法截面垂直于子午面时,法截线称为卯酉圈。

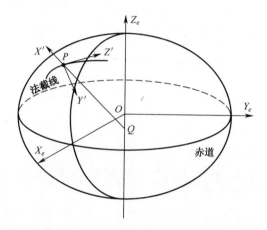

图 9-3　法截线及其局部坐标系

在图 9-3 中,不失一般性,假设 P 点在本初子午线上,以 P 为坐标原点建立局部笛卡儿坐标系 $PX'Y'Z'$,其中 PX' 轴沿法线向外, PZ' 轴沿法截线切线方向。不难看出,若坐标系 $PX'Y'Z'$ 先绕 PX' 轴转动 A 角度,然后绕 PY' 轴转动 L 角度,再做相应平移,则可得 $OX_eY_eZ_e$ 坐标系(即地心笛卡儿坐标系)。根据椭圆参数方程(9-12)知 P 点在 $OX_eY_eZ_e$ 坐标系下的坐标为 $[\,R_N\cos L\quad 0\quad R_N(1-e^2)\sin L\,]^{\mathrm{T}}$,此即前述平移的坐标值,所以 $PX'Y'Z'$ 和 $OX_eY_eZ_e$ 两坐标系之间的坐标变换关系为

$$\begin{bmatrix} x \\ y \\ z \end{bmatrix} = \begin{bmatrix} \cos L & 0 & -\sin L \\ 0 & 1 & 0 \\ \sin L & 0 & \cos L \end{bmatrix} \begin{bmatrix} 1 & 0 & 0 \\ 0 & \cos A & \sin A \\ 0 & -\sin A & \cos A \end{bmatrix} \begin{bmatrix} x' \\ y' \\ z' \end{bmatrix} + \begin{bmatrix} R_N\cos L \\ 0 \\ R_N(1-e^2)\sin L \end{bmatrix}$$

$$(9-20)$$

将式(9-20)代入旋转椭球方程 $\dfrac{x^2+y^2}{R_e^2}+\dfrac{z^2}{R_p^2}=1$,移项整理得

$$x'^2 + z'^2 - 2R_N z' + e'^2(1+e'^2)(x'\cos A\cos L - z'\sin L)^2 = 0 \qquad (9-21)$$

由于在 $PX'Y'Z'$ 局部坐标系下表示的法截线方程必有 $y'=0$,因而式(9-21)中不含 y' 项。

将式(9-21)对坐标 x' 求一次导和二次导,代入平面曲线的曲率计算公式,可得法截线在 P 点的曲率:

$$R_A = \frac{1}{\mathrm{d}^2 z'/\mathrm{d}x'^2}\left[1 + \left(\frac{\mathrm{d}z'}{\mathrm{d}x'}\right)^2\right]^{3/2}\Bigg|_{P=(x',z')=(0,0)} = \frac{R_N}{1 + e'^2 \cos^2 A \cos^2 L}$$

$$(9-22)$$

特别地,当角度 $A = 0$ 或 $\pi/2$ 时,分别有

$$R_M = R_{A=0} = \frac{R_N}{1 + e'^2 \cos^2 L} = \frac{R_N(1-e^2)}{1 - e^2 \sin^2 L} = \frac{R_e(1-e^2)}{(1 - e^2 \sin^2 L)^{3/2}} \quad (9-23)$$

$$R_{A=\pi/2} = \frac{R_N}{1+0} = \frac{R_e}{\sqrt{1 - e^2 \sin^2 L}} \quad (9-24)$$

通常称 $R_M = R_{A=0}$ 为子午圈主曲率半径;而称 $R_N = R_{A=\pi/2}$ 为卯酉圈主曲率半径。在图9-2中卯酉圈曲率半径即对应于线段 $\overline{PQ}$ 的长度。除在地理纬度 $L = \pm\pi/2$ 处有 $R_M = R_N$ 外,其他纬度处总有 $R_M < R_N$。

3. 大地坐标及其变化率

在旋转椭球表面上 P 点处,纬圈切线与经圈切线相互垂直,且两切线同时垂直于椭球面的法线。在椭球表面上定义笛卡儿坐标系 $o_0 x_0 y_0 z_0$:P 点为坐标原点(重记为 o_0),纬圈切线指东、经圈切线指北、椭球面法线指天分别为 $o_0 x_0$ 轴、$o_0 y_0$ 轴和 $o_0 z_0$ 轴的正向。参见图9-4,若某点 o_g 在坐标系 $o_0 x_0 y_0 z_0$ 中的直角坐标为 $o_g(0,0,h)$,显然 o_g 在椭球面 P 点的法线上,h 称为 o_g 点的地理高度。以 o_g 为原点建立坐标系 $o_g x_g y_g z_g$,其三轴分别平行于 $o_0 x_0 y_0 z_0$ 的同名坐标轴,称 $o_g x_g y_g z_g$ 为当地地理坐标系,简记为 g 系。o_g 点相对于地球椭球的空间位置可用所谓的大地坐标(地理坐标)表示,记为 $o_g(\lambda, L, h)$。

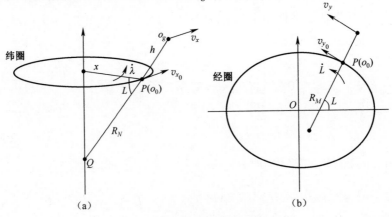

图9-4 速度引起的经纬度变化

(a)经度变化率;(b)纬度变化率。

在图 9-4 中,如果 o_0 点对地球坐标系 $OX_eY_eZ_e$ 的速度在 $o_0x_0y_0z_0$ 系的投影记为 $\boldsymbol{v}_{eo_0}^{o_0} = [\, v_{x_0} \quad v_{y_0} \quad 0\,]^{\mathrm{T}}$。注意到,$o_0x_0$ 轴与纬圈相切,两者在同一个平面内,因而 v_{x_0} 仅会引起经度的变化,有

$$\dot{\lambda} = \frac{v_{x_0}}{x} = \frac{v_{x_0}}{R_N \cos L} \tag{9-25}$$

同理,o_0y_0 轴与经圈相切,两者在同一平面内,因而速度 v_{y_0} 仅会引起纬度的变化,考虑到 P 点所在子午圈的曲率半径为 R_M,则有

$$\dot{L} = \frac{v_{y_0}}{R_M} \tag{9-26}$$

对于地理高度为 h 的 o_g 点,假设其速度为 $\boldsymbol{v}_{eg}^g = [\, v_x \quad v_y \quad v_z \,]^{\mathrm{T}}$,根据图 9-4 中几何关系,有

$$\frac{v_{x_0}}{R_N} = \frac{v_x}{R_N + h} \tag{9-27}$$

$$\frac{v_{y_0}}{R_M} = \frac{v_y}{R_M + h} \tag{9-28}$$

上述式(9-27)、式(9-28)分别代入式(9-25)和式(9-26),并考虑到天向速度 v_z 仅引起地理高度 h 变化,得速度 $\boldsymbol{v}_{eg}^g$ 与大地坐标 (λ, L, h) 之间的关系,分别为

$$\dot{\lambda} = \frac{v_x}{(R_N + h)\cos L} \tag{9-29}$$

$$\dot{L} = \frac{v_y}{R_M + h} \tag{9-30}$$

$$\dot{h} = v_z \tag{9-31}$$

地理坐标系 $o_gx_gy_gz_g$ 与地球坐标系 $OX_eY_eZ_e$ 之间的转动关系可以用方向余弦阵表示,常称为位置矩阵,记为 $\boldsymbol{C}_g^e$。参见图 9-5,g 系先绕 Z 轴转动 $-\pi/2$,接着绕 Y 轴转动 $-(\pi/2 - L)$,再绕 Z 轴转动 $-\lambda$,这时 g 系三轴可与 e 系相应坐标轴平行。据此,可计算得位置矩阵:

$$\boldsymbol{C}_g^e = \begin{bmatrix} \cos(-\lambda) & \sin(-\lambda) & 0 \\ -\sin(-\lambda) & \cos(-\lambda) & 0 \\ 0 & 0 & 1 \end{bmatrix} \begin{bmatrix} \cos[-(\pi/2 - L)] & 0 & -\sin[-(\pi/2 - L)] \\ 0 & 1 & 0 \\ \sin[-(\pi/2 - L)] & 0 & \cos[-(\pi/2 - L)] \end{bmatrix} \cdot$$

$$\begin{bmatrix} \cos(-\pi/2) & \sin(-\pi/2) & 0 \\ -\sin(-\pi/2) & \cos(-\pi/2) & 0 \\ 0 & 0 & 1 \end{bmatrix}$$

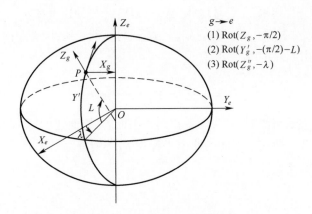

图 9-5　g 系至 e 系的三次转动

$$= \begin{bmatrix} \cos\lambda & -\sin\lambda & 0 \\ \sin\lambda & \cos\lambda & 0 \\ 0 & 0 & 1 \end{bmatrix} \begin{bmatrix} \sin L & 0 & \cos L \\ 0 & 1 & 0 \\ -\cos L & 0 & \sin L \end{bmatrix} \begin{bmatrix} 0 & -1 & 0 \\ 1 & 0 & 0 \\ 0 & 0 & 1 \end{bmatrix}$$

$$= \begin{bmatrix} -\sin\lambda & -\sin L\cos\lambda & \cos L\cos\lambda \\ \cos\lambda & -\sin L\sin\lambda & \cos L\sin\lambda \\ 0 & \cos L & \sin L \end{bmatrix} \tag{9-32}$$

对式(9-32)两边同时微分,得

$$\dot{\boldsymbol{C}}_g^e = \begin{bmatrix} -\dot\lambda\cos\lambda & -(\dot{L}\cos L \cos \lambda - \dot\lambda\sin L \sin\lambda) & -\dot{L}\sin L \cos\lambda - \dot\lambda\cos L\sin\lambda \\ -\dot\lambda\sin \lambda & -(\dot{L}\cos L \sin \lambda + \dot\lambda\sin L \cos \lambda) & -\dot{L}\sin L \sin \lambda + \dot\lambda\cos L \cos\lambda \\ 0 & -\dot{L}\sin L & \dot{L}\cos L \end{bmatrix}$$

$$= \begin{bmatrix} -\sin \lambda & -\sin L \cos \lambda & \cos L \cos \lambda \\ \cos\lambda & -\sin L \sin\lambda & \cos L\sin \lambda \\ 0 & \cos L & \sin L \end{bmatrix} \begin{bmatrix} 0 & -\dot\lambda\sin L & \dot\lambda\cos L \\ \dot\lambda\sin L & 0 & \dot{L} \\ -\dot\lambda\cos L & -\dot{L} & 0 \end{bmatrix}$$

$$= \boldsymbol{C}_g^e \left(\begin{bmatrix} -\dot{L} \\ \dot\lambda\cos L \\ \dot\lambda\sin L \end{bmatrix} \times \right) \tag{9-33}$$

式中:"×"表示非对称矩阵。

式(9-33)与方向余弦阵微分公式 $\dot{C}_g^e = C_g^e(\omega_{eg}^g \times)$ 对比,并将经纬度式(9-29)和式(9-30)代入,分别记 v_x、v_y 为 v_E、v_N,可得

$$\omega_{eg}^g = \begin{bmatrix} -\dot{L} & \dot{\lambda}\cos L & \dot{\lambda}\sin L \end{bmatrix}^T = \begin{bmatrix} -\dfrac{v_N}{R_M + h} & \dfrac{v_E}{R_N + h} & \dfrac{v_E}{R_N + h}\tan L \end{bmatrix}^T$$

(9-34)

这便是载体运动线速度引起导航系旋转角速度的计算公式。

◣9.1.2 地球重力场

对于地球旋转椭球体,假设在椭球表面上重力向量处垂直于表面,也就是说,旋转椭球表面为重力的一个等位面,旋转椭球体的重力公式如下:

$$g_L = \frac{R_e g_e \cos^2 L + R_p g_p \sin^2 L}{\sqrt{R_e^2 \cos^2 L + R_p^2 \sin^2 L}}$$

(9-35)

式中:R_e 和 R_p 分别为旋转椭球的赤道长半轴和极轴短半轴;g_e 和 g_p 分别为赤道重力和极点重力;g_L 为地理纬度 L 处椭球表面的重力大小。

历史上曾给出过以下一些重要的重力模型。

(1)1901 年,德国人赫尔默(Helmert)根据当时波斯坦系统的几千个重力测量结果,给出正常重力公式为

$$g_L = 9.7803 \times [1 + 0.005302 \times \sin^2 L - 0.000007 \times \sin^2(2L)] \quad (\text{m/s}^2)$$

(9-36)

式(9-36)称为赫尔默正常重力公式,其中重力扁率 $\beta = 0.005302 \approx 1/188.6$,利用克雷诺定理,可以计算出相应的参考椭球的扁率 $f = 1/298.3$。

(2)1909 年,美国人海福特(Hayford)根据美国当时的大地测量结果给出了一个参考椭球,它的赤道半径 $R_e = 6378388\text{m}$ 和几何扁率 $f = 1/297.0$;1928 年,芬兰人海斯卡宁(Heiskanen)根据当时的重力测量结果计算出正常场地球模型在赤道上的重力为 $g_e = 9.78049\text{m/s}^2$。若取地球自转角速率 $\omega_{ie} = 7.2921151 \times 10^{-5}\text{rad/s}$,根据上述 4 个独立参数,可计算得

$$g_L = 9.78049 \times [1 + 0.0052884 \times \sin^2 L - 0.0000059 \times \sin^2(2L)] \quad (\text{m/s}^2)$$

(9-37)

1930 年,国际大地测量与地球物理联合会(IUGG)将式(9-37)定为国际正常重力公式。

(3)利用现代卫星测量技术,IUGG 于 1979 年通过了 1980 大地参考系,与其对应的正常重力公式为

$$g_L = 9.780327 \times [1 + 0.00530244 \times \sin^2 L - 0.00000585 \times \sin^2(2L)] \quad (\text{m/s}^2)$$

$$(9\text{-}38)$$

(4) 1987 年,WGS-84(World Geodetic System 1984)大地坐标系给出的地球参数为:半长轴 $R_e = 6378137\text{m}$, 扁率 $f = 1/298.257223563$, 地心引力常数(含大气层) $\mu = 3.986004418 \times 10^{14} \text{m}^3/\text{s}^2$, 地球自转角速率 $\omega_{ie} = 7.2921151467 \times 10^{-5} \text{rad/s}$。 如不考虑大气层影响,可推导得正常重力公式:

$$g_L = 9.780325 \times [1 + 0.00530240 \times \sin^2 L - 0.00000582 \times \sin^2(2L)] \quad (\text{m/s}^2)$$

$$(9\text{-}39)$$

9.2 谐振陀螺仪惯性导航系统的机械编排

具有自校准能力是谐振陀螺仪区别于其他陀螺仪的重要特点之一。自校准是指通过主动控制谐振子振型进动对陀螺仪标度因数误差和零偏误差标定,以提高陀螺仪精度水平。然而,谐振陀螺仪自校准时无法正常输出导航信息,导致系统输出不连续。因此需要至少采用 4 个陀螺仪构成惯导系统,解决陀螺仪自校准与系统输出的连续性之间的矛盾。本章首先介绍了多陀螺仪惯导系统配置方案优化准则,以四陀螺仪配置为例对不同配置方案进行对比和分析,并介绍了四陀螺仪圆锥配置测量模型、误差模型和标定方法。

◣9.2.1 陀螺仪配置方案优化准则

对于采用 n 个单自由度陀螺仪的捷联惯导系统,陀螺仪的量测输入可由下式表述:

$$Y = HX + \eta \qquad (9\text{-}40)$$

式中:Y 为 $n \times 1$ 维测量向量;H 为 $n \times 3$ 维配置矩阵;X 为 3×1 维待求向量(载体输入角速度);η 为 $n \times 1$ 测量噪声向量。

假定测量噪声 $\eta = (\eta_1, \eta_2, \cdots, \eta_n)^{\text{T}}$ 为相互独立的高斯白噪声,均值为 0,方差为 σ^2。其统计特性可以表示为

$$E(\eta) = 0, \qquad E(\eta\eta^{\text{T}}) = \sigma^2 I_n \qquad (9\text{-}41)$$

根据最小二乘估计理论,可得载体角速度 X 的估计值:

$$\hat{X} = (H^{\text{T}}H)^{-1}H^{\text{T}}Y = GY \qquad (9\text{-}42)$$

相应的估计误差协方差矩阵为

$$C = \text{Var}(X - \hat{X}) = (H^{\text{T}}H)^{-1}H^{\text{T}}\sigma^2 H(H^{\text{T}}H)^{-1}$$

$$= (\boldsymbol{H}^{\mathrm{T}}\boldsymbol{H})^{-1}\sigma^2 \tag{9-43}$$

定义载体角速度估计精度最优准则为

$$F = \sqrt{|\ (\boldsymbol{H}^{\mathrm{T}}\boldsymbol{H})^{-1}\ |} \tag{9-44}$$

F 取值越小，噪声 $\boldsymbol{\eta}$ 产生的误差就越小。当 $(\boldsymbol{H}^{\mathrm{T}}\boldsymbol{H})^{-1} = \dfrac{3}{n}\boldsymbol{I}_3$ 时，F 取最小值，此时载体角速度估计精度最优。估计误差协方差是三陀螺仪正交配置方案的 $\sqrt{\dfrac{3}{n}}$ 倍。

▲9.2.2　四陀螺仪配置方案对比

如图 9-6 所示，为 3 种常见四陀螺仪冗余配置方案：正交配置方案、斜置配置方案、圆锥配置方案。

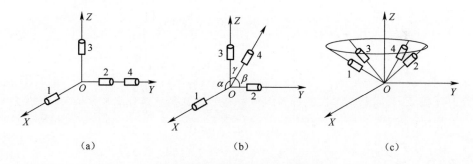

图 9-6　四陀螺仪冗余配置示意图
(a)正交配置；(b)斜置配置；(c)圆锥配置。

图 9-6(a)中所示正交配置方案的量测方程为

$$\boldsymbol{Y}_a = \boldsymbol{H}_a\boldsymbol{\omega} = \begin{bmatrix} 1 & 0 & 0 \\ 0 & 1 & 0 \\ 0 & 0 & 1 \\ 0 & 1 & 0 \end{bmatrix} \begin{bmatrix} \omega_x \\ \omega_y \\ \omega_z \end{bmatrix} \tag{9-45}$$

式中：$\boldsymbol{Y}_a = \begin{bmatrix} y_1 & y_2 & y_3 & y_4 \end{bmatrix}^{\mathrm{T}}$ 为陀螺测量值；$\boldsymbol{\omega} = \begin{bmatrix} \omega_x & \omega_y & \omega_z \end{bmatrix}^{\mathrm{T}}$ 为载体输入角速率；$\boldsymbol{H}_a$ 为配置矩阵。

图 9-6(b)斜置配置方案中，3 个陀螺仪为正交安装，第 4 个陀螺仪测量轴与前 3 个陀螺仪测量轴等夹角安装。即 $\alpha = \beta = \gamma = 54.73°$，该配置方案的量测

方程为

$$Y_b = H_b\omega = \begin{bmatrix} 1 & 0 & 0 \\ 0 & 1 & 0 \\ 0 & 0 & 1 \\ \cos\alpha & \cos\beta & \cos\gamma \end{bmatrix} \begin{bmatrix} \omega_x \\ \omega_y \\ \omega_z \end{bmatrix}$$

$$= \begin{bmatrix} 1 & 0 & 0 \\ 0 & 1 & 0 \\ 0 & 0 & 1 \\ 0.5774 & 0.5774 & 0.5774 \end{bmatrix} \begin{bmatrix} \omega_x \\ \omega_y \\ \omega_z \end{bmatrix} \tag{9-46}$$

图 9-6(c)圆锥配置方案中,4 个陀螺仪的测量轴均匀分布在圆锥面上,圆锥的半锥角为 $\alpha = 54.73°$,且测量轴分别分布在 xOz 平面、yOz 平面、$-xOz$ 平面、$-yOz$ 平面。该配置方案的量测方程为

$$Y_c = H_c\omega = \begin{bmatrix} \sin\alpha & 0 & \cos\alpha \\ 0 & \sin\alpha & \cos\alpha \\ -\sin\alpha & 0 & \cos\alpha \\ 0 & -\sin\alpha & \cos\alpha \end{bmatrix} \begin{bmatrix} \omega_x \\ \omega_y \\ \omega_z \end{bmatrix}$$

$$= \begin{bmatrix} 0.8164 & 0 & 0.5774 \\ 0 & 0.8164 & 0.5774 \\ -0.8164 & 0 & 0.5774 \\ 0 & -0.8164 & 0.5774 \end{bmatrix} \begin{bmatrix} \omega_x \\ \omega_y \\ \omega_z \end{bmatrix} \tag{9-47}$$

根据式(9-44)测量性能最优准则,计算 3 种配置方案的 F 值,如表 9-1 所列。

表 9-1　不同配置方案 F 值

方案 A:正交配置 F_a	方案 B:斜置配置 F_b	方案 C:圆锥配置 F_c
0.7071	0.7071	0.6495

四陀螺仪冗余配置方案最优 F 值为 $F = \sqrt{\left|\dfrac{3}{4}I_3\right|} = 0.6495$。结果表明,方案 C 优于方案 A 和方案 B 且满足测量精度最优准则。

四陀螺仪冗余配置方案在当某个陀螺仪发生故障时,可以利用其余 3 个陀螺仪继续测量角速度。共有 $C_4^3 = 4$ 种工作模式(123,124,134,234)。不同工作模式的测量精度与配置矩阵的行列式值直接相关,绝对值越大,测量精度越高。表 9-2 为各配置方案不同工作模式测量精度对比。

表 9-2 各配置方案不同工作模式测量精度对比

工作模式	不同工作模式测量精度/%		
	方案 A:正交配置	方案 B:斜置配置	方案 C:圆锥配置
123	100	100	76.98
124	—	57.74	76.98
134	100	57.74	76.98
234	—	57.74	76.98

可以看出,方案 A 和方案 B 的 123 工作模式测量精度最高,它们均为三陀螺仪正交配置,可见三陀螺仪方案中,正交配置的方案比斜置配置和圆锥配置精度高。方案 C 的不同模式测量精度相同,具有较好的一致性。

◥9.2.3 四陀螺仪圆锥配置标定分析

四陀螺仪圆锥配置方案中陀螺仪采用非正交安装,其标定模型与传统正交型惯组不同。下面对四陀螺仪圆锥配置方案的标定模型进行分析。

定义非三轴正交陀螺仪坐标系为 s 系,三轴正交系统坐标系为 b 系。系统实际应用时,需要将陀螺仪输出由 s 系转换到 b 系以进行导航解算。如图 9-7 所示,四陀螺仪圆锥配置方案中,第 $i(i = 1,2,3,4)$ 个陀螺仪敏感轴为 G_i ,则陀螺仪在其敏感轴方向角速度输入 m_i 可以表示为

$$m_i = h_i \omega = \begin{bmatrix} \cos\alpha_i\cos\beta_i \\ \sin\alpha_i\cos\beta_i \\ \sin\beta_i \end{bmatrix}^{\mathrm{T}} \begin{bmatrix} \omega_x \\ \omega_y \\ \omega_z \end{bmatrix} \qquad (9\text{-}48)$$

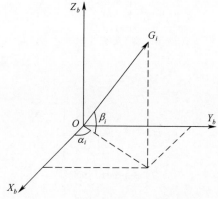

图 9-7 四陀螺仪圆锥配置示意图

式中：$\boldsymbol{\omega} = \begin{bmatrix} \omega_x & \omega_y & \omega_z \end{bmatrix}^T$ 为系统坐标系 b 系的角速度输入；$\boldsymbol{h}_i$ 为当前陀螺仪的测量矩阵；α_i 为 G_i 在 OX_bY_b 平面投影与 OX_b 轴的夹角；β_i 为 G_i 与平面 OX_bY_b 的夹角；

设 $\boldsymbol{M} = \begin{bmatrix} m_1 & m_2 & m_3 & m_4 \end{bmatrix}^T$ 为 4 个陀螺仪角速度输入值，$\boldsymbol{H} = \begin{bmatrix} h_1 & h_2 & h_3 & h_4 \end{bmatrix}^T$ 为系统测量矩阵，则有

$$\boldsymbol{M} = \boldsymbol{H}\boldsymbol{\omega} = \begin{bmatrix} \cos\alpha_1\cos\beta_1 & \sin\alpha_1\cos\beta_1 & \sin\beta_1 \\ \cos\alpha_2\cos\beta_2 & \sin\alpha_2\cos\beta_2 & \sin\beta_2 \\ \cos\alpha_3\cos\beta_3 & \sin\alpha_3\cos\beta_3 & \sin\beta_3 \\ \cos\alpha_4\cos\beta_4 & \sin\alpha_4\cos\beta_4 & \sin\beta_4 \end{bmatrix} \begin{bmatrix} \omega_x \\ \omega_y \\ \omega_z \end{bmatrix} \qquad (9-49)$$

陀螺仪实际安装过程中，由于机械加工和安装误差的存在，无法保证陀螺仪敏感轴 G_i' 与理想轴 G_i 严格重合。假设两者具有小角度误差 $\delta\alpha_i$ 和 $\delta\beta_i$，则 G_i' 对应的测量角 α_i' 和 β_i' 可以表示为

$$\begin{cases} \alpha_i' = \alpha_i - \delta\alpha_i \\ \beta_i' = \beta_i + \delta\beta_i \end{cases} \qquad (9-50)$$

由式(9-48)可得，陀螺仪敏感轴方向真实输入角速度 m_i' 的表达式为

$$\boldsymbol{m}_i' = \boldsymbol{h}_i'\boldsymbol{\omega} = \begin{bmatrix} \cos\alpha_i'\cos\beta_i' \\ \sin\alpha_i'\cos\beta_i' \\ \sin\beta_i' \end{bmatrix}^T \begin{bmatrix} \omega_x \\ \omega_y \\ \omega_z \end{bmatrix} \qquad (9-51)$$

将式(9-50)代入式(9-51)，忽略二阶小量，可得

$$\boldsymbol{m}_i' = \boldsymbol{h}_i'\boldsymbol{\omega} = \begin{bmatrix} \cos\alpha_i\cos\beta_i \\ \sin\alpha_i\cos\beta_i \\ \sin\beta_i \end{bmatrix}^T \begin{bmatrix} \omega_x \\ \omega_y \\ \omega_z \end{bmatrix} + \delta\alpha_i \begin{bmatrix} \sin\alpha_i\cos\beta_i \\ -\cos\alpha_i\cos\beta_i \\ 0 \end{bmatrix}^T \begin{bmatrix} \omega_x \\ \omega_y \\ \omega_z \end{bmatrix}$$

$$+ \delta\beta_i \begin{bmatrix} -\cos\alpha_i\sin\beta_i \\ -\sin\alpha_i\sin\beta_i \\ \cos\beta_i \end{bmatrix}^T \begin{bmatrix} \omega_x \\ \omega_y \\ \omega_z \end{bmatrix} = (h_i + \delta\alpha_i \cdot \boldsymbol{p}_i + \delta\beta_i \cdot \boldsymbol{q}_i)\boldsymbol{\omega}$$

$$(9-52)$$

式中：

$$\boldsymbol{p}_i = \begin{bmatrix} \sin\alpha_i\cos\beta_i \\ -\cos\alpha_i\cos\beta_i \\ 0 \end{bmatrix}^T$$

$$\boldsymbol{q}_i = \begin{bmatrix} -\cos\alpha_i\sin\beta_i \\ -\sin\alpha_i\sin\beta_i \\ \cos\beta_i \end{bmatrix}^T$$

经过标定和配置矩阵转换,四陀螺仪锥形配置方案转变为传统的三陀螺仪正交配置方案。所以,系统初始对准、导航解算均可采用经典捷联导航解算方案。

9.3 谐振陀螺仪惯性导航系统的导航算法

谐振陀螺仪惯导系统采用捷联式架构,即以数学方式实时描述载体坐标系至导航参考坐标系的坐标变换关系,这一参考坐标系通常称为虚拟平台(或数学平台)。本章主要介绍指北方位捷联惯导系统的力学编排,选"东-北-天"地理坐标系作为导航坐标系,给出了捷联惯导系统机械编排,推导了姿态、速度、位置更新算法[4-6]。

◢ 9.3.1 姿态更新方程

选"东-北-天"(E-N-U)地理坐标系(g 系)作为捷联惯导系统的导航参考坐标系,重新记为 n 系,则以 n 系作为参考系的姿态微分方程为

$$\dot{C}_b^n = C_b^n (\omega_{nb}^b \times) \tag{9-53}$$

式中:矩阵 C_b^n 为载体系(b 系)相对于 n 系的姿态阵,由于陀螺仪输出的是 b 系相对于惯性系(i 系)的角速度 ω_{ib}^b,而角速度信息 ω_{nb}^b 不能直接测量获得,需对微分方程(9-53)作如下变换:

$$\dot{C}_b^n = C_b^n (\omega_{nb}^b \times) = C_b^n [(\omega_{ib}^b - \omega_{in}^b) \times] = C_b^n (\omega_{ib}^b \times) - C_b^n (\omega_{in}^b \times)$$
$$= C_b^n (\omega_{ib}^b \times) - C_b^n (\omega_{in}^b \times) C_n^b C_b^n = C_b^n (\omega_{ib}^b \times) - (\omega_{in}^n \times) C_b^n \tag{9-54}$$

式中:ω_{in}^n 表示导航系相对于惯性系的旋转,它包含两部分:地球自转引起的导航系旋转,以及系统在地球表面附近移动因地球表面弯曲引起的导航系旋转,即有 $\omega_{in}^n = \omega_{ie}^n + \omega_{en}^n$,其中:

$$\omega_{ie}^n = \begin{bmatrix} 0 & \omega_{ie} \cos L & \omega_{ie} \sin L \end{bmatrix}^T \tag{9-55}$$

$$\omega_{en}^n = \begin{bmatrix} -\dfrac{v_N}{R_M + h} & \dfrac{v_E}{R_N + h} & \dfrac{v_E}{R_N + h} \tan L \end{bmatrix}^T \tag{9-56}$$

式中:ω_{ie} 为地球自转角速率;L、h 分别为地理纬度和高度。

◢ 9.3.2 速度更新方程

1. 比力方程

比力方程是在地球表面附近进行惯性定位解算的基本方程,先对其作详细

推导。

参见图9-8,假设在地球表面附近有一运载体(惯导系统),其中心为 O_g 点,以 O_g 为原点定义当地地理坐标系(g 系),O_g 在地心地固坐标系(e 系)下的矢径记为 R_{eg} ,则 R_{eg} 在惯性坐标系 i 系和 e 系之间的投影变换关系为

$$R_{eg}^e = C_i^e R_{eg}^i \qquad (9-57)$$

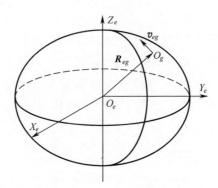

图9-8 比力方程推导示意图

式(9-57)两边同时微分,得

$$\dot{R}_{eg}^e = C_i^e \dot{R}_{eg}^i + \dot{C}_i^e R_{eg}^i = C_i^e \dot{R}_{eg}^i + C_i^e(\omega_{ei}^i \times)R_{eg}^i = C_i^e(\dot{R}_{eg}^i - \omega_{ie}^i \times R_{eg}^i) \qquad (9-58)$$

式中:$\dot{R}_{eg}^e$ 为 g 系原点 O_g 的速度,它是以 e 系为参考坐标系的(或者说在 e 系中观察到的),通常称其为地速,可记为 $v_{eg}^e = \dot{R}_{eg}^e$ 。若用变换阵 C_e^g 同时左乘式的两边,可得

$$C_e^g v_{eg}^e = C_e^g C_i^e(\dot{R}_{eg}^i - \omega_{ie}^i \times R_{eg}^i) = C_i^g(\dot{R}_{eg}^i - \omega_{ie}^i \times R_{eg}^i) \qquad (9-59)$$

式中:$C_e^g v_{eg}^e$ 表示地速在 g 系的投影,可记为 $v_{eg}^g = C_e^g v_{eg}^e$,则有

$$v_{eg}^g = C_i^g(\dot{R}_{eg}^i - \omega_{ie}^i \times R_{eg}^i) \qquad (9-60)$$

用 C_g^i 同时左乘式(9-60)的两边,再移项,可依次得

$$C_g^i v_{eg}^g = \dot{R}_{eg}^i - \omega_{ie}^i \times R_{eg}^i \qquad (9-61)$$

$$\dot{R}_{eg}^i = C_g^i v_{eg}^g + \omega_{ie}^i \times R_{eg}^i \qquad (9-62)$$

对式(9-60)两边再次微分,考虑到地球自转角速度 ω_{ie}^i 是常值,并将式(9-61)和式(9-62)代入,得

$$\dot{\boldsymbol{v}}_{eg}^{g} = \dot{\boldsymbol{C}}_{i}^{g}(\dot{\boldsymbol{R}}_{eg}^{i} - \boldsymbol{\omega}_{ie}^{i} \times \boldsymbol{R}_{eg}^{i}) + \boldsymbol{C}_{i}^{g}(\ddot{\boldsymbol{R}}_{eg}^{i} - \boldsymbol{\omega}_{ie}^{i} \times \dot{\boldsymbol{R}}_{eg}^{i})$$

$$= \boldsymbol{C}_{i}^{g}(\boldsymbol{\omega}_{gi}^{i} \times)\boldsymbol{C}_{g}^{i}\boldsymbol{v}_{eg}^{g} + \boldsymbol{C}_{i}^{g}[\ddot{\boldsymbol{R}}_{eg}^{i} - \boldsymbol{\omega}_{ie}^{i} \times (\boldsymbol{C}_{g}^{i}\boldsymbol{v}_{eg}^{g} + \boldsymbol{\omega}_{ie}^{i} \times \boldsymbol{R}_{eg}^{i})]$$

$$= \boldsymbol{C}_{i}^{g}[\ddot{\boldsymbol{R}}_{eg}^{i} - (\boldsymbol{\omega}_{ie}^{i} \times)^{2}\boldsymbol{R}_{eg}^{i}] + \boldsymbol{C}_{i}^{g}[(\boldsymbol{\omega}_{gi}^{i} - \boldsymbol{\omega}_{ie}^{i}) \times]\boldsymbol{C}_{i}^{i}\boldsymbol{v}_{eg}^{g}$$

$$= \boldsymbol{C}_{i}^{g}[\ddot{\boldsymbol{R}}_{eg}^{i} - (\boldsymbol{\omega}_{ie}^{i} \times)^{2}\boldsymbol{R}_{eg}^{i}] - (\boldsymbol{\omega}_{ig}^{g} + \boldsymbol{\omega}_{ig}^{g}) \times \boldsymbol{v}_{eg}^{g}$$

$$= \boldsymbol{C}_{i}^{g}[\ddot{\boldsymbol{R}}_{eg}^{i} - (\boldsymbol{\omega}_{ie}^{i} \times)^{2}\boldsymbol{R}_{eg}^{i}] - (2\boldsymbol{\omega}_{ie}^{g} + \boldsymbol{\omega}_{eg}^{g}) \times \boldsymbol{v}_{eg}^{g} \qquad (9-63)$$

由于 $\boldsymbol{R}_{ig}^{i} = \boldsymbol{R}_{ie}^{i} + \boldsymbol{R}_{eg}^{i}$，当选择地心惯性坐标系作为 i 系时，则 i 系和 e 系的坐标原点始终重合，即有 $\boldsymbol{R}_{ie}^{i} = 0$ 和 $\ddot{\boldsymbol{R}}_{ie}^{i} = 0$，因而有 $\ddot{\boldsymbol{R}}_{eg}^{i} = \ddot{\boldsymbol{R}}_{ig}^{i}$。根据牛顿第二运动定律，有 $\ddot{\boldsymbol{R}}_{ig}^{i} = \boldsymbol{f}_{sf}^{i} + \boldsymbol{G}^{i}$，其中 $\boldsymbol{f}_{sf}^{i}$ 为比力，$\boldsymbol{G}^{i}$ 为地球引力加速度。再根据地球重力公式 $\boldsymbol{g}^{i} = \boldsymbol{G}^{i} - (\boldsymbol{\omega}_{ie}^{i} \times)^{2}\boldsymbol{R}_{eg}^{i}$，从式（9-63）可转化为

$$\dot{\boldsymbol{v}}_{eg}^{g} = \boldsymbol{C}_{i}^{g}[(\boldsymbol{f}_{sf}^{i} + \boldsymbol{G}^{i}) - (\boldsymbol{\omega}_{ie}^{i} \times)^{2}\boldsymbol{R}_{eg}^{i}] - (2\boldsymbol{\omega}_{ie}^{g} + \boldsymbol{\omega}_{eg}^{g}) \times \boldsymbol{v}_{eg}^{g}$$

$$= \boldsymbol{C}_{i}^{g}(\boldsymbol{f}_{sf}^{i} + \boldsymbol{g}^{i}) - (2\boldsymbol{\omega}_{ie}^{g} + \boldsymbol{\omega}_{eg}^{g}) \times \boldsymbol{v}_{eg}^{g}$$

$$= \boldsymbol{C}_{b}^{g}\boldsymbol{f}_{sf}^{b} - (2\boldsymbol{\omega}_{ie}^{g} + \boldsymbol{\omega}_{eg}^{g}) \times \boldsymbol{v}_{eg}^{g} + \boldsymbol{g}^{g} \qquad (9-64)$$

若将式（9-64）中地理坐标系（g 系）替换成"东-北-天"导航坐标系（n 系），则有

$$\dot{\boldsymbol{v}}_{en}^{n} = \boldsymbol{C}_{b}^{n}\boldsymbol{f}_{sf}^{b} - (2\boldsymbol{\omega}_{ie}^{n} + \boldsymbol{\omega}_{en}^{n}) \times \boldsymbol{v}_{en}^{n} + \boldsymbol{g}^{n} \qquad (9-65)$$

这便是惯导比力方程，其中 $\boldsymbol{f}_{sf}^{b}$ 为加速度计测量的比力，$2\boldsymbol{\omega}_{ie}^{n} \times \boldsymbol{v}_{en}^{n}$ 为由载体运动和地球自转引起的科里奥利加速度，$\boldsymbol{\omega}_{en}^{n} \times \boldsymbol{v}_{en}^{n}$ 为由载体运动引起的对地向心加速度，$\boldsymbol{g}^{n}$ 为重力加速度，$-(2\boldsymbol{\omega}_{ie}^{n} + \boldsymbol{\omega}_{en}^{n}) \times \boldsymbol{v}_{en}^{n} + \boldsymbol{g}^{n}$ 统称为有害加速度。比力方程（9-65）表明，只有在加速度计输出中扣除有害加速度后，才能获得运载体在导航系下的几何运动加速度 $\dot{\boldsymbol{v}}_{en}^{n}$，对加速度积分一次可得速度，再积分一次得位置。因此，比力方程是惯导解算的基本方程。

2. 速度更新方程

在比力方程（9-65）中将 $\boldsymbol{v}_{en}^{n}$ 简写为 $\boldsymbol{v}^{n}$，并明确标注出各量时间参数，如下：

$$\dot{\boldsymbol{v}}^{n}(t) = \boldsymbol{C}_{b}^{n}(t)\boldsymbol{f}_{sf}^{b}(t) - [2\boldsymbol{\omega}_{ie}^{n}(t) + \boldsymbol{\omega}_{en}^{n}(t)] \times \boldsymbol{v}^{n}(t) + \boldsymbol{g}^{n}(t) \qquad (9-66)$$

式（9-66）两边同时在时间段 $[t_{m-1}, t_{m}]$ 内积分，得

$$\int_{t_{m-1}}^{t_{m}} \dot{\boldsymbol{v}}^{n}(t)\mathrm{d}t = \int_{t_{m-1}}^{t_{m}} \boldsymbol{C}_{b}^{n}(t)\boldsymbol{f}_{sf}^{b}(t) - [2\boldsymbol{\omega}_{ie}^{n}(t) + \boldsymbol{\omega}_{en}^{n}(t)] \times \boldsymbol{v}^{n}(t) + \boldsymbol{g}^{n}(t)\mathrm{d}t$$

$$\qquad (9-67)$$

即

$$\boldsymbol{v}_{m}^{n(m)} - \boldsymbol{v}_{m-1}^{n(m-1)} = \int_{t_{m-1}}^{t_{m}} \boldsymbol{C}_{b}^{n}(t)\boldsymbol{f}_{sf}^{b}(t)\mathrm{d}t + \int_{t_{m-1}}^{t_{m}} -[2\boldsymbol{\omega}_{ie}^{n}(t) + \boldsymbol{\omega}_{en}^{n}(t)] \times \boldsymbol{v}^{n}(t) + \boldsymbol{g}^{n}(t)\mathrm{d}t$$

$$= \Delta \boldsymbol{v}_{sf(m)}^n + \Delta \boldsymbol{v}_{\mathrm{cor}/g(m)}^n \tag{9-68}$$

式中: $\boldsymbol{v}_{m-1}^{n(m-1)}$ 和 $\boldsymbol{v}_m^{n(m)}$ 分别为 t_{m-1} 和 t_m 时刻的惯导速度,并且记:

$$\Delta \boldsymbol{v}_{sf(m)}^n = \int_{t_{m-1}}^{t_m} \boldsymbol{C}_b^n(t) \boldsymbol{f}_{sf}^b(t) \mathrm{d}t \tag{9-69}$$

$$\Delta \boldsymbol{v}_{\mathrm{cor}/g(m)}^n = \int_{t_{m-1}}^{t_m} - \left[2\boldsymbol{\omega}_{ie}^n(t) + \boldsymbol{\omega}_{en}^n(t) \right] \times \boldsymbol{v}^n(t) + \boldsymbol{g}^n(t) \mathrm{d}t \tag{9-70}$$

式中: $\Delta \boldsymbol{v}_{sf(m)}^n$ 和 $\Delta \boldsymbol{v}_{\mathrm{cor}/g(m)}^n$ 分别为时间段 $T = t_m - t_{m-1}$ 内导航系比力速度增量和有害加速度的速度增量。

9.3.3 位置更新方程

捷联惯导系统的位置(纬度、经度和高度)微分方程式如下:

$$\dot{L} = \frac{1}{R_M + h} v_N^n, \quad \dot{\lambda} = \frac{\sec L}{R_N + h} v_E^n, \dot{h} = v_U^n \tag{9-71}$$

将它们改写成矩阵形式,为

$$\dot{\boldsymbol{p}} = \boldsymbol{M}_{pv} \boldsymbol{v}^n \tag{9-72}$$

其中

$$\boldsymbol{p} = \begin{bmatrix} L \\ \lambda \\ h \end{bmatrix}, \quad \boldsymbol{M}_{pv} = \begin{bmatrix} 0 & 1/R_{Mh} & 0 \\ (\sec L)/R_{Nh} & 0 & 0 \\ 0 & 0 & 1 \end{bmatrix}$$

$$R_{Mh} = R_M + h, \quad R_{Nh} = R_N + h$$

$$R_M = \frac{R_N(1 - e^2)}{(1 - e^2\sin^2 L)}, \quad R_N = \frac{R_e}{(1 - e^2\sin^2 L)^{1/2}}, \quad e = \sqrt{2f - f^2}$$

9.4 谐振陀螺仪惯性导航系统的误差方程

由8.2节可知,谐振陀螺仪完整的误差模型(式8-1)为

$$U = U_0 + K_I\omega_I + K_X\omega_X + K_Y\omega_Y + K_{IX}\omega_I\omega_X + K_{IY}\omega_I\omega_Y$$
$$+ K_{XY}\omega_X\omega_Y + K_{II}\omega_I^2 + K_{XX}\omega_X^2 + K_{YY}\omega_Y^2 + \varepsilon$$

实际应用中,根据误差模型的建立原则及工程需要,上述误差模型简化为式(8-2):

$$U = U_0 + \mathrm{SF}\omega_I$$

1. 姿态误差

假设理想的从导航坐标系(n 系)到载体坐标系(b 系)的捷联惯导姿态矩

阵为 C_b^n，而导航计算机中解算给出的姿态矩阵为 $\widetilde{C}_b^n$，两者之间存在偏差。对于变换矩阵 C_b^n 和 $\widetilde{C}_b^n$，一般认为它们的 b 系是重合的，而将与 $\widetilde{C}_b^n$ 对应的导航坐标系称为计算导航坐标系，简记为 n' 系，所以也常将计算姿态阵记为 $C_b^{n'}$。因此，$C_b^{n'}$ 与 C_b^n 之间的偏差在于 n' 系与 n 系之间的偏差[7-10]。

根据矩阵链乘规则有

$$C_b^{n'} = C_n^{n'} C_b^n \tag{9-73}$$

以 n 系作为参考坐标系，记从 n 系至 n' 系的等效旋转向量为 $\boldsymbol{\phi}_{nn'}$（后面简记为 $\boldsymbol{\phi}$），常称其为失准角误差。假设 $\boldsymbol{\phi}$ 为小量，近似有

$$C_{n'}^n \approx I + (\boldsymbol{\phi}\times) \tag{9-74}$$

式（9-74）转置，有

$$C_n^{n'} = (C_{n'}^n)^T \approx I - (\boldsymbol{\phi}\times) \tag{9-75}$$

将式（9-75）代入式（9-73），可得

$$C_b^{n'} = [I - (\boldsymbol{\phi}\times)] C_b^n \tag{9-76}$$

求解理想姿态矩阵的公式见式（9-54），为方便重写如下：

$$\dot{C}_b^n = C_b^n (\boldsymbol{\omega}_{ib}^b\times) - (\boldsymbol{\omega}_{in}^n\times) C_b^n \tag{9-77}$$

而实际计算时各量是含误差的，表示为

$$\dot{C}_b^{n'} = C_b^{n'} (\widetilde{\boldsymbol{\omega}}_{ib}^b\times) - (\widetilde{\boldsymbol{\omega}}_{in}^n\times) C_b^{n'} \tag{9-78}$$

其中

$$\widetilde{\boldsymbol{\omega}}_{ib}^b = \boldsymbol{\omega}_{ib}^b + \delta\boldsymbol{\omega}_{ib}^b \tag{9-79}$$

$$\widetilde{\boldsymbol{\omega}}_{in}^n = \boldsymbol{\omega}_{in}^n + \delta\boldsymbol{\omega}_{in}^n \tag{9-80}$$

式中：$\delta\boldsymbol{\omega}_{ib}^b$ 为陀螺仪测量误差；$\delta\boldsymbol{\omega}_{in}^n$ 为导航系计算误差。

将式（9-80）两边同时微分，其右端应当正好等于式（9-78）的右端，即有

$$(-\dot{\boldsymbol{\phi}}\times) C_b^n + (I - \boldsymbol{\phi}\times)\dot{C}_b^n = C_b^{n'} (\widetilde{\boldsymbol{\omega}}_{ib}^b\times) - (\widetilde{\boldsymbol{\omega}}_{in}^n\times) C_b^{n'} \tag{9-81}$$

再将式（9-73）、式（9-77）、式（9-79）和式（9-80）代入式（9-81），可得

$$(-\dot{\boldsymbol{\phi}}\times) C_b^n + (I - \boldsymbol{\phi}\times)[C_b^n (\boldsymbol{\omega}_{ib}^b\times) - (\boldsymbol{\omega}_{in}^n\times) C_b^n]$$
$$= (I - \boldsymbol{\phi}\times) C_b^n [(\boldsymbol{\omega}_{ib}^b + \delta\boldsymbol{\omega}_{ib}^b)\times] - [(\boldsymbol{\omega}_{in}^n + \delta\boldsymbol{\omega}_{in}^n)\times](I - \boldsymbol{\phi}\times) C_b^n \tag{9-82}$$

式（9-82）两边同时右乘 C_n^b，展开略去关于误差量的二阶小量，整理得

$$(\dot{\boldsymbol{\phi}}\times) = [(\boldsymbol{\phi}\times)(\boldsymbol{\omega}_{in}^n\times) - (\boldsymbol{\omega}_{in}^n\times)(\boldsymbol{\phi}\times)] + (\delta\boldsymbol{\omega}_{in}^n\times) - C_b^n(\delta\boldsymbol{\omega}_{ib}^b\times) C_n^b \tag{9-83}$$

在式(9-83)右边第一项中运用公式 $(V_1 \times)(V_2 \times) - (V_2 \times)(V_1 \times) = [(V_1 \times V_2) \times]$，并在第三项中运用反对称阵的相似变换,则式(9-83)简化为

$$(\dot{\phi} \times) = [(\phi \times \omega_{in}^n) \times] + (\delta \omega_{in}^n \times) - (\delta \omega_{ib}^n \times)$$
$$= [(\phi \times \omega_{in}^n + \delta \omega_{in}^n - \delta \omega_{ib}^n) \times] \qquad (9-84)$$

所以有

$$\dot{\phi} = \phi \times \omega_{in}^n + \delta \omega_{in}^n - \delta \omega_{ib}^n \qquad (9-85)$$

式(9-87)称为 SINS 姿态误差方程,反映了计算导航系(n'系)相对于理想导航系(n系)的失准角变化规律。

2. 速度误差

速度误差是指惯导系统导航计算机中的计算速度与理想速度之间的偏差,描述这一偏差变化规律的微分方程称为速度误差(微分)方程。计算速度表示为 $\tilde{v}_{en'}^{n'}$,可简记为 $\tilde{v}^n$,则速度误差定义为

$$\delta v^n = \tilde{v}^n - v^n \qquad (9-86)$$

对式(9-86)两边同时求微分,得

$$\delta \dot{v}^n = \dot{\tilde{v}}^n - \dot{v}^n \qquad (9-87)$$

比力方程的理论公式见式(9-52),为叙述方便重写如下:

$$\dot{v}^n = C_b^n f_{sf}^b - (2\omega_{ie}^n + \omega_{en}^n) \times v^n + g^n \qquad (9-88)$$

在实际计算时,表示为

$$\dot{\tilde{v}}^n = \tilde{C}_b^n \tilde{f}_{sf}^b - (2\tilde{\omega}_{ie}^n + \tilde{\omega}_{en}^n) \times \tilde{v}^n + \tilde{g}^n \qquad (9-89)$$

其中

$$\tilde{f}_{sf}^b = f_{sf}^b + \delta f_{sf}^b \qquad (9-90)$$

$$\tilde{\omega}_{ie}^n = \omega_{ie}^n + \delta \omega_{ie}^n \qquad (9-91)$$

$$\tilde{\omega}_{en}^n = \omega_{en}^n + \delta \omega_{en}^n \qquad (9-92)$$

$$\tilde{g}^n = g^n + \delta g^n \qquad (9-93)$$

δf_{sf}^b 为加速度计测量误差,见式(9-77)~式(9-80);$\delta \omega_{ie}^n$、$\delta \omega_{en}^n$、δg^n 分别为地球自转角速度计算误差、导航系旋转计算误差和重力误差。

将式(9-89)减去式(9-88),得

$$\delta\dot{\boldsymbol{v}}^n = \dot{\tilde{\boldsymbol{v}}}^n - \dot{\boldsymbol{v}}^n$$

$$= (\tilde{\boldsymbol{C}}_b^n \tilde{\boldsymbol{f}}_{sf}^b - \boldsymbol{C}_b^n \boldsymbol{f}_{sf}^b) - [(2\tilde{\boldsymbol{\omega}}_{ie}^n + \tilde{\boldsymbol{\omega}}_{en}^n) \times \tilde{\boldsymbol{v}}^n - (2\boldsymbol{\omega}_{ie}^n + \boldsymbol{\omega}_{en}^n) \times \boldsymbol{v}^n] + (\tilde{\boldsymbol{g}}^n - \boldsymbol{g}^n)$$

$$(9-94)$$

再将式(9-76)、式(9-90)~式(9-93)代入式(9-95),展开并略去关于误差的二阶小量,得

$$\delta\dot{\boldsymbol{v}}^n = [(\boldsymbol{I}-\boldsymbol{\phi}\times)\boldsymbol{C}_b^n(\boldsymbol{f}_{sf}^b+\delta\boldsymbol{f}_{sf}^b)-\boldsymbol{C}_b^n\boldsymbol{f}_{sf}^b]$$
$$-\{[2(\boldsymbol{\omega}_{ie}^n+\delta\boldsymbol{\omega}_{ie}^n)+(\boldsymbol{\omega}_{en}^n+\delta\boldsymbol{\omega}_{en}^n)]\times(\boldsymbol{v}^n+\delta\boldsymbol{v}^n)-(2\boldsymbol{\omega}_{ie}^n+\boldsymbol{\omega}_{en}^n)\times\boldsymbol{v}^n\}+\delta\boldsymbol{g}^n$$
$$\approx-(\boldsymbol{\phi}\times)\boldsymbol{C}_b^n\boldsymbol{f}_{sf}^b+\boldsymbol{C}_b^n\delta\boldsymbol{f}_{sf}^b-(2\delta\boldsymbol{\omega}_{ie}^n+\delta\boldsymbol{\omega}_{en}^n)\times\boldsymbol{v}^n-(2\boldsymbol{\omega}_{ie}^n+\boldsymbol{\omega}_{en}^n)\times\delta\boldsymbol{v}^n+\delta\boldsymbol{g}^n$$
$$=\boldsymbol{f}_{sf}^n\times\boldsymbol{\phi}+\boldsymbol{v}^n\times(2\delta\boldsymbol{\omega}_{ie}^n+\delta\boldsymbol{\omega}_{en}^n)-(2\boldsymbol{\omega}_{ie}^n+\boldsymbol{\omega}_{en}^n)\times\delta\boldsymbol{v}^n+\delta\boldsymbol{f}_{sf}^n+\delta\boldsymbol{g}^n \quad (9-95)$$

这便是 SINS 速度误差方程。

3. 位置误差

分别对 SINS 位置(纬度、经度和高度)微分方程式(8-1)求偏差,但考虑到式中 R_M、R_N 在短时间内变化很小,视为常值,可得

$$\dot{\delta L} = \frac{1}{R_M + h}\delta v_N - \frac{v_N}{(R_M + h)^2}\delta h \quad (9-96)$$

$$\dot{\delta\lambda} = \frac{\sec L}{R_N + h}\delta v_E + \frac{v_E \sec L \tan L}{R_N + h}\delta L - \frac{v_E \sec L}{(R_N + h)^2}\delta h \quad (9-97)$$

$$\dot{\delta h} = \delta v_U \quad (9-98)$$

式中:δL、$\delta\lambda$ 和 δh 分别为纬度误差、经度误差和高度误差,并且记惯导速度分量 $\boldsymbol{v}^n = [v_E \quad v_N \quad v_U]^T$ 和速度误差分量 $\delta v^n = [\delta v_E \quad \delta v_N \quad \delta v_U]^T$。

9.5 误差特性分析

9.5.1 误差方程

在静基座下,惯导真实速度为 $\boldsymbol{v}^n = 0$,真实位置 $\boldsymbol{p} = [L \quad \lambda \quad h]^T$ 一般准确已知,比力在导航坐标系的投影为 $\boldsymbol{f}_{sf}^n = [0 \quad 0 \quad g]^T$,可将 R_{Mh} 和 R_{Nh} 近似为地球平均半径 R,高度通道和水平通道化简后,分别如下:

$$\begin{cases} \dot{\delta v}_U = 2\omega_N \delta v_E + \nabla_U \\ \dot{\delta h} = \delta v_U \end{cases} \quad (9-99)$$

$$\begin{cases} \dot{\phi}_E = \omega_U \phi_N - \omega_N \phi_U - \delta v_N / R - \varepsilon_E \\[2mm] \dot{\phi}_N = -\omega_U \phi_E + \delta v_E / R - \omega_U \delta L - \varepsilon_N \\[2mm] \dot{\phi}_U = \omega_N \phi_E + \delta v_E \tan L / R + \omega_N \delta L - \varepsilon_U \\[2mm] \delta \dot{v}_E = -g \phi_N + 2\omega_U \delta v_N + \nabla_E \\[2mm] \delta \dot{v}_N = g \phi_E - 2\omega_U \delta v_E + \nabla_N \\[2mm] \delta \dot{L} = \delta v_N / R \\[2mm] \delta \dot{\lambda} = \delta v_E \sec L / R \end{cases} \tag{9-100}$$

在高度通道中,认为惯导水平速度不大($v_E \approx v_N \approx 0$)且运动平稳($f_E \approx f_N \approx 0$);在水平通道中,认为天向速度和高度以及它们的误差均为零。

下面分别对高度通道和水平通道进行详细分析。

◢ 9.5.2 高度通道

图 9-9 给出与式(9-99)等效的控制系统结构图,图中等效天向加速度计零偏输入为 $\nabla'_U = 2\omega_N \delta v_E + \nabla_U$,系统传递函数为

$$\delta h(s) = \frac{1}{s^2 - 1} \nabla'_U(s) \tag{9-101}$$

显然,式(9-101)的特征方程含有一个正根 $s = 1$,系统只要受到扰动,包括 δv_E 、 δL 、 ∇_U 、 $\delta v_U(0)$ 、 $\delta h(0)$ 等任何干扰,高度误差 δh 都会随时间不断发散,因此,纯惯导系统的高度通道是不稳定的。

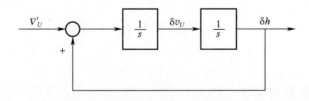

图 9-9 高度通道传递函数结构图

纯惯导的高度通道不能长时间单独使用,必须借助其他高度测量设备,如气压高度计,进行高度阻尼;或者在某些高度变化不大的应用场合,如在海上或陆地平原上使用,不要求进行精确的高程导航时,可全程简单地使用导航起始时刻的固定高度值。

▲9.5.3　水平通道

不难看出,式(9-100)中经度误差 $\delta\lambda$ 的传播是一个相对独立的过程,它仅仅是东向速度误差 δv_E 的一次积分, $\delta\lambda$ 与其他误差之间没有交联关系。若分别设置如下状态向量 X、输入向量 U 和系统矩阵 F:

$$X = [\phi_E \quad \phi_N \quad \phi_U \quad \delta v_E \quad \delta v_N \quad \delta L]^T$$

$$U = [-\varepsilon_E \quad -\varepsilon_N \quad -\varepsilon_U \quad \nabla_E \quad \nabla_N \quad 0]^T$$

$$F = \begin{bmatrix} 0 & \omega_U & -\omega_N & 0 & -1/R & 0 \\ -\omega_U & 0 & 0 & 1/R & 0 & -\omega_U \\ \omega_N & 0 & 0 & (\tan L)/R & 0 & \omega_N \\ 0 & -g & 0 & 0 & 2\omega_U & 0 \\ g & 0 & 0 & -2\omega_U & 0 & 0 \\ 0 & 0 & 0 & 0 & 1/R & 0 \end{bmatrix}$$

则式(9-100)可简写为

$$\dot{X} = FX + U \tag{9-102}$$

$$\dot{\delta\lambda} = \frac{\delta v_E}{R}\sec L \tag{9-103}$$

上述式(9-102)、式(9-103)所示系统均为定常系统,对其取拉普拉斯变换,分别得

$$X(s) = (sI-F)^{-1}[X(0)+U(s)] \tag{9-104}$$

$$\delta\lambda(s) = \frac{1}{s}\left[\frac{\delta v_E(s)}{R}\sec L + \delta\lambda(0)\right] \tag{9-105}$$

其中,状态向量 X 的初值记为 $X(0) = [\phi_E(0) \quad \phi_N(0) \quad \phi_U(0) \quad \delta v_E(0) \quad \delta v_0(0) \quad \delta L(0)]^T$。

以下主要针对式(9-104)作分析。根据矩阵求逆公式,可得

$$(sI-F)^{-1} = \frac{N(s)}{|sI-F|} \tag{9-106}$$

式中: $N(s)$ 为 $(sI-F)$ 的伴随矩阵,其矩阵元素的详细展开式非常复杂,但是通过展开和仔细整理,可获得式(9-106)的分母特征多项式,为

$$\Delta(s) = |sI-F| = (s^2 + \omega_{ie}^2)[(s^2 + \omega_s^2)^2 + 4s^2\omega_f^2] \tag{9-107}$$

式中：$\omega_s = \sqrt{g/R}$ 为休拉角频率；$\omega_f = \omega_{ie}\sin L$ 为傅科角频率。若取 $g = 9.8\text{m/s}^2$、$R = 6371\text{km}$，可计算得休拉周期 $T_s = 2\pi/\omega_s = 84.4\text{min}$；$\omega_f = \omega_U$ 即为地球自转的天向分量，傅科周期在地球极点处最短为 24h，随纬度减小而增大，傅科周期在赤道上消失。显然，总有 $\omega_s \gg \omega_f$。

在式(9-107)中，若令 $\Delta(s) = 0$，可解得特征根为

$$\begin{cases} s_{1,2} = \pm j\omega_{ie} \\ s_{3,4} = \pm j\left(\sqrt{\omega_s^2 + \omega_f^2} + \omega_f\right) \approx \pm j(\omega_s + \omega_f) \\ s_{5,6} = \pm j\left(\sqrt{\omega_s^2 + \omega_f^2} - \omega_f\right) \approx \pm j(\omega_s - \omega_f) \end{cases} \tag{9-108}$$

可见，惯导系统误差水平通道式(9-87)除 $\delta\lambda$ 外的 6 个特征根全部为虚根，该误差系统为无阻尼振荡系统，它包含地球、休拉和傅科三种周期振荡。由于 $\omega_s \gg \omega_f$，频率 $\omega_s + \omega_f$ 和 $\omega_s - \omega_f$ 之间非常接近，两者叠加会产生拍频现象；根据三角函数的积化和差运算有 $\sin[(\omega_s + \omega_f)t] + \sin[(\omega_s - \omega_f)t] = 2\sin(\omega_s t) \cdot \cos(\omega_f t)$，或者说，休拉振荡的幅值总是受傅科频率的调制作用。

9.6 谐振陀螺仪惯性导航系统自校准技术

9.6.1 谐振陀螺仪谐振子运动方程分析

1. 理想谐振子运动方程

为了便于描述，将 2.3.2 节中，无控制力作用的谐振子二维质点运动方程(2-18)修改为如下形式：

$$\begin{cases} m\ddot{\eta}_1 + k\eta_1 = 0 \\ m\ddot{\eta}_2 + k\eta_2 = 0 \end{cases} \tag{9-109}$$

式(9-109)的解集所对应的运动轨迹为一个固定的椭圆，如图 9-10 所示。

根据图中定义的参数 a、q、θ 和 γ 可得到椭圆的轨迹方程[11-12]，即式(9-109)的解集为

$$\begin{cases} \eta_1 = a\cos\theta\cos\phi(t) - q\sin\theta\sin\phi(t) \\ \eta_2 = a\sin\theta\cos\phi(t) + q\cos\theta\sin\phi(t) \end{cases} \tag{9-110}$$

式中：$\phi(t) = \omega_0$。

假定，谐振子在二维空间所受的控制力为

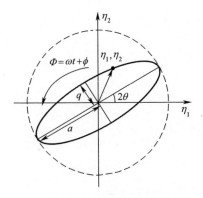

图 9-10 二维振动轨迹图

$$\begin{cases} f_1(t) = f_{1c}(t)\cos\phi(t) + f_{1s}(t)\sin\phi(t) \\ f_2(t) = f_{2c}(t)\cos\phi(t) + f_{2s}(t)\sin\phi(t) \end{cases} \tag{9-111}$$

式中: $f_{1c}(t)$、$f_{1s}(t)$ 分别为 $f_1(t)$ 在两个方向的分量; $f_{2c}(t)$、$f_{2s}(t)$ 分别为 $f_2(t)$ 在两个方向的分量。

综合式(9-111)和式(9-109),在控制力作用下,谐振子二维质点运动方程为

$$\begin{cases} \ddot{\eta}_1 + \omega_0^2\eta_2 = \dfrac{f_1}{m} \\[3mm] \ddot{\eta}_2 + \omega_0^2\eta_2 = \dfrac{f_2}{m} \end{cases} \tag{9-112}$$

式中: $\omega_0 = \sqrt{\dfrac{k}{m}}$ 为谐振子的谐振频率。

实际上,椭圆的轨迹方程参数 a、q、θ 和 γ 不是常值,而是随时间变化的。谐振子的谐振频率 ω_0 也会随环境变化(如温度)而产生微小变化。因此谐振子运动方程可以表示为

$$\begin{cases} \eta_1(t) = a(t)\cos\theta(t)\cos\phi(t) - q(t)\sin\theta(t)\sin\phi(t) \\ \eta_2(t) = a(t)\sin\theta(t)\cos\phi(t) + q(t)\cos\theta(t)\sin\phi(t) \end{cases} \tag{9-113}$$

式中: $\phi(t) = \omega_0 + \delta\omega(t)$,$\delta\omega(t)$ 为谐振频率变化量。

假定 $\ddot{a}$、$\ddot{q}$、$\ddot{\theta}$、$\ddot{\phi}$ 可忽略,计算 $\dot{\eta}_1$、$\dot{\eta}_2$、$\ddot{\eta}_1$、$\ddot{\eta}_2$,并代入式(9-112),忽略二阶小量,可以得到椭圆的轨迹方程参数 $\dot{a}$、$\dot{q}$、$\dot{\theta}$、$\dot{\phi}$ 的表达式:

$$\begin{cases} \dfrac{\dot{a}}{a} = -K_r(f_{1s}\cos\theta + f_{2s}\sin\theta) = C_a \\[2mm] \dfrac{\dot{q}}{a} = -K_r(f_{1c}\sin\theta - f_{2c}\cos\theta) = C_q \\[2mm] \delta\omega = -K_r(f_{1c}\cos\theta + f_{2c}\sin\theta) = C_r \\[2mm] \dot{\theta} = K_r(f_{1s}\sin\theta - f_{2s}\cos\theta) = C_p \end{cases} \tag{9-114}$$

式中:系数 $K_r = \dfrac{1}{2ma\omega_0}$。

将式(9-114)代入式(9-111),得到

$$\begin{cases} f_1 = -2ma\omega_0(C_r\cos\theta\cos\varphi - C_q\sin\theta\cos\varphi + C_a\cos\theta\sin\varphi - C_p\sin\theta\sin\varphi) \\ f_2 = -2ma\omega_0(C_q\cos\theta\cos\varphi + C_r\sin\theta\cos\varphi + C_p\cos\theta\sin\varphi + C_a\sin\theta\sin\varphi) \end{cases}$$
$$\tag{9-115}$$

方程(9-114)和方程(9-115)表明了存在外部控制力时,椭圆的轨迹方程参数的变化规律。

2. 非理想谐振子运动方程

实际中,谐振子受频率裂解、阻尼不均匀、质量不平衡等因素的影响,方程(9-113)不能完全表示谐振子的真实振动状态。考虑使用非理想条件下谐振子的数学模型对谐振子误差方程进行详细分析,存在误差项的谐振子运动方程为[13-14]:

$$m\begin{bmatrix} 1+\Delta_{mc} & \Delta_{ms} \\ \Delta_{ms} & 1-\Delta_{mc} \end{bmatrix}\ddot{\eta} + c\begin{bmatrix} 1+\Delta_{cc} & \Delta_{cs} \\ \Delta_{cs} & 1-\Delta_{cc} \end{bmatrix}\dot{\eta} + k\begin{bmatrix} 1+\Delta_{kc} & \Delta_{ks} \\ \Delta_{ks} & 1-\Delta_{kc} \end{bmatrix}\eta$$

$$+ 2m\begin{bmatrix} 0 & -1 \\ 1 & 0 \end{bmatrix}\left(\alpha\Omega\dot{\eta} + \frac{\alpha\dot{\Omega}}{2}\eta\right) = f \tag{9-116}$$

式中:Ω 为外部输入角速度;α 为布莱恩系数;m、c、k 分别为谐振子的平均质量、平均阻尼系数和平均刚度系数。考虑到 $\dot{\varphi} = \omega_0$ 为谐振频率,一般为几千赫,则有

$$\ddot{\eta} \approx -(\omega_0 + \delta\omega)^2\eta \approx \omega_0^2\eta \tag{9-117}$$

可将(9-116)式进行化简后得

$$\ddot{\eta} + \omega_0^2\eta = \frac{f}{m} - 2M_Q\dot{\eta} - 2\omega_0 M_{\Delta\omega}\eta \tag{9-118}$$

式中:$\omega_0 = \dfrac{cQ}{m} = \sqrt{\dfrac{k}{m}}$;$M_Q = \alpha\Omega\begin{bmatrix} 0 & -1 \\ 1 & 0 \end{bmatrix} + M_{Q0}$;$M_{Q0} = \dfrac{\omega_0}{Q}\begin{bmatrix} 1+\Delta_{cc} & \Delta_{cs} \\ \Delta_{cs} & 1-\Delta_{cc} \end{bmatrix}$;

$$M_{\Delta\omega} = \frac{\dot{\alpha\Omega}}{2\omega_0}\begin{bmatrix} 0 & -1 \\ 1 & 0 \end{bmatrix} + M_{\Delta\omega_0}; M_{\Delta\omega 0} = \omega_0^2\begin{bmatrix} \Delta_{kc} - \Delta_{mc} & \Delta_{ks} - \Delta_{ms} \\ \Delta_{ks} - \Delta_{ms} & -\Delta_{kc} + \Delta_{mc} \end{bmatrix}。$$

式(9-120)即为受阻尼不均和频率裂解影响的非理想谐振子运动方程。

假定,在控制力 f 作用下,椭圆的轨迹方程参数 a 为常值且 q 为 0,同时假定 $\delta\omega$ 为常值。将方程(9-112)代入方程(9-118),忽略二阶小量,可得

$$\begin{cases} C_a = \Omega_Q + \Delta\Omega_Q\cos[2(\theta - \theta_Q)] \\ C_q = \Delta\omega\sin[2(\theta - \theta_{\Delta\omega})] - \frac{\dot{\alpha\Omega}}{2\omega_0} - \frac{\ddot{\theta}}{2\omega_0} \\ \delta\omega = \Delta\omega\cos[2(\theta - \theta_{\Delta\omega})] - C_r \\ \dot{\theta} = \Delta\Omega_Q\sin[2(\theta - \theta_Q)] - \alpha\Omega + C_p \end{cases} \quad (9-119)$$

式中: $\theta_{\Delta\omega} = \arctan\left(\frac{\Delta_{ks} - \Delta_{ms}}{\Delta_{kc} - \Delta_{mc}}\right)$ 和 $\theta_Q = \arctan\left(\frac{\Delta_{cs}}{\Delta_{cc}}\right)$ 分别为谐振子最大频率轴和最大阻尼轴相对于激励电极的角度; $\Delta\omega$、$\Delta\Omega_Q$ 分别为谐振子的频率裂解和阻尼不均部分。

9.6.2 谐振陀螺仪输出漂移自补偿技术

由方程(9-119)可知,陀螺仪漂移大小主要与阻尼不均匀有关,并随谐振子振型角周期性变化,在一个周期内陀螺仪漂移相对振型角对称分布,变化幅值为 $\Delta\Omega_Q\sin[2(\theta - \theta_Q)]$。因此可以通过主动控制振型周期性旋转,使得陀螺仪漂移在控制周期内因平均得到抑制,陀螺仪输出漂移得到自补偿[15]。此结论与 7.5.4 节中相一致,下面进行具体分析。

假设振型旋转角速度为 Ω_c,实际中陀螺仪还存在标度误差,因此振型角微分方程可以表示为

$$\dot{\theta} = \Omega_c = -\alpha'\Omega + \frac{\Omega_b(\theta) + C_p}{1 + \Delta_{SF}} \quad (9-120)$$

式中: Ω 为外部输入角速度; $\Omega_b(\theta)$ 为陀螺仪漂移; Δ_{SF} 为标度因数误差; C_p 为力反馈回路的输出。

外部角速度估计值为

$$\hat{\Omega} = C_p - \Omega_c = (1 + \Delta_{SF})\alpha'\Omega + \Delta_{SF}\Omega_c - \Omega_b(\theta) \quad (9-121)$$

由式(9-121)可知,标度因数误差 Δ_{SF} 与振型角速度耦合,在振型角旋转过

程中,引起额外的误差,使得陀螺仪漂移补偿不完全。此时,可以采用振型正反旋转的方式,消除标度因数误差的影响。

假设施加控制指令,控制振型分别以 Ω_c 和 $-\Omega_c$ 旋转 T_c 时间,在周期 $2T_c = 2\dfrac{\pi}{\Omega_c}$ 内,对式(9-121)两侧积分可得

$$\frac{1}{2T_c}\int_0^{2T_c}\widehat{\Omega}\mathrm{d}t = \frac{1}{2T_c}\int_0^{2T_c}\left[\,(1+\Delta_{\mathrm{SF}})\alpha'\Omega - \Omega_b(\theta)\,\right]\mathrm{d}t + \underbrace{\frac{1}{T_c}\int_0^{T_c}\Delta_{\mathrm{SF}}\Omega_c\mathrm{d}t + \frac{1}{T_c}\int_{T_c}^{2T_c}-\Delta_{\mathrm{SF}}\Omega_c\mathrm{d}t}_{0}$$

$$= \frac{1}{2T_c}\int_0^{2T_c}\widehat{\Omega}(1+\Delta_{\mathrm{SF}})\alpha'\Omega - \frac{1}{2T_c}\int_0^{2T_c}\Omega_b(\theta)\mathrm{d}t \tag{9-122}$$

通过振型正反旋转,消除了标度因数误差对陀螺仪漂移补偿效果的影响。实际中谐振子检测电极和激励电极的增益不均匀和相位误差也会对陀螺仪漂移产生影响。此时,陀螺仪漂移可以表示为

$$\Omega_b(\theta) = \Omega_{\Delta Q} + \Delta\theta C_a + \Delta\phi C_q \tag{9-123}$$

式中:$\Delta\theta C_a$ 为电极增益不均匀与阻尼系数耦合对应的陀螺仪漂移项;$\Delta\phi C_q$ 为电极相位误差与频率裂解耦合对应的陀螺仪漂移项。代入式(9-120),可得

$$\frac{1}{T_c}\int_{T_c}\Omega_b(\theta)\mathrm{d}t = \frac{1}{\pi}\int_\pi\Omega_b(\theta)\mathrm{d}\theta = \frac{1}{\pi}\int(\Omega_{\Delta Q} + \Delta\theta C_a + \Delta\phi C_q)\mathrm{d}\theta$$

$$= \underbrace{\frac{1}{\pi}\int_\pi\Delta\Omega_Q\sin\left[2(\theta-\theta_Q)\right]\mathrm{d}\theta}_{0} + \frac{1}{\pi}\int(\Delta\theta C_a + \Delta\phi C_q)\mathrm{d}\theta$$

$$= \frac{1}{\pi}\int_\pi(\Delta\theta C_a + \Delta\phi C_q)\mathrm{d}\theta \tag{9-124}$$

经过振型正反旋转周期调制后,陀螺仪漂移中对称项 $\dfrac{1}{\pi}\displaystyle\int_\pi\Delta\Omega_Q\sin[2(\theta-\theta_Q)]\mathrm{d}\theta$ 被消除,仅剩余非对称项 $\dfrac{1}{\pi}\displaystyle\int_\pi(\Delta\theta C_a + \Delta\phi C_q)\mathrm{d}\theta$,可事先通过标定进行补偿[16]。

参考文献

[1] 以光衢. 惯性导航原理[M]. 北京:航空工业出版社,1987.

[2] 严恭敏,翁浚. 捷联惯导算法与组合导航原理[M]. 西安:西北工业大学出版社,2019.

［3］ 袁信, 郑谔. 捷联式惯性导航原理［M］. 北京:国防工业出版社, 1985.

［4］ 陈哲. 捷联惯导系统原理［M］. 北京：中国宇航出版社, 1986.

［5］ 张树侠, 孙静. 捷联式惯性导航系统［M］. 北京：国防工业出版社, 1992.

［6］ 高钟毓. 惯性导航系统技术［M］. 北京：清华大学出版社, 2012.

［7］ 严恭敏. 捷联惯导算法及车载组合导航系统研究［D］. 西安：西北工业大学, 2004.

［8］ 严恭敏. 车载自主定位定向系统研究［D］. 西安：西北工业大学, 2006.

［9］ Savage P G. Strapdown Inertial Navigation Integration Algorithm Design Part 1：Attitude Algorithms［J］. Journal of Guidance, Control, and Dynamics, 1998, 21(1)：19－28.

［10］ Savage P G. Strapdown Inertial Navigation Integration Algorithm Design Part 2：Velocity and Position Algorithms［J］. Journal of Guidance, Control, and Dynamics, 1998, 21(2)：208－221.

［11］ Ragot V, Remillieux G. A New Control Mode Greatly Improving Performance of Axisymmetrical Vibrating Gyroscopes［J］. Gyroscopy and Navigation, 2011, 2(4)：229－238.

［12］ Remillieux G, Delhaye F. Sagem Coriolis Vibrating Gyros：a vision realized, Inertial Sensor and Systems［C］. DGON Inertial Sensors and Systems Symposium, Karlsruhe,2014:1－13.

［13］ Pittelkau M E. Attitude determination and calibration with redundant inertial Measurememt units［J］. Journal of Guideance, Control, and Dynamics, 2004, 28(4):229－238.

［14］ Yuksel Y. Design and analysis of inertial navigation systems with skew redundant inertial sensors［D］. Calgary Alberta：University of Calgary, 2011.

［15］ Trusov A A , Phillips M R , Mccammon G H , et al. Continuously self－calibrating CVG system using hemispherical resonator gyroscopes［C］.IEEE International Symposium on Inertial Sensors & Systems, Hawaii, 2015:1－4.

［16］ Lynch D D.Vibratory Gyro Analysis by the Method of Averaging［C］.The 2nd Saint Petersburg International Conference on Gyroscopic Technology and Navigation, Saint Petersburg , 1995:26－34.